"十三五"职业教育国家规划教材

高等职业教

职业基本素养（第五版）

主　编　刘兰明

副主编　王　芳　张金磊　陈蕊花
　　　　张春勇　蔡雯清

中国教育出版传媒集团
高等教育出版社·北京

内容提要

本书为"十三五"职业教育国家规划教材，本书共三篇十二章，第一篇为职业道德篇，根据社会主义核心价值观在职业素养中的具体实践，强调了敬业与诚信在职场和人生道路中的根本作用；第二篇为职业态度篇，阐述了脚踏实地、善于沟通、团队协作、坚持不懈的精神品质在职业素养中的核心地位；第三篇为职业发展篇，使学生认识到学习能力、自控能力和创新能力对于未来职业发展的重要价值。全书结构合理，逻辑清晰，理论教学与自主实践相结合，可以帮助学生快速、清晰地对职业基本素养形成完整、深刻的认识。

本书既可作为职业院校的教学用书，也可作为职业培训的指导用书。本书配套开发有 PPT 课件、二维码链接、数字课程等数字资源，具体获取方式详见"智慧职教"服务指南和书后"郑重声明"页资源服务提示。

图书在版编目（CIP）数据

职业基本素养 / 刘兰明主编. --5 版. --北京：高等教育出版社,2024.2
ISBN 978-7-04-059815-5

Ⅰ.①职… Ⅱ.①刘… Ⅲ.①职业道德-高等职业教育-教材 Ⅳ.①B822.9

中国国家版本馆 CIP 数据核字（2023）第 017162 号

Zhiye Jiben Suyang

策划编辑	李伟楠	责任编辑	李伟楠	封面设计	李小璐	版式设计	杜微言
责任绘图	李沛蓉	责任校对	陈 杨	责任印制	高 峰		

出版发行	高等教育出版社	网　址	http://www.hep.edu.cn	
社　址	北京市西城区德外大街 4 号		http://www.hep.com.cn	
邮政编码	100120	网上订购	http://www.hepmall.com.cn	
印　刷	天津市银博印刷集团有限公司		http://www.hepmall.com	
开　本	787mm×1092mm　1/16		http://www.hepmall.cn	
印　张	14	版　次	2009 年 5 月第 1 版	
字　数	300 千字		2024 年 2 月第 5 版	
购书热线	010-58581118	印　次	2024 年 2 月第 1 次印刷	
咨询电话	400-810-0598	定　价	33.80 元	

本书如有缺页、倒页、脱页等质量问题,请到所购图书销售部门联系调换

编 委 会

主　编:刘兰明

副主编:王　芳　　张金磊　　陈蕊花
　　　　张春勇　　蔡雯清

编　委:杜新安　　孙志方　　谭春玲
　　　　孙丽萍　　李　杨　　秦娟华
　　　　杨　扬

"智慧职教" 服务指南

"智慧职教"（www.icve.com.cn）是由高等教育出版社建设和运营的职业教育数字教学资源共建共享平台和在线课程教学服务平台，与教材配套课程相关的部分包括资源库平台、职教云平台和 App 等。用户通过平台注册，登录即可使用该平台。

● 资源库平台：为学习者提供本教材配套课程及资源的浏览服务。

登录"智慧职教"平台，在首页搜索框中搜索"职业基本素养"，找到对应作者主持的课程，加入课程参加学习，即可浏览课程资源。

● 职教云平台：帮助任课教师对本教材配套课程进行引用、修改，再发布为个性化课程（SPOC）。

1. 登录职教云平台，在首页单击"新增课程"按钮，根据提示设置要构建的个性化课程的基本信息。

2. 进入课程编辑页面设置教学班级后，在"教学管理"的"教学设计"中"导入"教材配套课程，可根据教学需要进行修改，再发布为个性化课程。

● App：帮助任课教师和学生基于新构建的个性化课程开展线上线下混合式、智能化教与学。

1. 在应用市场搜索"智慧职教 icve"App，下载安装。

2. 登录 App，任课教师指导学生加入个性化课程，并利用 App 提供的各类功能，开展课前、课中、课后的教学互动，构建智慧课堂。

"智慧职教"使用帮助及常见问题解答请访问 help.icve.com.cn。

职业基本素养教育探究（代序）
——兼论"关键能力"与职业基本素养

"高楼大厦代表不了职业教育的质量水平"，当职业院校的学生除了有出色的一技之长，还是一个综合素养较高的人，并活得"更有尊严"时，我们的职业教育才能真正由边缘走到中心，才能真正在人才培养和社会服务中发挥应有的、更大的作用。职业教育绝不应是简单的工具性教育，而培养具有一技之长的"匠人"也绝不应是职业教育的全部追求。职业教育应该彰显能力本位的培养目标，体现职业教育的特色；职业教育也应该为人的全面发展服务，为人的职后发展服务。为此，在职业教育研究与实践中，应特别关注职业基本素养的养成教育。

一、职业基本素养的现状与问题

目前，我国职业教育领域存在着"技能至上""能力越位"和片面追求"简单就业""一时就业"的倾向，职业基本素养教育相对处于职业教育"边缘"的境地。

（一）职业基本素养已成为制约职业院校学生就业及发展的关键因素

目前，许多企业对高职毕业生的选拔和使用存在偏见，许多职业院校学生的就业质量相对不高，其中很重要的原因是职业院校毕业生的职业素养不高，职业院校对学生职业素养的培养也不到位。现在确有不少企业人力资源管理者片面地认为，职业院校的学生"动手还行，动脑就有问题"。他们有意无意地抹杀或弱化了职业学生的真正价值，曲解了职业教育的本质。因此，职业基本素养已经成为制约职业院校学生就业质量及发展的关键因素，甚至是影响职业教育深远发展的重大问题。

（二）狭隘的教育价值观导致职业院校忽视学生整体素质的提升

教育到底为了什么？这涉及教育价值观问题。当前我国职业教育是"以服务为宗旨，以就业为导向"，这是符合我国职业教育现实的。但以就业为导向不等于片面追求就业率，在培养过程中不能忽视学生的整体素质提升。在职业教育现实实践中，很多院校是把学生作为能干活的"工具"来培养，过分追求简单的、一时的就业，这就导致学生最终获得的仅仅是技能和知识碎片，从而影响了学生人格的完善和个人素质的全面提升，影响了学生的职业生涯和可持续发展。实质上，这种狭隘的教育价值观把职业教育的技能培养与职业基本素养对立起来，而职业教育培养的是"人"与"才"

的统一,二者是同一过程。

(三)对职业基本素养的片面理解导致养成教育实践狭窄化

开设职业基本素养课程是实施职业素养养成教育的关键,但效果最全面的应该是实施养成教育的系统工程。目前,有些职业院校认为,开设了专门的职业基本素养课程就是实施了职业基本素养教育,而忽视了职业基本素养特点——养成性。因此职业基本素养教育要以学生养成过程为主线,贯穿学校教育的全过程,它既要涵盖专门职业基本素养课程,又要做到专业学习渗透到职业基本素养、日常行为养成职业基本素养、顶岗实习体验职业基本素养、社会实践升华职业基本素养等方面。

二、职业基本素养的内涵与特征

(一)职业基本素养的内涵

"素养"一词,《现代汉语词典》解释为"平日的修养",《辞海》解释为"经常修习涵养"。从词的本义角度来说,"素养"是指"人通过长期的学习和实践(修习培养)在某一方面所达到的高度,包括功用性和非功用性。职业素养是指组织对个人素质方面的要求,是一种较为深层的能力素质要求,它渗透在个体的日常行为中,影响着个体对事物的判断和行动的方式。可以用著名的"冰山理论"来对职业素养做一个说明,假如把一个人的全部才能看作一座冰山,浮在水面上的是他所拥有的资质、知识和技能,这些是显性素养,而潜在水面之下的部分是隐性素养,包括职业道德、职业意识和职业态度,可称之为职业基本素养。显性素养和隐性素养(也称为职业基本素养)的总和就构成了一个人所具备的全部职业素养。职业素养既然有大部分潜伏在水底,就如同冰山有7/8存在于水底一样,正是这7/8的隐性素养部分,支撑了一个人的显性素养。所以一个人的隐性素养对一个人未来的职业发展至关重要。

职业基本素养的构成,具体体现在学习能力、沟通能力、组织协调能力、意志品质、进取心和求知欲、敬业精神、责任意识、团队意识等。这些正是高职教育所要重点关注的,因为它恰恰体现高等职业教育的"职业性"内涵,而这些往往被忽视。

(二)职业基本素养的特征

职业基本素养具有以下特征:

第一,普适性。不同的职业对岗位要求不尽相同,但对职业基本素养的需求却是统一的。身在职场,就要敬业、诚信,就要务实、协作,这些是任何职业的基本要求,也是每个人进入职场必备的基本素养。

第二,稳定性。一个人的职业基本素养是在长期工作中日积月累形成的,一旦形成便具有相对的稳定性。

第三,内在性。从业人员在长期的职业活动中,经过自身学习、认识和亲身体验,知道怎样做是对的,怎样做是不对的,从而有意识地内化、积淀和升华这一心理品质。

第四,发展性。社会的发展对人们不断提出新的要求;同时,人们为了更好地适应、满足社会的发展需要,也在不断地提高自身的素养。从这一角度来说,职业基本素养具有发展性。

三、职业基本素养养成教育的国际比较与借鉴

纵观其他国家的职业教育,德国职业教育对学生"关键能力"的培养与我们提出的职业基本素养养成教育有异曲同工之处。通过比较、分析德国的"关键能力"相关要素,把握德国的"关键能力"培养途径及方法,寻求对职业基本素养的养成教育的借鉴意义。

(一)德国职业教育"关键能力"的内涵与特征

1. "关键能力"的内涵

德国职业教育中的"关键能力"是指具体的专业能力以外的能力,即与纯粹的专门的职业技术和知识无直接联系,或者说是超出职业技能和知识范畴的能力。由于这种能力对劳动者未来发展起着关键作用,所以称为"关键能力"。关键能力涉及专业关键能力、方法关键能力和社会关键能力三个范畴。专业关键能力是从事各专业都必须要具有的基础能力,如阅读技术资料所需要的外语能力、学习新知识所需要的计算机基本操作能力等;方法关键能力,指具备从事职业活动所需要的工作方法和学习方法,包括制订工作计划的步骤、评价工作结果的方式方法、新信息的收集与查询方法等;社会关键能力,包括守时守纪、团结协作的精神、表达能力等,而这恰恰是职业基本素养的内涵应有之义。

从关键能力的内涵可以看出,关键能力强调培养学生在组织中的学习、工作和共同活动的能力,是能力本位的教育。它不仅仅强调个体的一般智能,如认知能力、思维能力等,同时还包含非智力因素,如与人交往的能力、团结协作能力、敬业精神、组织协调能力、心理承受能力等。这与职业基本素养强调学习能力、沟通能力、组织协调能力、意志品质、敬业精神、团队意识等是相通的。

2. "关键能力"的特征

"关键能力"是学生为适应今后不断变化的工作任务而应获得的跨专业、多功能和不受时间限制的能力,以及为克服知识的不断老化而应当具备的终身持续学习的能力,它是从事任何职业都需要的一种综合职业能力。"关键能力"强调,当职业或劳动组织发生变化时,劳动者的这一能力依然存在;并且凭借该能力,可以在变化了的环境中重新获得职业技能和知识。因此关键能力具有以下特征:其一,普适性。它适用于大部分的岗位群。其二,可迁移性。一旦获得,它可以扩展到相关的新的工作领域。其三,持久性。关键能力一旦获得便会伴随个体的整个职业生涯。其四,发展性。关键能力是伴随个人能力的提高不断发展的。

通过以上分析可以看出,"关键能力"具有的上述特征与我国职业基本素养的普适性、内在性、稳定性和发展性特征是一致的。

(二)"关键能力"的培养途径

"关键能力"的"隐性"特征决定了它的难以测量性。德国职业教育将"关键能力"的培养与测量融于职业能力的日常培养之中。它通常以项目为载体,将要解决的问题放到真实、复杂的环境中,帮助学生拓宽与深化专业知识的同时,促使他们积累相关工作经验,培养团队合作能力、创新能力与解决问题的能力。根据德国职业教育学

家劳耐尔的职业能力发展阶段理论,"关键能力"的水平伴随着新手—有进步的初学者—内行的行动者—熟练的专业人员—专家五个阶段的发展而不断提高。对学生"关键能力"的培养,可以通过设计复杂度渐高的教学项目,使学生在潜移默化中得以实现。

德国职业教育比较关注学生对"关键能力"的科学认识,让学生自觉养成培养"关键能力"的习惯。同时,注重通过社会实践环节培养学生的"关键能力",除了专业课程,"关键能力"还可通过校园生活、创业活动、社会实践等教育环节的渗透,潜移默化地让学生全方位获得。

(三)职业基本素养的培养途径

鉴于德国"关键能力"与我国职业基本素养的内涵存在相似之处,应结合我国实际,借鉴其培养途径及方法。为此,职业基本素养的养成教育应较好地满足学生多元化的发展需要,应遵循"四个结合"的原则,即现在学习与将来工作的结合,个别需要与一般需要的结合,情商发展与智商发展的结合,阶段性需要与终身需要的结合,通过社会、高校、学生的共同努力,最终实现"三方共赢"。

1. 前提:树立职业基本素养自我养成的意识

学生作为职业基本素养培养的本体,在校期间应树立自我养成意识。首先要培养职业意识,即学生在校期间通过认识自己的个性特征与个性倾向,分析自己的优势与不足,结合外界环境,确定自己的发展方向与行业选择范围,对自己的未来有意识地做出规划。职业院校学生要有意识地加强自我修养,在思想、情操、意志、体魄等方面进行自我锻炼。

2. 平台:开发"两个系统"的工学结合课程系统

知识靠学习,能力靠培养,素养靠养成。而养成教育是最耗时耗力的,其成效也是最不明显的,需要日积月累的积淀。在工学结合课程的开发中,应坚持"基本素养课程系统"与"专业课程系统"相互啮合的原则,坚持技能锻炼与素养养成并举的方针,寓职业基本素养于日常专业教学中;专业教学坚持行动导向理念,通过项目教学等方式,全面提升学生职业素养水平。同时,"两个系统"课程强调公共基础课程的逻辑性,关注学生必要的基础知识储备,关注素质拓展课程的延续性和学生持续发展的后劲;在能力培养中,强调专业实践的深度与有效性,鼓励学生的创新能力以及良好个性的发展。

3. 关键:建立职业基本素养养成系统

职业院校应建立职业基本素养养成系统。首先,要把职业基本素养的养成工作作为学校教育教学的重点,把培养工作纳入学生培养的系统工程,使学生在进入学校的第一天起,就明白职业院校与社会的关系、学习与职业的关系、自己与职业的关系,全面培养高职学生的显性职业素养和隐性职业素养。其次,构建理论、实践一体化的课程体系,形成以真实工作场景为载体的、课内外实训并举的教学模式,突出实际的应用性;并注意与表扬鼓励、挫折教育相结合,将职业基本素养的培训贯穿于日常过程考核中。最后,成立相关的职能部门,帮助高职学生完成职业基本素养的全过程培养。如成立学生职业发展中心,开展职业生涯规划管理,提供相关的社会资源,及时向学生提供职业指导。

4. 保障:利用社会资源强化职业基本素养

对学生职业基本素养的培养除了依托学校与学生本身外,社会资源的参与支持也很重要。持有"功利性取向"的企业越来越意识到,将毕业生直接投入"使用"的想法,是非常短视的。要想获得具备较好职业基本素养的毕业生,企业要参与到学生的培养中来,并可以通过以下方式帮助学生的职业基本素养的培养:第一,企业要提供实习实训基地,与学校联合培养学生;第二,企业家、专业人士要走进高校,直接提供实践经验、宣传企业文化;第三,要完善社会培训机制,企业培训师要走入院校对学生进行专业的入职培训以及职业素质拓展训练等。

刘兰明

——《中国高教研究》2011 年第 8 期

前言

本书坚持以习近平新时代中国特色社会主义思想为指导,全面贯彻党的教育方针,落实立德树人根本任务,发展新时代素质教育,紧紧围绕培养什么人、怎样培养人、为谁培养人三个问题培养德智体美劳全面发展的社会主义建设者和接班人。中共中央办公厅、国务院办公厅印发的《关于推动现代职业教育高质量发展的意见》中提出,要"坚持立德树人、德技并修,推动思想政治教育与技术技能培养融合统一",即要按照德智体美劳全面发展的要求,突出立德树人,自觉践行社会主义核心价值观,扣好人生的第一粒扣子,倡导爱国精神、劳模精神、劳动精神、工匠精神等,培养德技并修,素养高、技能精的实用型人才。为此,要充分认识时代赋予职业教育的重任,增强学生职业素养培养的使命感。

知识靠学习、能力靠培养、素养靠养成。养成教育只有通过系统推进的方式,才能取得更好的效果。当然职业基本素养课程是最基础、最核心的环节,教材是最重要的载体和教学资源。本书除了考虑职业基本素养的课程教学外,还组织开发出了丰富的立体化教学资源,供教师在教学中选择使用。概括来说,本书的创新点也是立体的、全方位的,具体体现在:

(一)理念创新——首倡"职业基本素养"理念

依据人的全面发展理论,遵循学生成长规律,从职业教育现状出发,首次提出"职业基本素养"概念,即除职业技能之外的职业道德、职业意识和职业行为习惯。强调在人才培养中职业基本素养与职业技能并重,为现代职教人才培养提供了理论支撑。职业教育既要体现培养技能的工具理性,更要体现教会做人的价值理性。能做事是本领,会做人是根本,使学生"能做事、会做人"的职业教育才是完整的职业教育,才能真正体现职业教育的内涵。

(二)体系创新——创建素养培养体系

党的二十大报告指出:"统筹职业教育、高等教育、继续教育协同创新,推进职普融通、产教融合、科教融汇,优化职业教育类型定位。"本书从职业教育人才培养的现实问题出发,育人为本、德育为先,形成"课程引领、专业渗透、两线融通、六步嬗变"的学生职业基本素养培养体系,实现了职业基本素养与职业技能的互动共融、和谐共生。"专业渗透"就是将职业基本素养的内容渗透到专业教学中,对所有专业都有明确的素养培养要求。"两线融通"就是可以实现职业基本素养与职业技能,课上与课下,校内与校外,教学与管理的两线融通。"六步嬗变"就是形成了进入校园"感"素养、课堂教学"知"素养、走入企业"看"素养、实习实训"练"素养、岗位实习"验"素养、步入职场"亮"素养的"六步嬗变"养成路径。

该体系的创建有效地促进了职业基本素养教育由小变大,由弱变强,由虚变实,可以覆盖全校所有专业、所有学生,可实现系统培养、整体推进,取得了学生、学校、企业多方满意的效果。我们根据该体系开发了具有自主知识产权的"职业基本素养教育系统"。

(三) 内容创新——开发系列课程资源

以课程为突破口,创设了职业基本素养课程,可将职业基本素养课程作为各专业人才培养方案中的公共必修课;在每一单元的最后,设计了体验活动,帮助学生加深对知识的理解,可用于强化学生的日常行为养成,及时帮助学生把握内涵、自我教育、自我评价;同时配套开发了课件资源,以丰富课堂体验和学习过程。

我们所开发的职业基本素养的系列成果"高职学生职业基本素养培养体系的创建与实践""职业素养类线上线下'四化'一体课程资源开发与应用"分别获得了国家级教学成果奖一等奖、二等奖。

编者竭尽所能,但恐仍有不妥之处,欢迎批评指正。

编　者
2023 年 7 月

职业发展篇

安身立命之本：职业基本素养

▶▶ 一、关于职业素养的调查

有一位心理学家曾在一项研究中对 800 名男性青年进行了长达 30 多年的追踪调查，研究结果显示，成就最大者和成就最小者在智力上没有显著的差异，而他们的主要差异在于其意志品质、自信心和百折不挠的精神等方面。事实上，在一个人的成功因素中智商约占 20%，情商约占 80%。我们所说的职业基本素养均包含了意志品质、自信心等情商的要素。也就是说，职业基本素养是决定人们是否能够取得成功和成就大小的最根本因素。

据我国在北京、天津、广东、黑龙江等地进行的面向中外大中小型企业大量的同类调查显示，企业对职业院校学生的职业技能要求通常排在第三位以后，而排在前几位的都是对职业素养方面的要求。这充分说明：现代企业所需的人才，不仅应该是"实用型、应用型"的技能型人才，而且还应该是具有较好的职业基本素养，对企业文化有一定了解的高素质人才。

▶▶ 二、职业基本素养的界定

职业基本素养源于职业素养。职业素养一般包含以下四个方面的内容：职业道德、职业意识（思想）、职业行为习惯、职业技能。因为职业技能有明显的专业或职业特征，从而导致职业素养也有明显的专业指向和特殊需求。我们专门界定的"职业基本素养"与一般所讲的职业素养的最大差别就在于仅包括前三项——职业道德、职业意识和职业行为习惯范畴的内容，没有包含职业技能（图 1）。

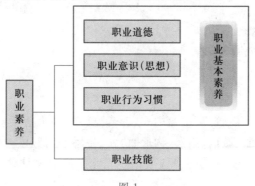

图 1

这种定义下的职业基本素养就有更广泛的普适性。如果把职业技能称为显性素养，职业基本素养就是隐性素养。显性素养和隐性素养共同构成了一个人所具备的全部职业素养。就如同冰山有 7/8 存在于水面以下一样，正是这 7/8 的隐性素养部分，支撑了一个人的显性素养部分。所以一个人的隐性素养对一个人未来的职业发展至关重要(图 2)。

图 2

▶▶ **三、职业基本素养的内容**

从构成上看，职业基本素养具体体现在学习能力、沟通能力、组织协调能力、意志品质、进取心和求知欲、敬业精神、责任意识、团队意识等方面。这些正是高等职业教育所要重点关注的，因为它恰恰体现高等职业教育的"职业性"的内涵，而这些往往被求职者忽视(图 3)。

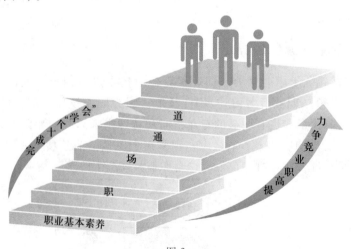

图 3

职业基本素养涉及面较广，覆盖内容较多。其中，最为重要、最为核心的内容可以概括为 10 个方面：敬业、诚信、踏实、沟通、协作、主动、坚持、学习、自控、创新。它们是职业基本素养所涵盖的职业道德、职业态度、职业发展的具体体现。敬业是职场第一美德,诚信则是每个人做人的根本。基于此,职业基本素养的养成,必须从学会敬业和学会诚信开始。踏实是每个职业人应有的职业态度,而沟通、协作、主动和坚持则涵盖了职业基本素养的职业个性、应对能力、沟通协调和团队意识等元素。学习能力是职业发展的前提,自控能力是职业发展的保证,创新能力则是职业发展的关键。作为新时代的学生,要想获得职业生涯的长远、可持续发展,就必须学会学习、学会自控、学会创新(图4)。

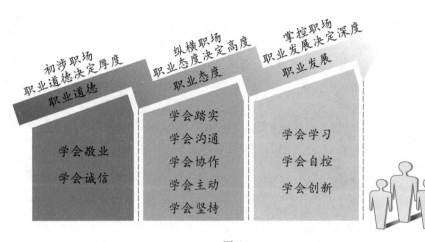

图 4

职业道德篇

第一单元
学会敬业
夯实人生之基

敬业者,专心致志以事其业者。

——朱熹

业精于勤,荒于嬉;行成于思,毁于随。

——韩愈

单元介绍 　　名词解释

素养风向标

【案例】

我们身边的榜样

◎ 案例导读

什么是敬业?我们身边有许许多多的平凡人在他们平凡的岗位上用自己的行动做出了最好的诠释。

◎ 案例描述

小张是北京工业职业技术学院机电专业的一名毕业生,他毕业后被北京飞机维修工程有限公司录取。对于一名专科生来说,能进这样的大型企业已是非常不错的选择了,然而他并没有骄傲自满,他非常明确地摆正了自己的心态,认为自己在学校学到的东西远远不够,于是更加虚心地向老师傅学习。因为飞机维修是一个特殊的行业,零部件构造非常复杂,技术含量非常高,故障排除需要过硬的本领,小张在工作上认真负责,一丝不苟,以精益求精的态度保证自己的工作质量。小张在飞机维修车间非常勤奋好学,利用各种时间和机会努力学习,很快他赢得了同事的认可,老师傅也愿意带这样的徒弟,久而久之,小张的技术水平有了非常大的提升。特别难能可贵的是,小张在飞机检修过程中,能够发现问题,同时也善于提出问题。他查阅了大量的技术资料,主动找相关技术专家询问相关技术问题。由于他在工作上始终非常严谨认真,非常踏实肯干,并且能够不断学习提高,很快在机电专业方面成为一名技术骨干，在参加工作的第三年就被部门评为技术标兵。

面对荣誉，小张非常谦虚地说："我只是一名刚刚参加工作不久的学生，我还有很多不足，没有可炫耀的资本，唯一要做的就是立足自己的本职工作岗位，勤勤恳恳、尽职尽责地工作，在工作中能够尽量多学点本领比什么都宝贵。年轻人要想赢得别人的认同，没有什么秘诀，只有踏踏实实干好自己的本职工作，在工作中提高自己的本领，努力使自己成为一名学习型、知识型、创新型的企业员工，这样既提升了自我价值，也能为企业和国家更多地贡献自己的力量。"看到小张的优秀事迹，我们真的应该为小张点赞！

◎ 案例分析

小张就是一位刚刚毕业不久的员工，他的岗位很平凡，但他在工作岗位上认真负责，勤奋好学，一丝不苟，精益求精，这就是不平凡，他的点点滴滴行为就是"敬业"的集中体现。

◎ 案例交流与讨论

小张是一名平凡的员工，但他在工作中的优异表现很好地展现了当代大学毕业生的风采，在他身上有哪些闪光点值得我们思考和学习？

素养加油站

▶▶ **职场第一美德——敬业**

敬业是一种高尚的品德。它表达的是这样一种含义：对自己所从事的职业怀着一份热爱、珍惜和敬重，不惜为之付出和奉献，从而获得一种荣誉感和成就感。可以说，如果社会各个行业的人们都具有敬业精神，那么我们的社会就会更加文明进步，更加充满生机和活力。

敬业是一种优秀的职业品质，是职场人士的基本价值观念和信条。在经济社会中，每个人要想获得成功，得到他人的尊敬，就必须对自己所从事的职业，对自己的工作保持敬仰之心，视职业、工作为天职。可以说，敬业是职业精神的首要内涵，是职业道德的集中体现。

"敬业"在我国古代《礼记·学记》中以"敬业乐群"的说法被明确提了出来。正如朱熹所说："敬业何，不怠慢、不放荡之谓也。"他还说："敬字工夫，即是圣门第一义，无事时，敬在里面；有事时，敬在事上。有事无事，吾之敬未尝间断。"这里的"敬事""敬业"都是指在工作中要聚精会神、全心全意。这种"不怠慢、不放荡""未尝间断"的职业态度和敬业精神，是职业人做好本职工作所应具备的起码的思想品德。

进一步而言，所谓敬业，就是敬重自己的工作，将工作当成自己的事，其具体表现为忠于职守、尽职尽责、认真负责、一丝不苟、任劳任怨、精益求精、善始善终等职业道德。

一个人，如果没有基本的敬业精神，就无法成为一个优秀的人，更难以担当大任。敬业是一种人生态度，是珍惜生命、珍视未来的表现。我们每个人都有责任、有义务，责无旁贷地去做好每一项工作，我们都应该为工作尽一份心、出一份力。

扫一扫，看微课

8

中华优秀传统文化视敬业为人生发展的基本道德修养,提倡业广惟勤、爱业乐业的敬业态度。勤劳是中华民族修身、齐家、治国的重要品德。《尚书·周书》曰:"功崇惟志,业广惟勤。"《左传·宣公十二年》曰:"民生在勤,勤则不匮。""勤"就是指不辞劳苦、忠于职守,尽心竭力地投入工作,其内在动力是刚健有为、积极进取、生生不息的自强不息精神。把个人真正融入自己的职业生活中,从工作中寻找到生活的乐趣、人生的乐趣以及生命的价值之所在,是敬业、勤业的最高境界。传统文化中的"敬业观"也是涵养和启示当代社会主义核心价值观极为重要的精神文化资源。①

素养面面观

▶▶ 一、"差不多先生"的悲剧

很多人做事常常抱着"差不多"的心理,在工作中不求进取、马马虎虎、得过且过,对存在的问题懒得思考,对隐患不去克服,总觉得凡事"差不多"就行。一个人做事的态度变差,往往是从"差不多"开始的。一边抱怨没有机会,抱怨自己卓越的才华无法发挥,一边敷衍工作,只做到差不多、说得过去、挑不出毛病来就行了。很多人不知道,"差不多"可能会逐渐毁掉人的一生。

【拓展阅读】

差不多先生传

你知道中国最有名的人是谁?

提起此人可谓无人不知,他姓差,名不多,是各省各县各村人氏。你一定见过他,也一定听别人谈起过他。差不多先生的名字天天挂在大家的口头上。

"差不多先生"的相貌和你我都差不多。他有一双眼睛,但看得不是很清楚;有两只耳朵,但听得不是很分明;有鼻子和嘴,但对气味和口味都不是很讲究;他的脑子也不小,但他的记性却不是很精明,他的思想也不是很缜密。

他常常说:"凡事只要差不多,就好了。何必太精明呢?"

他小的时候,他妈叫他去买红糖,他买了白糖回来。他妈骂他,他摇摇头说:"红糖白糖不是差不多吗?"

他在学堂的时候,先生问他:"河北省的西边是哪一省?"

他说是陕西。先生说:"错了。是山西,不是陕西。"他说:"陕西同山西,不是差不多吗?"

后来他在一个钱铺里做伙计。他会写,也会算,只是总不会精细。十字常常写成千字,千字常常写成十字。掌柜的生气了,常常骂他。他只是笑嘻嘻地道:"千字比十字只多一小撇,不是差不多吗?"

---

① 董冰.传承弘扬中华优秀传统文化中的敬业精神[N].光明日报,2019-01-04(11).

有一天,他为了一件要紧的事,要搭火车到上海去。他从从容容地走到火车站,迟了两分钟,火车已开走了。他白瞪着眼,望着远去的火车,摇摇头道:"只好明天再走了,今天走同明天走,也还差不多。可是火车司机未免太认真了。八点三十分开,同八点三十二分开,不是差不多吗?"他一面说,一面慢慢地走回家,心里总不明白为什么火车不肯等他两分钟。

有一天,他忽然得了急病,赶快叫家人去请东街的汪医生。那家人急急忙忙地跑去,一时寻不着东街的汪大夫,却把西街牛医王大夫请来了。差不多先生病在床上,知道寻错了人;但病急了,身上痛苦,心里焦急,等不得了,心里想道:"好在王大夫同汪大夫也差不多,让他试试看吧。"于是这位牛医王大夫走近床前,用医牛的法子给差不多先生治病。不上一点钟,差不多先生就一命呜呼了。

差不多先生差不多要死的时候,一口气断断续续地说道:"活人同死人也差……差……差不多,……凡事只要差……差……不多……就……好了,……何……何……必……太……太认真呢?"他说完了这句格言,方才绝气了。

他死后,大家都很称赞差不多先生样样事情看得破、想得通;大家都说他一生不肯认真,不肯算账,不肯计较,真是一位有德行的人。于是大家给他取个死后的法号,叫他做圆通大师。

他的名誉越传越远,越久越大。无数人都把他当作榜样。于是人人都成了一个差不多先生。——然而中国从此就可能成为一个懒人国了。

(资料选自《差不多先生传》,内容有删改)

▶▶ 二、职场"差不多"就是"差很多"

感觉"差不多",其实"差很多",你的"差不多"可能会导致成本和资源的成倍增加,造成巨大的浪费和低效的工作。把工作做到位是每一个职业人士必须做的事情。在工作中,每个人都有自己的职责,每个人都必须不折不扣地把自己的职责承担起来,把事情做到最好,这样才不会影响其他人的工作,才不会对整体产生不利的影响。"差不多"更是懦弱、懒惰和缺乏担当的代名词,我们要秉承工匠精神,不敷衍,不将就,认真对待自己的工作,这样才不会辜负这个时代赐予我们的最好机遇,成就自己和未来。

【拓展阅读】

在职场不要成为差不多先生

"差不多先生"这位家喻户晓的人物,这"有一双眼睛,但看得不是很清楚;有两只耳朵,但听得不很分明;有脑袋但缺乏洞察力和没有层次思维"的先生在如今依然活着,而且可能有特别强的繁殖力。

现代科学至今还未找到令人不死的灵丹妙药,何以独是差不多先生能成功存活于世?

也许差不多先生已变异为"病毒",通过散播,感染越来越多的人。这种"病毒"强烈的僵化力使本质聪敏的人思想停滞不前,神志昏沉,虚度既漫无目的也无所期待的庸碌日子。也许他还有发白日梦的本事,但缺乏追求梦想的意志,发酸地堕入无底的借口世界以哄慰自己,种种似是而非的理由还在蔓延,慢慢侵蚀我们的社会、技术和经济。

医生常常说准确断症是痊愈的起点,"差不多"是一种折损人灵魂的病,令人闲散,要知道人的生命光辉须凭仗自我驰骋超越。各位同学,如果你不愿被命运扣上枷锁,你必须谨记,活着是一种参与,你要勇于思考,尊重科学,尊重原则;能感受,有追求;能关心,敢于积极;能经得起考验,骨中有节,心中有懑,心中有爱。

我是绝不会成为差不多先生的,你们呢?

扫一扫,测一测

也许在生活中,"差不多先生"对样样事情都想得开、不计较,能算作是一个"老好人"。不过在职场上,"差不多"的心态却是必须杜绝的,如果每个人都是"差不多""凑合事",企业就难以发展,社会就难以进步,个人也无法获得长远发展,甚至还会酿成重大事故,抱憾终生。

每个人都拥有自己难以估量的潜能,万事"差不多就行",就是辜负了自己的潜能。只有以"完美主义"的态度投入工作,才能把自己潜在的聪明才智最大限度地发挥出来。一个人无论从事什么样的职业,都应该尽职尽责地对待。

素养成长路

▶▶ 一、做事情与做事业

(一)你在为谁工作

有好多人有这样一个误区:我是在为老板工作,薪水一定要和我的付出工作等价(超额当然更好);也就是说,你在用钱来购买我的劳动力,你出什么样的价钱,我就提供什么样的工作质量。

如果你认为自己是在为别人工作,那你就只能永远为别人工作。如果你认为你是在为自己工作,那你终将会有自己的一番事业。

扫一扫,看微课

"我只拿这点钱,凭什么做那么多工作,我干的活对得起这些钱就行了。"

"我们那个老板太抠门了,只给我们开这么一点工资,公司一年赚那么多钱,全是他一个人的。经理干的活也不比我多多少啊,可他的薪水比我高出一大截,他拿得多,就该干得多嘛,我只要对得起我这份薪水就行了,多一点我都不干。"

许多时候，我们会听到许多人发出上述种种抱怨。不可否认，在一个组织和单位中，会存在着这样或那样不尽如人意的地方，付给员工的薪水或其他奖励也可能有不公允之处，这是难免的。但在所有解决此类问题的对策中，抱怨、发牢骚、消极怠工是最不可取的。这种想法有以下几方面错误：

首先，人需要工作，需要社会归属与认同，而且一个人的才干只有经过工作的磨炼才有可能长进，也只有积极愉快地去工作，才能在自身进步与工作成绩中获得成就感。如果你对工作环境与报酬不满意，完全可以与老板沟通或另谋高就，消极抵抗的做法只能是自毁前程。

其次，在衡量一个人的工作效果时，也许会有暂时的标准差异，但不可能长久失衡。也许一开始，老板并没有意识到或发现你的能力，给你定了一份比较低的薪水标准。如果你不能正确对待，消极怠工，那么你的实力也无从展现，反而被你浪费掉了，你的薪水也很难有提高的可能，因为老板还在想：就这么两下子，他对公司的贡献比给他的薪水还少呢。

当你的老板把一份工作交给你的时候，你有没有仔细地考虑过这项工作为什么交给你，这项工作的性质，这项工作在公司整个工作流程中的重要性，怎样完成这项工作才能更好地满足客户的要求？还是你根本就没有考虑，而是想都不想就照办照做？恐怕大多数人都是后者，常常奉命当差，做完了事。

人生的每一段经历都是自己书写的档案。消极工作会给老板、同事、客户留下一个不敬业、对自己和公司不负责任的印象，这种负面影响可能会对你以后的工作、生活造成障碍。

请记住，你在为自己工作。

（二）敬业才能立业

任何一家公司，如果没有敬业精神做支柱，那么这家公司的倒闭只是早晚的事情；任何一名员工，如果缺乏敬业精神，那么丢掉工作也是迟早的事情。敬业既是公司发展的需求，同时也是自我发展的需要，因为敬业才能立业。

敬业的人对自己的职业水准有很高的要求：精益求精，永远对工作现状不满意，永远在改善工作方式。这种敬业精神，在个人职业生涯发展道路上，直接决定着事业发展的高度。

如果你去问今天的高职院校的毕业生们，工作好不好找，相信有相当一部分人说不好找；如果你去问今天的公司经理们，人才是不是很易得，同样也会有相当一部分人说合适的人才并不易得。其中的原因，绝不是仅仅用"信息不对称"就能解释的，更主要的是由于很多求职者缺乏敬业精神，不能满足企业发展的需要。

在工作中，有了敬业精神我们就会深深喜欢上我们所从事的职业，由此我们才会专心致志地完成我们的工作任务，从而达到一定的专业高度，成为行业中的专家，如此才能更好地成就我们的事业。

敬业之后的成功

有一个偏远山区的小姑娘到城市打工,由于没有什么专业技能,于是选择了餐馆服务员这个职业。在常人看来,这是一个不需要什么技能的职业,只要招待好客人就可以了,许多人已经从事这个职业多年了,但很少有人会认真投入这份工作,因为这份工作看起来没有难度也没有成就感。

这个小姑娘恰恰相反,她一开始就表现出了极大的耐心,并且彻底将自己投入到工作之中。一段时间以后,她不但熟悉了常来的客人,而且掌握了他们的口味偏好,只要客人光顾,她总是千方百计地使他们高兴而来、满意而去。这不但赢得顾客的交口称赞,也为饭店增加了收益,并且在别的服务员只照顾一桌客人的时候,她却能够独自招待几桌的客人。

就在老板逐渐认识到其才能,准备提拔她做店内主管的时候,她却婉言谢绝了这个任命。原来,一位投资餐饮业的顾客看中了她的才干,准备投资与她合作,资金完全由自己投入,她负责管理和员工培训,并且郑重承诺:她将获得新店 25% 的股份。

现在,这个小姑娘已经成为一家大型餐饮企业的老板。

问题:

(1) 你认为案例中的主人公成功的原因是什么?

(2) 想一想到目前为止我们为自己的梦想付出了多少努力。

【小提示】本案例介绍了一个来自偏远山区的小姑娘,用自己敬业的态度换取了人生的成功。敬业的人对自己的职业水准有很高的要求:精益求精,永远对工作现状不满意,永远在改善工作方式。这种敬业精神,在个人职业生涯发展道路上,直接决定着事业发展的高度。

员工敬业的最直接结果就是促进企业的不断发展。企业的发展壮大和效益的提高也会给企业中的每个人带来多种收益。而且,你的这种敬业精神也会在一定程度上感染你身边的其他人,形成良好的工作氛围,你也会受到同事的欢迎和领导的认可。因此,你被认可、被重用、被提拔是再自然不过的事情了。

(三)把职业当成事业

敬业的最高境界是什么? 就是把职业当成你的事业来看待。

职业只是谋生的手段,事业则是可以延续并由人继承的,就像一种思想、一种理论、一种制度的创立和维护。

人人都应该对自己的职业有一个清晰的自我定位。例如,有人认为工作的目的是生存,那么他确立的仅仅是一种职业认同感;有人认为他从事的工作是值得为之付出,他就会在此过程中实现自我的价值。

职业感和事业感虽然只有一字之差,但是当我们以不同的态度去工作时,就会有截然不同的结果。职业感要求尽心尽力地完成相应的工作,遵守职业道德。而事业感则往往是自觉的,并且总是与某种价值观联系在一起的。德国社会学家马克斯·韦伯认为,有的人之所以愿意为工作献身,是因为他们有一种"天职感",他们相信自己所从事的工作是神圣事业的一部分,即使是再平凡的工作,也会从中获得某种人生价值。凡是富有事业感的人,他们通过工作所获得的,不仅仅是物质、荣誉等外在报偿,更重要的是获得了内心的满足感和自我价值的实现。因此,他们很少计较报酬、在乎功名,他们所做的一切,只为追求一个完美的境界。在这样的境界中,他们会发现自己生存的意义,感受到幸福和自我满足。

有一家企业的普通工人,发明了好几项工作领域的专利。在谈到他的心得时,他说:"能够取得这些成功,就是因为我从来不把这份工作当作谋生的手段来看待,而是当成事业来经营。"

每一个岗位都是实现人生价值的舞台。只要我们用对待事业一样的态度对待我们的工作,每个人都能在平凡的岗位上做出不平凡的业绩。

不论我们从事何种工作,前瞻性的眼光和思考对于我们的事业来说,都是非常重要的。职业是基础,事业是发展。只有用事业的态度来对待自己的工作,才会在职业的发展中取得不断的进步,完成自己的事业规划。

很多初涉职场的高职毕业生可能会抱怨待遇不公、工作不顺,而这些怨言和愤怒使他们的职业生涯遭遇了许多困难和挫折,长时间得不到突破和晋升。如果能以事业的眼光看待职业工作,就会少一些怨言和愤怒,多一些积极和努力,多一些合作和忍耐,在一次次超越自我的过程中,不断拓宽自己的视野,提高自己的本领和技能。

要以事业的眼光和态度做好职业,而职业的发展和进步又可帮助自己取得事业的成功。所以说,职业生涯是事业生涯的前提和准备。

▶▶ **二、这样才敬业**

(一)珍惜你的工作岗位

在很多公司,我们经常可以看到墙壁上贴着这样的口号:"今天工作不努力,明天努力找工作"。然而,很多人在工作中却不珍惜岗位,总是心浮气躁,好高骛远,这山望着那山高,没有立足本职工作埋头苦干,当然,他们也就不会有成就感。这种人一见到别人工作做出了成绩,就会因羡慕而嫉妒,进而大发"英雄无用武之地"的牢骚,似乎自己没成绩,是因为岗位不合适。但是,一旦领导将他们放到某个重要工作岗位上,他们又会因缺乏敬业精神而把握不住机会。

【拓展阅读】

抱怨的结果

王杰是一家汽车修理厂的修理工,从进厂的第一天起,他就开始喋喋不休地抱怨,"修理这活太脏了,瞧瞧我身上弄的""真累呀,我简直讨厌死这份工作了"……每天,王杰都在抱怨和不满的情绪中度过。他认为自己在受煎熬,在像奴隶一样卖苦力。因此,王杰每时每刻都窃视着师傅的眼神与行动,稍有空隙,他便偷懒耍滑，应付手中的工作。

转眼几年过去了，当时与王杰一同进厂的 3 个工友，各自凭着精湛的手艺，或另谋高就，或被公司送进大学进修，独有王杰，仍旧在抱怨声中做着他讨厌的修理工工作。

【小提示】在工作中，有了敬业精神我们就会深深喜欢上我们所从事的职业。珍惜你的工作岗位是一条实现自己人生价值的必经之路。只有踏踏实实，充分用好工作中的每一天，刻苦钻研，才会专心致志地完成我们所做的事情，从而达到专业的高度。专家才会成为赢家，如此才能更好地成就我们的事业。

珍惜岗位就是珍惜自己的就业机会，拓展自己的生存和发展空间。如果你对工作总是漫不经心，做一天和尚撞一天钟，不珍惜自己的岗位，到头来损失的不光是企业的利益，自己也会因此而丢掉手中的饭碗。

今天，高职毕业生更要有这种忧患意识和危机意识，好好珍惜自己现有的工作，在工作岗位上精心谋事、潜心干事、专心做事，把心思集中在"想干事"上，把本领用在自己的本职工作上。

更大的成功和更高的薪水以及企业的发展和壮大也需要我们从珍惜自己的基础岗位做起。

【拓展阅读】

致敬科学家精神

"七一勋章"获得者陆元九是中国科学院院士、中国工程院院士、国际宇航科学院院士，是我国著名的惯性导航及空间飞行器控制专家、自动化科学技术开拓者之一。陆元九在工作上的严格是出了名的。他常说："上天产品，99 分不及格，相当于零分。100 分才及格，及格了还要评好坏。我们的产品是要上天的，一定要保证质量。要求严格，可以进步快一点。"从两弹一星、杂交水稻、陈氏定理，到嫦娥探月、蛟龙探海，再到中国天眼、天问一号……一项项辉煌成就、一座座科技丰碑的背后，是钱学森、邓稼先、陈景润、袁隆平、黄大年、南仁东等一代代科学工作者不忘初心、牢记使命的伟大成果，他们用人生诠释着科学家精神，把自己的科学追求融入民族复兴的伟大事业中，汇聚起建设世界科技强国的磅礴力量。

(二) 找准自己的位置

年轻人容易将事情看得简单而理想化，在跨出校门之前，都对未来充满憧憬。初出校门的高职生不能适应新环境，大多与事先对新岗位估计不足、不切实际有关。因此，在踏上实际工作岗位之后，要能够根据现实的环境调整自己的期望值和目标，找准自己的位置。

虽然高职教育的培养目标定位是培养适应生产、建设、管理和服务一线需要的高技能人才，但高职生在走出校门时并没有太多的工作经验，掌握的知识和技能尚未达到岗位的真正需要。有一些毕业生自命不凡，对有些事情不屑去做，总认为自己应该有更好的位置,做更重要的工作,这是不现实的。高职生应该在工作中找准自己的位置,作为职场新人,无论干什么工作,是做保安、专业技术人员,还是做管理工作,不论职位高低、轻重,都应该认真对待。成功的关键就是找准自己的位置,并且让你的上司了解你、认可你。

当然,作为一名员工,仅有才华和能力是不够的,还要努力创造展示自己的机会。只有这样,你的价值才能得到上司的肯定,你才有出人头地的可能。无论你是行政秘书还是技术员工,都要找准自己的位置,并根据职位的不同采取不同的处世方式。

【拓展阅读】

找准位置的小陈

即将毕业的小陈同学,是某职业学院园林花卉专业的学生。经历了多次招聘会的"洗礼"后,他得到的第一份工作是在某园林公司实习。他的实习工资非常低,而且第一天公司就将他安排在位于郊区的基地,由师傅带着他和其他几个学生学习剪树。基地吃住条件非常艰苦,风吹日晒,几天下来他们的脸变得又黑又糙,嘴唇干裂。但小陈并不在意,这些苦没有让他退却,能跟着师傅学习成了他最大的乐趣。每当师傅讲解的时候,他总是非常积极地学习思考,并动手实践,有空就向师傅请教一些问题,交流一些苗木技术方面的经验。师傅非常喜欢这个吃苦好问的学生,还将自己的绝活传授给他。在基地实习两个月后,因表现突出,小陈被调回了市里,坐进了宽敞明亮的办公室。但小陈并未因此而骄傲,他知道自己仍然是个实习生,要更努力工作才可以。每天他都是第一个到办公室,最后一个离开办公室。虽然他和别人一样工作,甚至付出了更多,但是从没有抱怨或向领导提出加薪的要求。一年后,小陈终于转为正式员工,并且得到重用,成为业务骨干。

【小提示】作为一个实习生或职场新人,不要好高骛远,幻想一步登天;找准自己的位置,做好该做的事是最重要的。

(三) 立即行动

"我58岁时学习计算机,学的是CAD制图。"勇于行动、追求卓越的"七一勋章"获得者艾爱国是工匠精神的杰出代表,是一名身怀绝技的焊接行业领军人。刚做学徒时,焊接技术书籍奇缺,碰到焊条说明书,艾爱国也会收起来研究。为了学习电焊,没有面罩,艾爱国就拿一块黑玻璃看电焊师傅怎么焊,手和脸经常被弧光烤灼脱一层皮,胳膊上也留下了大大小小的疤痕。1982年,艾爱国以优异成绩考取了气焊合格证、电焊合格证,成为当时湘潭市唯一一个持有两证的焊工。

1983年,冶金工业部组织全国多家钢铁企业联合研制新型贯流式高炉风口。当时,还是普通青年焊工的艾爱国,要求自己去试一试。艾爱国至今都记得第一次试验。那天下大雪,地面一片白,白雪的反光使得天色以成倍的速度暗下来。他站在高炉旁,汗不断地冒出来,6个小时过去了,衣服上的汗水凝结成了盐粒,高炉风口的锻造紫铜和铸造紫铜依旧不重合。他失败了。回家躺在床上,艾爱国却翻来覆去睡不着,脑子里都是白天的场景。"我就干脆爬起来，查资料、找失败的原因。"1984 年 3 月 23 日，准备多时的艾爱国再次尝试，他用石棉绳缠包焊枪，拿石棉板挡住身子，把交流氩弧焊机改造成直流焊机，改进了焊枪，使之能够承受高温。一次又一次的尝试，终于成功焊好了"高炉贯流式"新型风口的紫铜容器。艾爱国凭借这项技术获得国家科学技术进步二等奖。[①]

在职场中，想象再美好也不如立即行动。每个人都有自己的梦想，有些人不乏很好的想法、目标和计划。但是有的人有了梦想之后，要么长期犹豫，迟迟拿不出实现梦想的具体行动计划；要么碰到一点困难就打退堂鼓，甚至彻底放弃了自己的梦想。常言道：心动不如行动。再美好的梦想与目标，再完美的计划和方案，如果不能尽快在行动中落实，最终只能是纸上谈兵，空想一番。

如果你有了强烈的愿望，就要积极地迈出实现它的第一步，千万不要等待或拖延，也不必等待具备所有的条件，更何况有一些条件是可以被创造的。在实际生活中，人人都有梦想，都渴望成功，都想找到一条成功的捷径。其实，捷径就在你的身边，那就是勤于积累、脚踏实地、积极肯干。很多人在心里默默地筹划自己应该如何珍惜工作，如何努力工作，但又有多少人能把自己的想法立即付诸行动呢？无论是什么样的结果，都只有在真正行动之后才会出现，这是任何人进入职场后必须牢记的一点。没有任何人可以未卜先知，没有任何人可以完全预测行动的结果，更没有任何人可以在行动之前说你必将失败或成功，因为无论什么样的结果，只有在行动之后才会出现，而当你勇敢地行动起来时，结果往往是一次新的成功。

人生最昂贵的代价之一就是：凡事等待明天。"明日复明日，明日何其多，我生待明日，万事成蹉跎。"只有今天才是我们生命中最重要的一天，只有今天才是我们生命唯一可以把握的一天。因此，只有珍惜今天，马上行动，才会让我们的梦想变成现实，才会让我们不断超越对手，超越自己。正如革命烈士恽代英所言："不要说一句推诿的话，今天，此时，即刻把自己的担子挑起来。"

（四）做好每件事

一个人无论从事何种职业，都应该尽心尽责，尽自己的最大努力，不断地取得进步。这不仅是工作的原则，也是人生的原则。如果没有了职责和理想，生命就会变得毫无意义。无论你在什么工作岗位上，如果能全身心地投入工作，就一定会取得成就。

在现实工作中，有许多人贪多求全，什么都懂一点，但什么都不全懂，对工作只求一知半解，浅尝辄止。那些技术半生不熟的泥瓦工和木匠建造的房屋，会经受不住暴风雨的袭击；医术不精的外科大夫做起手术来，容易造成医疗事故；办案能力不强的律师，只能让当事人浪费金钱……这些都是缺乏敬业精神的具体表现。无论你从事什么职业，都应该下功夫把知识学好，把问题弄懂，把技术学精，成为本行业中的行家里手，从而赢得良好的声誉，才能拥有了打开成功之门的钥匙。

懂得如何做好一件事，比对什么事都懂一点皮毛但什么事都做不好要强得多。一

---

① 赵方园."七一勋章"获得者艾爱国：一身绝技的焊接行业领军人[N].新京报,2021-06-29.

位名人在学校做演讲时说:"比其他事情更重要的是,你们需要知道怎样将一件事情做好;与其他有能力做这件事的人相比,如果你能做得更好,那么,你就永远不会失业。"一位哲学家说过:"不论你手边有何工作,都要尽心尽力地去做!"做事情不能善始善终,意志不坚定,不尽心尽责的人,永远不可能达到自己追求的理想目标。一面贪图玩乐,一面又想成功,自以为可以左右逢源,不但享乐与成功两头落空,还会一败涂地。做事一丝不苟能够迅速培养职业人严谨的品格,获得做事的能力。它既能带领普通人往好的方向前进,更能鼓舞优秀的人追求更高的境界。无论做任何事,一定要尽全力,因为它决定一个人日后事业上的成败。一个人一旦领悟了"全力以赴地工作能消除工作辛劳"这一秘诀,他就掌握了打开成功之门的钥匙。能处处以尽职尽责的态度工作,即使从事最平庸的职业也会获得不平凡的成就。

（五）每天多做一点

1.01 的 365 次方约等于 37.8,0.99 的 365 次方约等于 0.03,每天都比前一天多努力 0.01,365 天后你的成就将是别人的 37.8 倍;如果每天都比前一天懒惰一点点,经过 365 天你就几乎一无所有。哪怕是极小的进步,只要坚持不懈,终究会由量变到质变。正所谓"积硅步以致千里,积怠惰以致深渊"。每天多做一点点,就是成功的开始;每天多学一点点,就是进步的开始;每天多创新一点点,就是卓越的开始。

【拓展阅读】

成就卓越的有效途径

梅兰芳先生是中国京剧史上成就辉煌的表演艺术大师,被公认为"京剧四大名旦"之首。他一生艺术成就的取得,固然与他的艺术天分,与他的家传、师教等分不开,同时也与他本人学艺的虚心求教、刻苦钻研、精益求精有着密切的关系。梅兰芳小时候去拜师学艺,师傅说他眼睛没神儿,不是唱戏的料子。原来他小时候眼睛有轻度的近视,不仅迎风流泪,而且眼珠转动不灵活。但梅兰芳学艺的决心没有被动摇,他养了几对鸽子,每天一清早,他就给它们喂食,然后放飞。梅兰芳站在鸽棚旁,眼睛随着鸽子的飞动而转动,循苍穹而视,尽力追踪越飞越远的鸽群,直至鸽子的踪影在遥远的天际消失。十年之间,从未间断,持之以恒,终于恢复了视力,练出了眼神。后来,他在舞台上一双大眼睛灵动明亮,神采飞扬。梅兰芳的眼神最能传达人物内心的细腻感情,人们都说梅兰芳的眼睛会说话了。梅兰芳在五十余年的舞台生活中,发展和提高了京剧旦角的演唱和表演艺术,形成一个具有独特风格的艺术流派,世称"梅派"。

梅兰芳的故事值得所有职业人借鉴。从平凡的工作中脱颖而出,一方面由个人的才能决定,另一方面则取决于个人的努力、进取心和敬业精神。这个世界总是为那些努力工作的人大开绿灯。

有一本畅销世界的书——《致加西亚的信》,作者在书中说明了为什么要每天多做一点,它对我们的启示具有普遍意义。

《致加西亚的信》节选

有几十种甚至更多的理由可以解释,你为什么应该养成"每天多做一点"的好习惯——尽管事实上很少有人这样做。其中两个原因是最主要的:

第一,在养成了"每天多做一点"的好习惯之后,与四周那些尚未养成这种习惯的人相比,你已经具有了优势。这种习惯使你无论从事什么行业,都会有更多的人指名道姓地要求你提供服务。

第二,如果你希望将自己的右臂锻炼得更强壮,唯一的途径就是利用它来做最艰苦的工作。相反,如果长期不使用你的右臂,让它养尊处优,其结果就是使它变得更虚弱甚至萎缩。

身处困境而拼搏能够产生巨大的能力,这是人生永恒不变的法则。如果你能比分内的工作多做一点,那么,不仅能彰显自己勤奋的美德,而且能发展一种超凡的技巧与能力,使自己具有更强大的生存能力,从而摆脱困境。

社会在发展,公司在成长,个人的职责范围也随之扩大。不要总是以"这不是我分内的工作"为由来逃避责任。当额外的工作分配到你头上时,不妨视之为一种机遇。

如果能提早一点到公司,就说明你十分重视这份工作。每天提前一点到达,可以对一天的工作做个规划,当别人还在考虑当天该做什么时,你已经走在别人前面了。

(引自:阿尔伯特·哈伯德.致加西亚的信[M].南京:译林出版社,2011)

很多高职生在学习中往往就是缺少了"多加一盎司"所需要的一点点责任、一点点决心、一点点勇气。只要你愿意比其他人多付出一点,哪怕是多思考一分钟、多举手发言一次、多做一道题目,都能够获得更好的成绩、更大的进步。

职场中更是如此。付出多少,收获多少,这是一个众所周知的因果法则。每天多做一点工作会让你比别人多付出一些;但同样,你得到的回报也会比别人多一些。如果你养成了"每天多做一点"的好习惯,那么你就与周围尚未养成这种习惯的人区别开来了,你就具备了别人所没有的优势。这就会使你无论从事什么行业都会比别人赢得更多的关注,获得更多的加薪和晋升的机会。

【拓展阅读】

每天多做一点点

张娜毕业后进入一家公司做秘书,她的工作就是整理、撰写、打印一些材料。很多人都认为她的工作单调而乏味,但她觉得自己的工作很好,并认为:检验工作的唯一标准就是你做得好不好,而不是别的。她整天做着这些工作,做久了她发现公司的文件中存在着很多问题,甚至公司的一些经营运作方面也存在着问题。于是,除了每天必做的工作之外,她还细心地收集一些资料,甚至是过期的资料。她把这些资料整理分类,然后进行分析,写出建议。为此,她还查询了很多有关经营方面的书籍。最后，张娜把打印好的分析结果和有关证明资料一并交给了领导。领导读了秘书的这份建议后非常吃惊，这个年轻的秘书竟然有这样缜密的心思，而且她的分析井井有条、细致入微。后来，领导采纳了这位秘书的很多条建议。领导很欣慰，他觉得有这样的员工是他的骄傲。当然，张娜也由此被领导委以重任。虽然张娜自己觉得她只比正常的工作多做了一点点，但是领导却觉得她为公司做了很多，这一点点，并不是每个人都能做到的。

【小提示】"每天多做一点"还能够给你提供增长知识的机会。要想成为一名成功人士，就必须不断地学习专业知识，拓宽自己的知识面，树立终身学习的观念，这对获取成功是非常有益的。有人说："当机会来临时，为什么我们无法确认？"这是因为机会总是乔装成"问题"的样子。当你面对某个难题时，机会也随之出现了。如果不是你的工作，而你主动地把它做好了，这就是创造了机会。一分耕耘，一分收获，付出总有回报，这是千古不变的法则。即使一时没有得到相应的报酬，未来也可能在不经意间获得回报。

（六）把事情做在前面

每个员工都想获得升迁，每个员工都想获得更多的薪水和奖金。这些机会的决定权与其说是在上司那里，还不如说是掌握在自己手里。敬业的最高标准是把事情做在前面。有人认为员工只要完成领导交代的任务就是敬业，有人认为员工只要热爱公司和工作就是敬业。当然这两种认识都没有错。敬业的真正标准就是你所做的事情是在别人之前，还是之后。有一位人力资源管理专家对敬业的标准做了一个量化：

10 分＝把事情做在前面

5 分＝努力认真地做好本职工作

1 分＝我已经超负荷工作了

由此可见，把事情做在前面是评价一个员工是否敬业的关键标准。

【拓展阅读】

成就自我的有效方法

中国科技大学少年班的李一男毕业后直接进入一家大公司，十几天后就晋升为主任工程师，一年后就成为公司最年轻的副总裁，究其根源就在于这个年轻的工程师对技术的发展趋势非常敏感，总能够给总裁提供许多有前瞻性的建议。当别的员工还在为一个产品在市场中的成功而陶醉时，李一男已经提出新的建议并着手开发下一代产品了。当总裁考虑到某些问题时，他总是发现李一男早就开始着手解决了。这样的员工无论在哪个公司都会受到老板的青睐。

【小提示】公司的大目标和员工的小目标都是为公司创造财富。作为一名敬业的员工，不应该仅仅局限于自己的任务，而应该在不破坏公司各种秩序的情况下，主动地完成额外的任务，出色地为公司创造额外的财富；更重要的是，要先于主管和老板，提出并实施有益于公司发展的项目和业务。意识到这一点，你就掌握了成就自我的有效方法。

（七）竭尽全力

一位猎人带着他的猎狗外出打猎。猎人开了一枪,打中了一只野兔的腿。猎人放狗去追。过了很长时间,狗空着嘴回来了。猎人问:"兔子呢?"狗"汪汪"地叫了几声,主人听懂了,意思是说:"我已经尽力了,可还是让兔子逃脱了。"

那只野兔回到洞穴,野兔的家人问它:"你伤了一条腿,那条狗又尽力地追,你是怎么跑回来的?"

野兔说:"狗只是尽力,但追不上并不会有严重的后果;而我是竭尽全力呀,因为我如果被追上就会丢掉生命!"

尽心尽力、尽职尽责地工作是敬业精神的具体体现,是指把全部的身心投入到工作中去。一旦你选择了一个工作作为自己的职业舞台,你就必须专心致志地投入到当中去。我们必须明白这样一个道理:只有扎扎实实地做好本职工作,做好每一件小事,关注每一个工作细节,才谈得上职业发展和事业追求。

在这个世界上,没有谁会轻易成功,每一个成功者的背后都有着敬业的故事。只有竭尽全力工作,创造出最大价值的人,才能从平凡到卓越,登上事业和人生的最高峰。

扫一扫,测一测

素养初体验

▶▶【拓展活动一】 今天你敬业了吗?

一、项目类型:学生互评型

二、道具要求:无须道具

三、项目时间:10~15分钟

四、项目目标:通过同学之间互评,让学生认识自己的敬业情况,并树立起敬业的意识及精神

五、详细规则

1. 根据教师课堂教授情况,让学生对自己的课堂表现进行互评。

2. 同学之间进行打分互评,并计算出对方的得分。

3. 根据最后得分情况,由评价同学向被评价同学讲明各项打分理由。

4. 最后,同学根据得分及评价,进行自我反思,并进行总结,由教师抽查。

班级：　　　　　姓名：　　　　　评分方式:学生互评

项目	表现情况(画√)	得分
遵守纪律情况	□迟到(-2分)□玩手机(-5分)□睡觉(-5分)□交头接耳(-5分)	
讨论发言情况	□静静听着(1分)□主动与同学讨论问题(3分)□主动与老师互动(5分)□准确回答老师的问题(5分)	
任务完成情况	1分□ 2分□ 3分□ 4分□ 5分□	
总分		

也许他是曾经教过你的老师,也许他是你身边默默无闻的同学,也许他是晨曦中的环卫工人,也许他是公交车上的售票员,也许他只是一位在你生命中擦肩而过的陌生人……生活中,不是缺少敬业榜样,而是缺少发现。请同学们进行一场敬业榜样大搜索,寻找我们身边的敬业榜样。

要求:每位同学提名一位敬业榜样并说明理由。最后,由全班同学投票选出公认的十位敬业榜样并总结这些榜样的敬业品质。

【知识吧台】

老木匠的最后一座房子

一个年纪很大的木匠就要退休了,他告诉他的老板:自己想要离开建筑业,然后跟妻子及家人享受天伦之乐。虽然他也会惦记这段时间里还算不错的薪水,不过他还是觉得需要退休了,因为即使生活上没有这笔钱,也还过得去!

老板实在舍不得做得一手好活的木匠离去,再三挽留,木匠决心已定,不为所动。老板只得答应,但希望他能在离开前,再盖一栋具有个人风格的房子。老木匠答应了。

在盖房子的过程中,大家都看得出来,老木匠的心已经不在工作上了。用料不那么严格,做出的活计也全无往日的水准。

房屋落成时,老板来了,看都没看房子,就把大门的钥匙交给木匠说:"你一直都那样努力,让我感动,这所房子就是我送给你的礼物,谢谢。"

老木匠愣住了,同样,他的后悔与羞愧大家也看得出来。他的一生盖过多少好房子,最后却为自己建了这样一幢粗制滥造的房子。如果他知道这间房子是送给他自己的,他一定会用百倍的努力、最好的建材、最精致的技术来把它盖好。可惜,这世界上没有后悔药。

我们其实都是那个木匠,每天都在经营着将来属于自己的一砖一瓦,钉钉子、锯木板,但从来不知自己的所有努力全是为了自己啊!

第二单元

学会诚信
赢得信赖之源

人而无信,不知其可也。

——孔子

人背信则名不达。

——刘向

单元介绍　　名词解释

素养风向标

【案例】

　　大学生求职不讲诚信,最终失去本应该得到的就业机会

◎ 案例导读

　　近年来,随着大学的扩招,大学毕业生的数量在逐年增长,大学生的就业形势比较严峻,这使得有些大学毕业生不惜采用一些不正当、不诚实的手段试图获取工作机会,比如虚构自己并不具备的高学历去博得用人单位青睐,违背了诚信原则。本案例就描述了这样一个虚构学历应聘的同学的经历。

◎ 案例描述

　　张某以河南某大学企业管理专业毕业生的身份到上海某催化剂公司应聘行政助理职务。经面试考核等程序,张某被招聘为该公司员工,被安排到生产技术部操作岗位锻炼。公司对张某在公司的表现基本满意,但该公司人力资源部负责人在教育部指定的网上查询张某的学历时,发现他的学历是伪造的。尽管张某可以胜任现在的工作岗位,但是公司还是毫不犹豫地解除了与张某的劳动关系。

◎ 案例分析

　　大学生在求职的过程中,要增强自己的法律意识,遵守相关的法律法规,特别是要讲求诚信,才能在职场上才能实现可持续发展。做人做事,诚信为本。

◎ 案例交流与讨论

1. 你知道职场对诚信的要求吗？

2. 个人的诚信应该如何构建？

　　中国是一个有着五千年历史的文明古国,诚实、守信一直是中华民族引以为豪的品格。"言必信,行必果""以诚为本,以信为天"熏陶了我们几千年。人们讲求诚信、推崇诚信,诚信之风早已融入我们民族文化的血液,成为中华文化基因中不可或缺的重要一环。然而,近些年来,"拜金"在滋长,"利益"取代了美德,诚信让位于欺诈。假食品、假新闻、假结婚、假文凭、假招聘等社会现象频频出现。在这种诚信危机的大环境下,生活在其中的学生不可避免地受到了影响,诚实守信的基本道德规范被物质化、庸俗化、功利化的思想侵蚀。

素养加油站

▶▶ 一、识读诚信

　　《礼记·祭统》有"是故贤者之祭也,致其诚信与其忠敬"之说。在普遍意义上,"诚"即诚实诚恳,指人所具有的真诚的内在道德品质;"信"即信用信任,指人的内诚的外部显化。"诚"更多地指"内诚于心","信"则侧重于"外信于人"。"诚"与"信",就形成了一个内外兼备,具有丰富内涵的词汇,其基本含义是指诚实无欺,讲究信用。诚实守信是中华民族的传统美德。孔子的"人而无信,不知其可也",李白的"三杯吐然诺,五岳倒为轻",民间的"一言既出,驷马难追",都极言诚信的重要。

　　无论处在什么样的社会,一个人做人做事的最终成功,只有依靠诚信二字。你先对别人有诚信,大部分人才能对你有诚信。就算你有时候被欺骗了,也不能因此而丢掉诚信,否则你就会失去自己成功和幸福的根基。

　　许多人都听过"狼来了"的故事,一个村庄里,有一个放羊的小男孩,有一天放羊时,闲着无聊,就想戏弄一下村民。于是,他在山上大喊:"狼来了! 狼来了!"在山下劳作的村民听到小男孩的喊叫声,立刻拿着锄头、扁担跑上山去,结果发现根本没有狼,他们上当了。这样循环往复了几次以后,受到戏弄的村民逐渐对小男孩不信任了。有一天,狼真的来了,小男孩吓得大叫:"狼来了! 狼来了!"可是山下的村民都以为小男孩在说谎,再也不相信了。他们照常在田里耕作,谁也没有理会小男孩的求救。最终,小男孩被狼吃掉了。

　　诚信是安身立命之本,一个人如果失去了他人的信任,虽然暂时获得了成功和快乐,但是终会因自己的不诚信而害了自己。进一步而言,如果社会上人人都喊"狼来了",就会导致整个社会信任体系的坍塌,使社会陷入无序状态。

　　人无信不立,业无信不兴,社会无信则失序。就个人而言,诚信是高尚的人格力量;就企业而言,诚信是宝贵的无形资产;就社会而言,诚信是正常的生产、生活秩序;

就国家而言,诚信是良好的国际形象。一个人的成功,一个企业的成功,乃至一个社会的进步与繁荣,诚信对其都有着深远的意义。所以,每个人都要将诚信作为生活和事业的基本原则。

二、诚信的价值

(一)做人的根本

诚信,不仅是一种品行,更是一种责任;不仅是一种道义,更是一种准则;不仅是一种声誉,更是一种资源。树立诚信第一的意识,不仅是一个人,更是一个企业,乃至一个国家的精神财富。诚信精神是做人的根本,也是企业取得长足发展的基石。企业只有遵循诚信原则,才能提高信誉度,提升市场人气,在激烈的竞争中取得制胜筹码。

扫一扫,测一测

扫一扫,看微课

(二)职场通行证

诚信是一名新人走进职场最被注重的道德品质。对于即将走入职场的高职毕业生来说尤其应做到诚信求职。

> 张某很早就开始为毕业后的工作四处奔波。有一天,他接到了一家大企业的面试通知。面试那天,他迟到了10分钟,却对面试他的总经理说是因为坐公交堵车。面试过程十分顺利,无论是专用知识还是能力考核,他都一一过关。张某离开时信心十足,觉得肯定能被录用。
>
> 几天后,张某却接到一纸用词委婉、不予录用的通知书。其真实原因在于负责面试的总经理认为他不守时、撒谎。原来面试那天张某是骑自行车去的,怕迟到不好交代顺口撒了个谎。原以为无人察觉,没想到总经理恰巧站在办公楼窗前,看见了他骑车的身影。
>
> 事后,张某后悔不已,对自己的行为进行了深刻的反思。他想到上学期间,他经常放松对自己的要求,迟到了,找个理由说"今天堵车了";早退了,称"头疼,身体不舒服";逃学旷课,对老师说"家里有事";做错了事情,要么把故意说成无意,要么百般抵赖,编造各种理由为自己开脱。久而久之,他对自己的这种随口撒谎的坏习惯习以为常。最终导致了面试不合格。

在一次针对高职院校学生的招聘会上,一家知名企业在300多份简历当中,最终挑选了两名学生。他们说相中这两名学生的理由是,简历中的材料没有作假,是在实事求是地描述自己的能力。面试时的表现也非常诚恳,有一说一,不懂的问题也不会逞强。有很多面试者把自己的能力写得天花乱坠,结果被具体询问时,这个不会那个不会,简直浪费双方的时间。

用人企业说,诚信的品质比实际技术更加重要,因为学校里学的专业知识远远不够,一般都要到企业中经过实战操作,才会真正熟悉专业技术。这样一来,一个新人最基本的人品和素质就成了企业最关注的东西。如果新人秉性诚实守信,那么以后的道路基本不会走歪;但是若新人原本就有点滑头、耍小聪明,那么无论怎么正确引导都可能偏离轨道。

诚信是通往职场的第一张通行证，如果没有它，即使有能力、有才华，也终将被拒之门外。

（三）诚信胜于能力

在战场上直接打击敌人的，是能力；商场上直接为企业创造效益的，也是能力；而诚信似乎没有起到直接创造效益的作用。可能因为这一点，导致很多人重视能力而轻视诚信。

事实并非如此。如果一个士兵能力很强，最后却叛变了；如果一个员工能力很强，结果把企业的资料盗走了，这将会是一个什么样的结果？因此，在职场中，对一个企业或组织来说，能力虽然重要，但诚信胜于能力。

在职场中，一直流传着这样的说法——德才兼备是精品，有德无才是次品，无德无才是废品，有才无德是危险品。所以，很多用人单位在招聘时都有这样一个潜规则——德才兼备要重用，有德无才可以用，有才无德不敢用，无德无才不能用。

诚然，这是一个重视知识和能力的社会，考察一个人是否是好员工，有许许多多的素质要求，但有一点是肯定的，老板更愿意信任那些"老实人"——那些即使能力稍微差一些，但有责任心，对企业忠诚、讲诚信的人。

不管你的能力是强还是弱，一定要具备诚信的品质。只要你真正表现出对公司足够的真诚，你就能得到老板的关注，他也会乐意在你身上投资，给你培训的机会，提高你的技能，因为他认为你值得信赖；无论你从事什么样的工作，都会有成功的机会。

素养面面观

社会上有这样一种观点，认为讲诚信是一种"理想化的美德"，现实生活中，做老实人、讲诚信，往往要吃"眼前亏"。

不可否认，当前社会确实存在这样的现象：相同的商品，花言巧语、弄虚作假者能卖更高的价钱，诚信的人吃亏了；同样的考试，偷看、抄袭，利用舞弊手段能取得更好的成绩，诚信的人吃亏了；同样的起跑线，服用兴奋剂的人拿了冠军，诚信的人又吃亏了……种种迹象表明，做老实人，注定要吃"眼前亏"。

但是，请记住这句话："言而无信，行之不远。"现实生活中的大量事实证明，制假售假、坑蒙拐骗，可以得一时之利，但必定以东窗事发、身败名裂而告终。世界上没有拆不穿的假象，没有识不破的骗局。在生活中，人们还是愿意和诚信的人打交道、交朋友。诚信的人看似失去了某些利益，但却赢得了信誉。诚信能够形成一种巨大的品牌效应，让你在成功的路上走得更远。

▶▶ **一、个人成功需要诚信**

近几年，是否能够如期归还助学贷款也同样考验着大学生的诚信。中国农业银行广东分行一份调查显示：广东省的助学贷款不良率高达27.04%，超过1/4的贷款学生严重欠款。《齐鲁晚报》也曾报道，山东省国家助学贷款还款情况不容乐观，不良贷款比例高达 18.15%,远远超过各企事业单位、个人的不良贷款比例。而不良贷款的出现,已经影响到了贷款机构进一步放贷的信心。重庆市一家银行向渝中区法院提起诉讼,因多次催讨无果,要求 400 多名大学生偿还助学贷款,总金额达到 496 万余元。虽然助学贷款逾期不还的原因是多方面的,但其中确实暴露了很多大学毕业生的诚信问题。

各银行已建立一套高效的联络制度,将助学贷款信息与个人征信系统联网,加快助学贷款信息归集,并逐步实现信息全国共享,动态更新学生诚信记录。如果借款学生毕业后不还款,那么他的信用报告就会如实留下负面信息。无论他在什么地方,只要再向银行申请贷款或办信用卡,都可能因此被拒绝。个人征信系统会把一个人的违约记录保留 7 年左右。

很多国家都有相应的信用制度。它使得任何有良知、想过体面生活的人都不能胆大妄为而必须遵纪守法。记录信用的国家权威机构记录了每个成年公民所有信用资料,向社会开放。一旦不良信用记录在案,此人的信誉就有污点了。从此,购物想享受分期付款,商家一查信用记录就会拒绝他;想找个好工作,用人单位一查记录,便会觉得此人不可信赖;想找银行申请贷款,更是没有指望。总之,有了信誉污点,想在这个社会过上体面的生活就不可能了。现代经济是信用经济,在市场经济的环境中,信用才是人生最为宝贵的资产,其价值是难以用金钱来衡量的。

▶▶ 二、企业品牌源于诚信

有一年的全国高考作文题目是这样的:一个年轻人,跋涉在人生旅途上,身负七个背囊,分别是美貌、健康、金钱、名誉、才气、机遇和诚信。他来到一个渡口,要乘船到彼岸。老艄公说,你背的东西太重了,必须丢掉其中一样,否则船会下沉。他几经考虑,最后把诚信丢下了。要求考生就这个故事写篇文章,发表看法。这个高考题目引发了全社会对诚信问题的关注,也让人们重新审视诚信的价值。

诚信的价值可以体现在个体的、组织的和社会的三个层面。

对个人而言,诚信可以增加其在组织中的声誉、社会中的声望,这些无形的财富除了给其带来"精神"上的欢愉效用外,还能带来直接经济效益,如组织的奖赏、工资的提升和职位的晋升,社会经济交易的便利,低成本的借贷和获取社区公共服务的便捷,以及在社会上的就业、保障等方面的便利。

对组织(企业)而言,诚信可以节省企业的交易费用。讲信用、诚实经营的企业,在消费者中会建立良好的口碑,消费者的满意度会提高,经营者也就减少了广告宣传的费用。诚信可以使企业低成本扩张,一个信誉好的企业,可以到银行争取到利率较低的贷款,也可以在资本市场上以较低的成本融资。诚信也是企业的无形资产,具有为企业增值的功能,它和货币资本、劳动力资本一样是企业发展不可或缺的。

对社会而言,社会诚信制度的建立和完善具有公共性质,能形成巨大的价值和效益,能为社会中的个体、企业组织提供成本极小而又能产生极大效益的制度保障。社会诚信制度的形成和完善,有利于新技术的采用,扩大交易范围从而创造新的价值和效益,同时能促进投资和经济增长,创造巨大的社会价值和效益。

纵观国内外成功企业,无一不是以诚信为本而发展壮大的,诚信是成功企业共同追求和必备的品质之一。

同仁堂300年的发展历程就充分说明了这一点。无论在同仁堂药店里,还是在车间里,都有这样一副训规:"品位虽贵必不敢减物力,炮制虽繁必不敢省人工。"这条训规是同仁堂初期创业者乐凤鸣提出的,后来成为历代同仁堂人在制药过程中必须遵循的行为准则。这是中国传统商业文化和医药道德的集中体现,也是中国企业诚信文化的典型代表。

素养成长路

▶▶ 一、诚信从身边做起

(一)对自己的言行负责

"一言既出,驷马难追"是每个中国人都知道的古训。这既是对诚实守信品质的概括,同时也是一个诚实守信的人必须具备的行为准则。它包括两层含义:第一,每个人的言行都要经过慎重思考,不可信口开河;第二,每个人都要对自己言行的后果负责,不可反悔。"言必信,行必果",要做到诚信待人,诚信工作,就必须勇于对自己的行为负责。

人生所有的履历都必须排在勇于负责的精神之后。在责任的内在力量驱使下,我们常常油然而生一种崇高的使命感和归属感。一个企业管理者说:"如果你能真正缝好一枚纽扣,这应该比你缝制出一件粗制滥造的衣服更有价值。"尽职尽责地对待自己的工作,无论自己的工作是什么,重要的是你是否真正做好了你的工作。

现代企业在用人时非常强调个人的知识和技能,事实上,只有诚信与能力并存的人才是企业真正需要的人才。没有做不好的工作,只有不负责任的人,每一个员工都对企业负有责任,无论你的职位高低。一个有责任感的人才会给别人信任感,才会吸引更多的人合作。

几乎每一个优秀企业都强调责任的力量。在华为公司,核心价值观念之一就是"认真负责和管理有效的员工是我们公司最大的财富"。责任不仅是一种品德,而且是其他所有能力的统帅与核心。缺乏责任意识,其他的能力就失去了用武之地。因此,在提升和完善个人素质时,每个人都应当记住"责任胜于能力"!对履行职责的员工最大的回报是,其将被赋予更大的责任和使命。因为,只有这样的员工才真正值得信任,才能担当起企业赋予他的责任。

(二)信守每个承诺

在学习和工作中,我们经常会做出承诺,比如,"借你的东西明天就还""我周一准时交作业""我后天完成工作""这个产品我将在一年内交货""明天十二点之前我会把事情办好"……但是,很多承诺我们都没有按时兑现,反而会找各种借口为自己开脱。而你的信用,就在这些承诺和借口中慢慢减少,以至一无所有。

在职场中,必须坚守你所做出的每一个承诺,只有这样,才能积累你的信用资本,才能让客户、让领导信任你,才能树立你的信用品牌,领导才会放心把任务交给你,你才能在职场中不断前进。

(三) 勿以诚小而不为

"勿以善小而不为,勿以恶小而为之",这是刘备临终前告诫儿子刘禅的话,也是千古名言。古人以"不积跬步,无以至千里;不积小流,无以成江海"来说明人的品德的形成不是一蹴而就的,强调品格的养成必须从小事做起,诚信也是如此。

对于每个人来说,在生活中做一件讲诚信的事或在一段时间内做到诚实守信,也许不难。但是,要持之以恒,一直坚守诚信的原则是非常不容易的。从某种意义上说,这是对人们信念和意志的一个考验。

在生活中,我们常常看到这样一些现象:借他人的东西不还;抄袭他人的作业;考试经常作弊;无视班级公约,不履行自己的义务,逃避劳动;弄虚作假,伪造签名或通知,欺骗老师和家长。每当事情败露,却又毫无愧色,不以为然,自以为"小节无碍"。对日常小事、"小节"要求的松懈,对自身信誉、信用的淡漠,一定会导致最终的名誉扫地、代价惨重。一个不讲"小诚"的人,最终必然丧失"大诚",成为人们眼中没有诚信的人。只有把诚信落实在生活的细节中,勿以"诚"小而不为,才能成就事业和人生的成功。

▶▶ 二、诚信在职场中铸就

(一) 诚信求职

讲究诚信作为一个人的基本素质,是很多用人单位招工的基本条件。面对工作越来越难找的困境,一些毕业生为了获得招聘单位的青睐,竟通过一些具有隐蔽性的虚假信息,掩饰自己的真实情况。也许会有人蒙混过关,但是真相迟早会被揭穿,一经发现,作假者失去的将不只是诚信。

在刚刚毕业的大学生身上最常见的作假现象就是简历内容不真实,有夸张或张冠李戴的现象。例如,一些大学生为了引起用人单位的注意,将其他同学的工作经历,借鉴到自己的简历上;或者将他人的获奖证书,经过加工,变成自己的证书,等等。也许这些都是求职者"善意"的伪造,但在"善意"的背后却是基本道德素质的缺失。

弄虚作假的人,真的容易得到用人单位的青睐吗?一位广告公司的经理说了这样一件事:"前一段时间,曾有一个学生来公司面试,他在简历中注明参加过某单位创建网站的工作,但经过仔细询问,这位学生对很多专业知识不清楚,甚至连名称都不记得,所以可以肯定地认为,他的简历有虚假成分。"这个参加面试的学生不仅没有通过面试,而且还被人揭穿,使自己的求职经历留下了污点。类似的例子还有很多,只要是假的,迟早有被人发现的一天。即使在面试时没有被识破,但是到了工作岗位后,如果造假人不能胜任工作,一样会失去工作。

一个不讲诚信的人,无论多么优秀,也不会受到重用。

【拓展阅读】

做一个诚实的人

小王是某高职院校文秘专业的应届毕业生,毕业前夕,得到了一个去某公司面试的机会。小王应聘的是总经理助理的职位,由总经理亲自面试。一进办公室,总经理看到她就说,咱们好像见过,你是不是以前在公司做过兼职啊,我对你有印象,你能力不错,是我们公司需要的人才。小王一愣,知道总经理认错人了,她在脑子里进行着激烈的思想斗争——我该怎么回答?既然总经理对那个人印象很好,如果将错就错,肯定对我有好处。但是,如果我冒充他人,被发现了,岂不是更糟?最后,小王还是鼓起勇气对总经理说:"对不起,总经理,您认错人了。不过,请您给我一个机会,我会证明我的能力和才干。"总经理笑了。一周后,她接到了录用通知。

【小提示】诚信是金,别人对你的信任和欣赏,首先来自你对别人的诚实。一个诚实的人,在求职过程中,能够赢得别人的信赖与尊重,使自己获得更多的机会。

(二)岗位中的诚信

人格的塑造和习惯的养成都是一个渐进的过程。任何习惯都是逐步积累,伴随着个人成长逐步积淀而成的。诚信也是如此。诚信既是一种品格,也是一种习惯。高职生培养诚信的习惯,塑造诚信品牌,就要从校园生活开始。

根据人的行为习惯形成的发展规律,青少年时期是人的品德形成的关键时期。人生如同一张白纸,最初描绘的颜色,会对将来的人生画卷产生重要影响。所以,高职生在大学期间,只有重视自己的品德修养,培养自己的诚信品质,修正自己的不良习惯,不断完善自己的人格,才能成为职场需要的诚信之人。

首先,在思想上要树立诚实守信的自律意识,把诚信作为自己的行为准则,真诚地与人相处,认真履行自己对师长、对同学、对朋友、对学校的承诺,抵制不诚信、弄虚作假的行为。要远离考试作弊,要摒弃做错事后用撒谎逃避惩罚的行为,要勇于为自己的言行负责,要敢于同不诚信的行为和思想做斗争。

其次,还要以主人翁的心态来关心校园的诚信文化建设。在校园生活中,经常会碰到这种情况:有些人会用"从众心理"来原谅自己,如"别人都作弊,所以我也作弊""别人都逃课撒谎,我这样也没什么""大家都不讲真话,我这样也没什么"等。不良的环境确实会影响诚信人格的建立,动摇树立"诚信立人"的信心。但是,只要大家都能行动起来,以主人翁的心态来共同建设校园环境,就会让诚信得到更多的支持,让每个人的诚信之路走得更远。

【拓展阅读】

诚信——为人立业的生命线

小刘就读于某高职院校电子商务专业。在学习过程中他懂得了一些网上交易的知识,为了培养自己的实践应用能力,他在某著名交易网站上开设自己的"店铺",尝试专门销售家乡的特产——观赏石。这应该是一个不错的开端。但经过一段时间的网上交易实践后,小刘很快发现网上交易不仅竞争激烈,而且内行人颇多,普通商品很难得到青睐,而好东西也未必能卖上好价钱,他的经营情况很不理想。不过小刘很"聪明"地总结出一点:网上交易买卖双方不见面,而由买家先付款后提货,商品优劣完全凭网上的照片和宣传。于是他故意利用照片"隐瞒瑕疵",利用文字说明"含糊其辞",利用商品包装以次充好,果然效果显著,货品卖得很好。而当顾客投诉时,他都堂而皇之地说:"自己有理由把货品最好的一面展现给大家。"很多买家因此上当而吃哑巴亏。终于有一天,当他沾沾自喜时,却被网站告知已被取消网上交易的资格,并被勒令赔偿消费者的损失,否则将依法起诉他。这时小刘才明白,当他追求交易额时,忽略了网站设立的"诚信度评价",他的投诉量伴着交易额的上升而上升,信誉度急剧下跌,最终被取消交易资格。他的行为也被其他同学所鄙视。

【小提示】小刘的教训告诉我们:诚信是为人立业的生命线,在高职校园里,在实践所学知识的时候,我们不要忘记诚信,做好你的信用资本的原始积累。

▶▶ 三、诚信有"度"

(一)慎重承诺

这个世界是不完美的,我们身边确实存在很多不诚信的现象。如果一味讲诚信,将之教条化,也是不可取的。诚信是我们为人处世的原则,但面对不诚信的人和事,我们也要注意诚信有"度"。

在现实生活中,在职场中,有一些人不是不想守信,而是由于承诺的事情过于艰难或超出本身的能力范围,导致了无法履行承诺才失信于人。所以,"一诺千金""一言既出,驷马难追"都是建立在慎重承诺之上的。在生活中,在职场上,在承诺之前,都要仔细思考一旦做出承诺,是否可以兑现。千万不要头脑发热,不经思考说大话。当你对自己还缺乏足够信心的时候,当你不能确定自己是否可以兑现的时候,就不能轻易承诺。

(二)理智面对"不诚信"

职场上和生活中确实存在许多不讲诚信的行为,有很多不讲诚信的人,甚至让我们上当受骗,那么,当遇到不讲诚信的人怎么办?

首先,坚守自己的道德底线。在面对不诚信的人和事的时候,必须学会正确地选择和判断,明确自己该做什么,不该做什么,违反道德准则和损害别人正当利益的事情坚决不做。久而久之,你会得到大家的尊重,同时也会获得大家的信任。同时,在操作方法上,可以给自己建立一套防御措施,比如慎重交友,"近君子,远小人",自觉和诚实守信的人为伴,在职场中,认清交往对象的品质,对于不讲诚信或信誉不好的人,尽量避免与之交往。

其次,学会保护自己的合法利益。在职场中,我们经常会因为相信他人而受到损失。在双方达成承诺之前,一定要遵守制度规范,对自身的合法权益进行有效保护,而不可轻信他人或受利益诱惑而违反规则。

第三,"以恶制恶"不可取。一个人接连丢了几辆自行车,很是气愤,一天,途经一家超市,看到一辆自行车没有上锁,于是就"拿"来为自己所用,心想这就当赔偿我的损失了,没想到他很快就被人抓到派出所,并因偷窃行为受到处罚。

（三）诚信也需要灵活

讲诚信是为人处世的基本原则,但在职场中,为了达成目标,我们也要有智慧,要灵活应对,这样才能获得更多的机会。

在职场中,如果一些事情有一个时间上的缓冲期,如果你认为在这个缓冲期中,其中的收益可以迅速提高,那么,为了能够获得更多的工作和进步的机会,也可以灵活一些,做出承诺,并且努力达到要求,这样既能达到目标,也不失诚信。诚信并不是僵化、刻板的教条,有些时候,我们可以用智慧和胆识灵活实践。

职业道德篇

素养初体验

▶▶ 【拓展活动一】 诚信大征询

1. 请你设计一个"个人诚信征询表",并设置各栏目的分值,注意栏目越详细越好（总分 100 分）。

2. 请你先在表上给自己的"诚信"情况打分。

3. 用你设计的"个人诚信征询表",请周围的同学和老师用"无记名"方式给你的诚信情况打分。

4. 比较你给自己打分的分值和其他人给你的分值之间的差异。

5. 将自己的调查情况写成一个简单的分析报告并和同学们交流。

▶▶ 【拓展活动二】 诚信榜样力量

1. 在身边寻找"诚信"榜样,讲述他们的诚信故事。

2. 制作 PPT,展现诚信对人生的正能量。

【知识吧台】

征信和信用记录

征信在中国是个古老的词汇,《左传》中就有"君子之言,信而有征"的说法,意思是说一个人说话是否算数,是可以得到验证的。随着现代征信系统的发展,从事经济活动的个人有了除居民身份证外又一个"经济身份证",也就是个人信用记录和信用报告。征信记录了个人过去的信用行为,这些行为将影响个人未来的经济活动,这些行为体现于个人信用报告中,就是人们常说的"信用记录"。

中国人民银行组织商业银行建成的企业和个人征信系统,已经为全国 1 300

多万户企业和近 6 亿自然人建立了信用档案。也就是说，这些企业和个人从事金融活动的信用状况将被记录到"经济身份证"上，成为与本企业（本人）永远相伴的档案。如果逾期还贷或有其他违反合同的规定，那么"经济身份证"将被抹上灰色的一笔，今后向银行申请贷款就可能面临更加谨慎和挑剔的目光。

　　征信能够从制度上约束企业和个人行为，有利于形成良好的社会信用环境。

职业态度篇

第三单元
学会踏实
肩负重任之法

古今中外,凡成就事业、对人类有作为的,无一不是脚踏实地、艰苦攀登的结果。

——钱三强

凡事都要脚踏实地去做,不驰于空想,不骛于虚声,而唯以求真的态度做踏实的工作。以此态度求学,则真理可明,以此态度做事,则功业可就。

——李大钊

单元介绍　　名词解释

素养风向标

【案例】

她为什么会产生职场浮躁

◎ 案例导读

本案例通过分析小吴在职场过程中浮躁工作的表现,告诫我们踏实做事的重要意义。

◎ 案例描述

小吴,24岁,毕业于某重点大学,本科学历,工作年限两年左右,先后跳槽四次,所从事行业涉及房地产、化妆品、教育咨询、传媒等,所从事的具体工作有服务、营销、策划、编辑四项之多。

小吴在大学所学的专业为国际贸易,但她的长项是中文,写作能力和口头表达能力均非常优秀。在校期间,一直担任教授助理,并且独自寻找了一个加盟项目,在家乡担任整个城市的代理商,先期运作比较成功。因为这些经历,小吴在毕业时对自己的期望较高,不甘心在大公司从低层做起,而是想进入一家规模不大但是有发展前途的公司,这样一开始就能受到重视,以最快的速度成长,然后再自己创业。以下是小吴短暂两年左右的工作经历:

第一份工作是在某知名房地产公司任物业主任,主要工作职责是处理投诉之类的事宜。工作清闲稳定,福利待遇也不错。但是小吴认为该工作没有挑战性,并且发展空间很小,于是在工作不到半年时间就跳槽了。

第二份工作是在某化妆品公司任品牌经理。该公司老板在招聘时对小吴极为器重,小吴认为自己进入该公司后可以大施拳脚。开始时,小吴信心百倍,编写了整套的企业文书、招商方案、对外合同,亲自与客户谈判。但小吴渐渐发现,老板的经商风格非常保守、吝啬,谈判往往因为极小的折扣或非常少的利益分配而耽搁下来,甚至不欢而散;并且所有的产品都是在作坊式的小型加工厂里贴牌生产,产品质量得不到保障。本来是想与公司一起成长的小吴觉得前途渺茫,不顾老板的挽留,毅然辞职。

第三份工作是进入某大型教育机构,主要销售知名英语教材。该公司有点类似于保险公司,非常注重对员工的培训,甚至用独特的企业文化实现对员工思想的控制。有点理想主义的小吴正是被该公司表面上热情奋进的氛围所吸引,接受了这份没有底薪只有提成的工作。可以说,小吴在这家公司工作非常出色,身为新人的她第一周的业绩就高居榜首,深受上司的器重和同事的欢迎。但工作一段时间以后,这里高负荷的工作让她的身体严重透支,难以继续支撑下去,并从上司对其他业绩较差员工的冷酷态度上对公司的企业文化产生了质疑,最终在上司和同事的一片惋惜声中离开了该公司,该工作仅仅干了四个月。

第四份工作是进入某咨询策划公司,任销售公关经理、编辑。在该公司工作期间,小吴编写了四本营销方面的书籍,策划了一些与报社等其他媒体的合作项目,招聘并培训了多名业务员。以往的工作波折、轻率的跳槽经历造成的"后遗症"在此时慢慢表现出来,小吴发觉自己变得越来越害怕与客户进行沟通,在公司内部召开业务会议时,她可以很轻松地指导业务员解决工作中遇到的难题,自己却不愿意或者说恐惧与客户交流,有时候她逼着自己去面对客户,事实上也发挥得很好。这种恐惧感,或者说是交流的障碍,让小吴非常困扰,却又难以克服。她向老板提出不想再从事营销工作,但有重要项目的时候,老板还是要委派小吴。由于无法调整好自己的心态,小吴又一次选择了辞职,这次工作持续时间较长,但也仅仅是六个月之久。

小吴的第五份工作是在一家杂志社担任记者。和先前的辗转奔波及业绩压力相比,这里的环境轻松了很多,也让小吴从紧张的心理状态中解放了出来。但这份工作真的能让小吴找到一种归属感吗?

回想两年左右的从业经历,常让小吴觉得有很多的困惑和迷茫,比起刚毕业的时候,她甚至找不到自己的发展方向。从一开始全心希望去做一份有挑战性的工作,对营销有着满腔的热情和向往,到后来对营销的恐惧、抗拒、厌恶,小吴到现在都解释不了自己的心理变化,也不知道该如何去调整。小吴的性格具有两面性,在一个活跃的集体里她会非常活跃,在一个安静的集体里她会比别人更沉闷;在上司及同事的器重、鼓励下,她会工作得非常出色;而如果她觉得自己不受重视,她可能会很快地意志消沉,直至选择逃避。她本不喜欢太过安逸的工作,为了挑战自己、提升自己,她换了一份又一份的工作,却感觉自己好像还在原地,目前的状况让她失去了方向,不知道该何去何从。

◎ 案例分析

浮躁是职场新人进入职场时容易发生的现象之一,并经常由此产生其他不良的工作态度,影响职场新人发展的空间。由此我们可以看出踏实肯干是在工作中实现自己人生价值的表现方式之一。

◎ 案例交流与讨论

1. 你认为小吴职场浮躁的根源是什么?

2. 如果你是老板,你会喜欢频繁跳槽的员工吗?为什么?

3. 你认为职场中的新人如何才能避免职场浮躁?

素养加油站

▶▶ 一、识读踏实

踏实指务实、不浮躁,也指内心安定、安稳。踏实在几千年的中国文明长河中积淀成了一种民族的文化认同。《论语》中记载孔子不谈"怪、力、乱、神",就已经隐含着踏实的主张了。踏实精神排斥虚妄,拒绝空想,鄙视华而不实,追求充实而有活力的人生,创造了中国古代灿烂的文明。直到今天,踏实作为传统美德仍在当代生活中熠熠生辉。就职场而言,踏实是一种优秀的职业品质,是职场人士的基本职业态度。作为一个职场中人,要想在职场立足,进而获得成功,就必须学会踏实。作为高职学生,有了敬业和诚信的职业道德还必须有端正的职业态度,就让我们从踏实做起吧!

一个有着明确战略目标的企业应该是踏实的,企业所有的目的都将服务于这个企业的发展目标,每个员工的价值就在实现这个目标的过程中体现出来。员工在职场中的成长,组织环境只是外因,而员工自身才是内因,决定员工职业生涯发展的只能是员工自身。只有用踏实的心态寻找自己的位置,踏踏实实做好自己的本职工作,一步一个脚印地从基层做起,通过坚持不懈的努力,才能成长为一个优秀的职业人。

某大学校长曾在开学典礼上讲了这样一段话:

> 希望大家在将来的学习、科研中以诚信为本,"板凳须坐十年冷,文章不写一句空";能潜下心来攻克学术难题,坚决杜绝学术腐败;对学术、对研究能够有执着的精神,要学会"和寂寞打交道"。
>
> 希望大家能够用创新体现自己的价值,为从"中国制造"向"中国创造"的转变贡献自己的力量。
>
> 希望大家能够以杰出校友阎肃对生活的感悟——"四分""四然"自勉,那就是要"发掘天分、学习勤奋、善待缘分、做好本分",能够"得之泰然、失之淡然、争其必然、顺其自然",在新的人生征程中创造新的辉煌……

扫一扫,看微课

►► 二、踏实的价值

(一) 踏实是自我成功的阶梯

万丈高楼平地起。要掌握一门外语,得先过单词关;要学好数学,得从最基本的加减乘除开始。一个人要在事业上取得成功,就要一步一个脚印,脚踏实地。踏实是成功的阶梯,而那些好高骛远、空谈理想而不埋头苦干的人,注定一事无成。

【拓展阅读】

踏实的智慧

我曾经为自己招过一个助理,并且亲自培养,手把手地教。从工作流程到待人接物。她学得快,很多工作一教就上手。一上手就熟练,跟各位同事也相处得颇融洽。我开始慢慢地交给她一些协调性的工作,各部门之间以及各分公司之间的业务联系和沟通让她尝试处理。

开始时她经常出错,她很紧张,来找我谈。我说:错了没关系,你就放心按照你的想法去做。遇到问题了,来问我,我会告诉你该怎么办。她仍然错,又来找我,这次谈得比较深入,她的困惑是,为什么总是让她做这些琐碎的事情。我当时问她:什么叫作不琐碎的事情呢?

她答不上来,想了半天,跟我说:我总觉得,我的能力不仅仅能做这些,我还能做一些更加重要的事情。那次谈话,进行了 1 小时。我知道,我说的话,她没听进去多少。后来我说,先把手头的工作做好,先避免常识性错误的发生,然后循序渐进。

半年以后,她来找我,第一次提出辞职。我推掉了约会,跟她谈辞职的问题。问起辞职的原因,她跟我直言:本科四年,功课优秀,没想到毕业后找到了工作,却每天处理的都是些琐碎的事情,没有成就感。我又问她:你觉得,在你现在所有的工作中,最没有意义的最浪费你的时间精力的工作,是什么? 她马上答我:帮您贴发票,然后报销,然后到财务去走流程,然后把现金拿回来给您。

我笑着问她:你帮我贴发票报销有半年了吧? 通过这件事儿,你总结出了一些什么信息?

她待了半天,答我:贴发票就是贴发票,只要财务上不出错,不就行了呗,能有什么信息?

我说,我来跟你讲讲当年我的做法吧:1998 年的时候,我从财务被调到了总经理办公室,担任总经理助理的工作。其中有一项工作,就是跟你现在做的一样,帮总经理报销他所有的票据。本来这个工作就像你刚才说的,把票据贴好,然后完成财务上的流程,就可以了。

其实票据是一种数据记录,它记录了和总经理乃至整个公司营运有关的费用情况。看起来没有意义的一堆数据,其实它们涉及了公司各方面的经营和运作。于是我建立了一个表格,将所有总经理在我这里报销的数据按照时间、数额、消费场所、联系人、电话等记录下来。

我起初建立这个表格的目的很简单，我是想在财务上有据可循，同时万一我的上司有情况来询问我的时候，我会有准确的数据告诉他。通过这样的一份数据统计，渐渐我发现了一些上级在商务活动中的规律，比如，哪一类的商务活动，经常在什么样的场合，费用预算大概是多少；总经理的公共关系常规和非常规的处理方式。

当我的上级发现，他布置工作给我的时候，我会处理得很妥帖。有一些信息是他根本没有告诉我的，我也能及时、准确地处理。他问我为什么，我告诉了他我的工作方法和信息来源。

渐渐地，他基于这种良性积累，越来越多地交代给我更加重要的工作。再渐渐地，一种信任和默契就此产生，我升职的时候，他说我是他用过的最好用的助理。

说完这些长篇大论，我看着这个姑娘，她愣愣地看着我。我跟她直言：我觉得你最大的问题，是没有用心。在看似简单不动脑子就能完成的工作里，你没有把你的心沉下去，所以，半年了，你觉得自己没有进步。她不出声，但是收回了辞职报告。

又坚持了三个月，她还是辞职了。这次我没有留她。让她走了。

后来她经常在微信上跟我聊天，告诉我她的新工作的情况。一年内，她换了三份工作，每次都坚持不了多久，每次她都说新的工作不是她想要的工作。去年的时候，她又一次辞职了。很苦恼，跑来找我，要跟我吃饭。我请她去写字楼后面的商场吃日本料理。吃到中途，忽然跟我说：我有些明白你以前说的话是什么意思了。

大多数职场新人，在最初几年里，是看不出太大的差距的。但是这四年的经历，为以后的职业生涯的发展奠定的基础，是至关重要的。很多人不在乎年轻时走弯路，很多人觉得日常的工作人人都能做好没什么了不起。然而就是这些简单的工作，循序渐进的、隐约的，成为今后发展的分水岭。

【小提示】聪明的人，总是不认为自己的能力有问题。时间长了，他会抱怨自己运气不好，抱怨那些看起来资质普通的人，总能比自己更能走"狗屎运"。抱怨她容貌比自己好，或者他更会讨领导欢心……慢慢地，影响心态。工作需要一个聪明人，工作其实更需要一个踏实的人。而踏实，是人人都能做到的，和先天条件没有太大关系。

（资料来源于网络，内容有删改。）

刚刚踏入社会的年轻人，由于缺乏工作经验，无法被委以重任，工作自然也不是他们所想象的那样"体面"。于是他们就有了许多怨言，并且轻视自己的工作，对现有的工作，不能投入全部力量，敷衍塞责，得过且过，将工作做得粗陋不堪，并将大部分心思用在如何摆脱现在的工作环境上。时间久了，最终受害的只能是自己。

职场无小事，小事成就大事。作为一名员工，无论在什么岗位上，只要用心去做每件事，就能实现自己的价值。任何人所做的工作，都是由一件件小事组成的，不能对工作中的小事敷衍应付或轻视懈怠。记住，工作中无小事。所有的成功者，都与我们做着同样简单的小事，他们与我们唯一的区别在于他们都将每一件小事做到最好。

（二）扫一屋才能扫天下

东汉有一少年名叫陈蕃，独居一室而龌龊不堪。其父之友薛勤批评他，问他为何不把屋子打扫干净迎接宾客。陈蕃回答说："大丈夫处世，当扫除天下，安事一屋？"薛勤当即反驳道："一屋不扫，何以扫天下？"

仔细一想，陈蕃之所以不扫屋，无非是不屑而致。胸怀大志，欲"扫除天下"固然可贵，然而要以不扫屋来作为"弃燕雀之小志，慕鸿鹄以高翔"的表现，让人未敢苟同。

世上的事，总是由少到多，由小至大，正所谓聚沙成塔，集腋成裘。试想，一个不愿扫屋的人，当他着手办一件大事时，就可能会忽视那些初始环节和基础步骤，因为这对于他来说不过是扫屋之类的小事。于是这事业便如同一座没有打好地基的大厦，虽然华丽却岌岌可危。

"扫屋"与"扫天下"是一脉相承的，屋也是天下的一部分，"扫天下"并不能排斥"扫一屋"。陈蕃欲"扫天下"的胸怀固然不错，但错的是他没有意识到"扫天下"正是从"扫一屋"开始的，"扫天下"包含了"扫一屋"，而不"扫一屋"是断然不能实现"扫天下"的理想的。

由此可知，任何大事都是由小事积累而成的。不注意从小事做起的人，往往驰于空想，骛于虚声，常夸海口，轻诺寡信，很难成就功业。欲成就大事业，必从小事做起。细节小事看似简单、乏味、烦琐，让很多人对它们不屑一顾，殊不知，就在他们对这些细节小事嗤之以鼻时，那些重视细节小事的人正在通过它们不断地锻炼自己的能力。日积月累，高低强弱自见分晓了。

在职场，同样适合这一原则，要扎扎实实地从小事做起，用敬业的精神、踏实的态度，逐步实现自己的职业理想。

职业态度篇

【拓展阅读】

这点小事你都干不了，你还能干什么

毕业生陈星以出色的表现和优异的成绩考入一家省级机关单位。他胸中豪情万丈，一心想鹏程万里，干出一番惊天动地的大事业。

可是，等他上班后才发现，工作无非是些琐碎事务，既不需太多技术，也做不出什么成绩，内心热情便渐渐地冷却了。

一次单位开会，同伴加班准备文件，分配给陈星的工作是装订。

上司再三叮嘱："一定要做好准备工作，别到时弄得措手不及。"他听了更是不快，心想：初中生也会的事，还用得着这样嘱咐，烦人！对上司的话根本没往心里去。

同伴忙忙碌碌，还没轮到装订这一环节，他也懒得帮忙，只在旁边看报纸。

文件终于交到他手里。他开始一份份装订,没想到只装订了十几份,订书机"咔"地一响,订书钉用完了。

他漫不经心地打开装订书钉的纸盒,脑中轰的一声——里面是空的。他立刻翻箱倒柜地找,不知怎的,平时满眼皆是的小东西,现在竟连一个都没找到。那时已是深夜11时,但文件必须在第二天8时大会召开之前发到代表手中。

上司咆哮道:"不是叫你做好准备吗?连这点小事也做不好,大学生有什么用啊。"

他低头无言以对,脸上像被甩了一记耳光。

问题:

1. 对于陈星这样刚毕业的大学生,其工作内容仅仅是做一些烦琐的小事,对此你怎么看?

2. 由此案例展开讨论,你认为踏实对工作有什么意义。

【小提示】这个故事告诉我们,在通往成功的征途中,真正的障碍,有时只是一点点疏忽与轻视,比如,那一盒小小的订书钉。什么豪情万丈,什么鹏程万里,什么惊天动地的大事业都是从一点一滴的小事做起的,养成一个务实的良好的习惯,心态好了,做事自然也就踏实。不要觉得自己有什么了不起,这种孤高自傲可能会让自己输得很惨。成功不是一朝一夕的事。

许多企业员工可能都像陈星一样,心里有一个错误的观念,就是他们认为只要大事做得好,小事是否做好,并没有太大的关系。他们还认为只要不做大恶,有些小事虽然做得不很合理,并没有什么大害处。这种错误的观念实在给人们造成极大的损害。因为一切大事皆由小事积累而成,小事做不好的人绝不会把大事做好。在小事上苟且不义的人,将来很有可能会把握不住自己做出大恶来。在职场上,几乎所有的年轻人都胸怀大志,满腔抱负,但是如果不遵守从小事做起的原则,必将一事无成。要成为优秀员工就必须牢记:凡事勿急功近利;先要历练自己的心境,沉淀自己的情绪;从零开始,从小事做起。

遗憾的是,不少职场新手意识不到这一点,甚至还有人为了维护自己所谓的尊严选择了"此处不留爷,自有留爷处",一走了之。可以断言,这样的职场新人不管走到哪里,都不会有多大的成就。

作为高职院校的学生一定要用一种踏实的心态对待自己的职业生涯,从小事做起,把简单的事情做好。从小事当中积累经验,磨炼意志,学会做事的方法技巧。量积累到一定的程度,必然会产生质的变化。

(三)把简单的事情做好就是不简单

【拓展阅读】

张桂梅:点燃大山女孩希望

6月7日,高考第一天,张桂梅第十一次"护考"云南省丽江市华坪女子高级中学的学生。为了给孩子们减压，她在大巴车上带大家唱歌，还掏出手机给学生看喜庆视频。同学们说，有"张妈妈"陪着，更有信心和底气！

张桂梅，1957年生于黑龙江牡丹江，是云南省丽江市华坪女子高级中学党支部书记、校长，华坪县儿童福利院院长。17岁时，张桂梅追随姐姐来云南支边，从事林业工作。一个偶然机会，她走上了讲台，从此致力于山区教育事业，如同蜡炬燃烧着自己……

1996年，丈夫患癌症去世后，张老师离开大理喜洲，调到丽江华坪工作。后来，在华坪人的帮助下，凭着坚强的意志，张桂梅走出人生低谷，重新全身心地投入到工作中，以"对得起这片土地和人民"。

2001年，在华坪民族中学当老师的张桂梅创建华坪县儿童福利院（华坪儿童之家）并兼任院长。"儿童之家"先后收养了170多名儿童，张桂梅白天上班，晚上回来照顾孩子们，没有做过母亲的她，被孩子们亲切地叫作"张妈妈"。

张桂梅扎根边疆教育一线40余年，推动创建了中国第一所公办免费女子高中，建校13年来帮助1 800多名女孩走出大山走进大学，用教育之光阻断贫困代际传递，照亮了无数人的心。张桂梅41岁入党，她认为，红色基因的传承，并非只是讲授知识，而是涉及学生的心灵塑造和深层情感。

张桂梅说："如果说我有追求，那就是教育事业；如果说我有动力，那就是党和人民！"

张桂梅曾当选党的十七大代表，荣获"全国三八红旗手标兵""全国优秀共产党员""时代楷模"等称号，获"全国五一劳动奖章"；2021年，被授予"全国脱贫攻坚楷模"荣誉称号。

（资料来源于网络，内容有删改。）

很多人渴望证明自己的优秀，但却总是停留在梦想阶段，而不是从简单的小事做起。当今社会的现实情况是，太多的人，总是不屑一顾于小事和事情的细节，太自信于"天生我材必有用，千金散尽还复来"，从而失去了很多展示自己价值的机会和走向成功的契机。而真正优秀的人，却把更多的时间用在了实际行动上，用在了本职工作上，用在了看似简单的做小事上，最终走上了成才的道路。我们所说的职业生涯，其实是很难做到准确地预测自己将来真正要做什么工作或将来能做什么工作，以及这份工作是否与你在大学里所学的专业有关。对于一部分人来说，很有可能将来所做的工作，与他在学校所学的专业一点关系都没有。在大学期间，重要的不是你学了什么，重要的是你在学习中养成的良好习惯。这个良好习惯，指的是认真、踏实的工作和学习作风，以及是否学会用最快的时间发现并掌握新事物的内在规律，并且处理好它们。具备了以上要素，你就成长为一个被人信任的人。刚走上工作岗位的高职生，会在一段时间处于做小事的"蘑菇"期。在那段时间，他们就像蘑菇一样被置于"阴暗"的角落，在不受重视的部门，做着打杂跑腿的工作，处于"自生自灭"的状态而得不到必要的指导和提携。

对于刚入职场的高职毕业生来说，与其藐视自己的工作，仇视公司老板，抱怨命运之不公,不如充分利用现有的环境,磨炼自己的意志,养成重视小事的严谨工作作风和踏实求真的工作态度,为自己的未来做好各方面的准备。初入职场,每天面对的都是相同的工作,平凡而又简单,难免会觉得单调而又枯燥。但是,把每一件简单的事做好就是不简单,把平凡的事一千遍、一万遍地做好就是不平凡。

素养面面观

▶▶ **一、理想与现实**

几乎所有职场新人在入职之初都会经历一个理想和现实相碰撞的阶段。"我们身体在这里,我们的理想在哪里?"面对这种巨大的落差,我们到底该何去何从? 不同的人会采用不同的应对方法,有人消极抵抗,有人选择跳槽,有人则在何去何从中摇摆迷茫。当然也有人很好地处理了理想与现实之间的矛盾,为自己的职业生涯奠定了良好的基础。

高职学生尤其是这样。目前高职教育虽然受到教育界重视,但是由于历史和现实的原因,高职院校的办学存在着很多问题,如学非所用、就业上受到歧视等。这有社会的原因,也有高职学生自身的原因。就有些高职学生自身而言,学习能力弱,自律能力弱,就业理想化,理想虚无化普遍存在。入职前华而不实,入职后好高骛远,造成了理想与现实的巨大落差,一时难以适应。

要想解决理想与现实的矛盾,要么修正理想以适应现实,要么改变现实以适应理想。过去,职场新人相当一部分选择跳槽。新人都很年轻,有着多种选择的可能性,在现实中受挫后便天然地认为换一种抉择就能解决问题。然而跳槽并不是根本的解决办法,因为理想和现实间抵触的产生,有时候源于个人的愿景,而非源于环境。

例如,有些职场新人急于求成,希望一步到位,毕业就能实现自己的职业理想,过上衣食无忧、优哉游哉的理想生活,因而看不起循序渐进的工作,然而这对一个新人并不现实。无论什么样的职场,职业生涯的起步都是一样的,新人更多需要执行和服从,根本谈不上什么"地位"。地位的取得需要时间,需要长期的努力付出。

因而,面对理想和现实的矛盾,首先要明确问题出在哪,从而决定是适应环境,还是重新选择。如果不能决定何去何从,那就选择留下。适应职场,积累能为理想的实现起到支撑作用的资本——经验、教训、能力、人脉,为将来厚积薄发奠定基础。

职场中,如果我们用心努力去做好自己的工作,不断提高自己,那么在没有机会的时候,你可能创造出机会来;在有机会的时候,你才有能力去抓住机会。如果你不努力,那么即使有机会摆在你的面前,你也可能抓不住。

▶▶ **二、踏实才能肩负重任**

踏实就是为人处世要坚持原则,诚实守信,踏实做事。现代社会竞争如此激烈,找到一份好的工作,并不是一件容易的事。所以,为了更好地应对工作,最好每天提前到公司,整理一下个人的资料,或者做一下当天的计划和准备工作,这种踏实做事的行为无疑会给人留下良好的印象。踏实做事,包括在道德上严守清白,精神上追求高尚,行为上坦荡磊落;在言与行的关系上,做到表里如一,言行一致,不矫饰,戒虚假;在对人对己的态度上,坚持严于律己,宽以待人,人前人后一个样。踏实往往是老实人的表现,是立身、立言、立行的基础。今天,在改革开放和发展社会主义市场经济的背景下,人们的价值取向和行为方式发生了很大变化,怎样做人的问题更加突出。但不管社会环境如何变化,做老实人这条原则不能变。否则,你的事业就难以发展,社会也不会进步。

踏实做事是老实做人在行为上的要求。在现实生活中,人们面对各种各样的问题和矛盾,以什么样的态度和方式处理问题、解决矛盾,反映着一个人的追求,也决定着事物的不同结果。踏实做事,就是要办实事、求实效,脚踏实地,远离浮躁,其目的是使主观认识与客观实际相符合,把事情办实办好。踏实不仅是一种严谨的态度,也是一种科学的方法。以这样的态度和方法作保障,思想就可以找到现实的土壤,结出丰硕的果实;行为才能够避免浅尝辄止、忽冷忽热,防止出现做而不深、做而不细、做而不实的问题。扎实工作,是老实做人和踏实做事在社会职业活动中的体现。人们要发挥作用、实现自我价值,就必须参与社会事务和活动,职业和岗位为此提供了必要的机会和条件。扎实工作,既是踏实做事的延伸,也是确保各种职业有效分工、相互协作和整个社会和谐有序、正常运转的前提和基础。

低调代表着豁达、宽容。低调的人总是微笑着,从容地对待一切。这种人性格开朗,心胸开阔。所有的痛苦和哀愁,都会在他的淡淡一笑中消失得无影无踪。当然,低调不是一种直白的自我流露,它是一种修养,是一种理念,更是一种至高的精神境界。低调意味着一种自信,这种自信就是力量,也是勇气,它可以使人消除烦恼,也可以使人摆脱困境。有了它生活将充满无限的光明。低调代表成熟和理性。激昂只是一时冲动,急功近利总是容易导致苦涩的结果。唱高调需要年轻的激情,但是在经历沧桑之后,高调会变成雄厚的低音。他们以成熟的心态,经过理性的思考,他们不再去追求风光无限,更看重的是用最简洁的途径、最稳妥的方式获得最理想的结果。其实低调也是一种更优雅的人生态度! 理想有时是激昂的,但生存必须低调。激昂是一种气质,低调同样是一种气质。

低调的人之所以低调,只不过是来自于他对自己一种正确的认知。他的低调,决定了他的冷静。在低调者看来,骄傲是很荒谬的事情,因为无论自己过去做了什么事情,都不重要,自己在将要做的事,比已经做了的事总是要重要得多。过去的价值,仅仅就在于它能帮助自己在将来做什么。所以,低调者永远不会傲慢、自负,因为他没有傲慢和自负的理由。他总是很谨慎地看待自己的成就和能力,他总是可以事先预计到问题的严重性,他总是明白,自己取得的成功,其中有多少成分是属于自己的,有多少成分来自别人的帮助或是运气。他知道,自己的成功,离不开这一切外在的条件,自己仅仅是其中的一个因素而已。所以,他不会把自己的能力无限地夸大。

这即是职场中的“低调做人,踏实做事”,职场需要踏实精神。

▶▶ **一、踏实是成功的起点**

（一）从小事做起

有位知名企业家曾说："一个由数以百万计的个人行为所构成的公司，经不起其中 1% 甚至是 1‰ 的行为偏离正轨。"

现代化的大生产，涉及面广，场地分散，分工精细，技术要求高，许多工业产品和工程建设往往涉及几十个、几百个甚至上千个企业，有些还涉及几个国家。这就需要从技术和管理上把各方面协调起来，形成统一的系统，从而保证其生产和工作有条不紊地进行。在这一过程中，每一个庞大的系统是由无数个细节结合起来的，忽视任何一个细节，都会带来意想不到的灾难。细节因其"小"，往往被人忽视，导致麻痹大意，或被轻视，嗤之以鼻。细节因其"细"，也常常使人感到烦琐，不屑一顾。然而，很多时候，细节很可能决定事情的成败。历史上曾有一个著名的战役，有两位将军商定在某地会师以集中兵力对付敌军，但是，一位作战参谋在拟定命令时，把会师的地名误写一字，使得一支军队"南辕北辙"数百千米，贻误了有利战机，最终导致失败。职场如同战场，有时可能就因为一点点失误而损失惨重。一个螺丝可以使飞机从空中掉下来，一个小洞可以让巨轮沉入海底，一个蚁穴可以导致大坝垮塌，一个烟头可以引发森林大火，一丝火星可以造成瓦斯爆炸。教训告诉我们，细节疏忽不得，大意不得。

天下大事必作于细。重视细节，体现着认真负责的态度。有强烈的责任感，就会始终以如履薄冰、如临深渊的态度对待每一项工作，尽心竭力，唯恐有半点差池和闪失。重视细节，彰显着严谨细致的作风。工作不当"马大哈"，不搞"想当然""大概""也许""凑合过去"，要思维缜密、谋事周全、行事严谨。重视细节，也是一种本领和才能。像科学研究一样，愈是在细节处，愈容易捅破"窗户纸"，探得奥秘，进入别有洞天的佳境。无论从事何种工作，细节检验着一个人是否有敏锐的眼光，是否有于细微处洞彻事理的头脑，是否能在平常事中干出不平凡的业绩。从细节处突破，就需要有精益求精的执着追求。

扫一扫，看微课

2003 年 1 月 16 日美国"哥伦比亚"号航天飞机升空 80 秒后发生爆炸，飞机上的 7 名宇航员全部遇难，世界一片震惊。事后的调查结果表明，造成这一灾难的罪魁祸首竟是一块脱落的泡沫。一块泡沫的脱落看似是一件小事，而这件小事的发生很可能是源于某个部门、某位领导、某个设计师，或者是某个职员不重视细节造成的。

工作中无小事，任何惊天动地的大事，都是由一个又一个小事构成的。不注意细节，不注意小事，迟早会败在细节上的。凡事都有一个过程，不可能一口吃个胖子，做大事也要从一点一滴开始。世界 500 强企业每一家都是响当当的大企业，但没有任何一家企业是一夜之间拔地而起、成就伟业的。

古希腊哲学家苏格拉底有一次对他的学生说："今天我们只学一件最简单也是最容易做的事儿，每人把胳膊尽量往前甩，然后再尽量往后甩。"说着，苏格拉底做了一遍示范。"从今天开始,每天做200下,大家能做到吗?"

学生都笑了。这么简单的事,有什么做不到的?过了一个月,苏格拉底问学生:"每天甩手200下,哪些同学坚持了?"有90%的同学骄傲地举起了手。又过了一个月,苏格拉底又问,这回坚持下来的学生只剩下80%了。

一年过后,苏格拉底再一次问大家:"请告诉我,最简单的甩手运动,还有哪几位同学坚持了?"这时,整个教室里,只有一个人举起了手。这个学生就是后来古希腊的另一位哲学家——柏拉图。

从甩手这件小事,可以充分地看出柏拉图对任何事情都能非常认真地去做,并坚持到最后,成功者之所以成功就在于他能够细心地去做每一件小事,每一件小事都能体现出他对生活的态度。

【拓展阅读】

要做大牌,先做小卒

刘军毕业于南方某著名职业技术学院国际贸易专业,他学习成绩优秀,一直梦想在商业界做一个叱咤风云的成功商人。毕业后刘军认为到北京更有发展空间,更能"与世界接轨",于是,放弃了父母在南方为其找好的工作,与同学结伴来到北京。北京的工作机会果然很多,但竞争对手也是多得不可胜数。刚开始,刘军和同学立志要找到一个更接近理想的公司。三个多月过去了,简历投出了几十份,有回音的寥寥无几,即使有了回音,面试后又杳无音讯,令人很是郁闷。面对着强手如林的职场和眼花缭乱的招工单位,刘军真的着急了。难道找工作真的这么难吗?当初那么令大家羡慕、父母骄傲的专业就这样被冷落了吗?自己现在怎么好意思回到家乡?但是不回南方家乡,自己在北京要漂到什么时候呢?刘军陷入了迷茫之中。

【小提示】其实,刘军的问题就出在理想与现实的矛盾之中。刘军的理想太远大,面对的现实太残酷,理想与现实的差距成了刘军面前无法逾越的鸿沟。要想成就事业,要先从基层做起。贴近实际的工作才是现实中的合理选择,要认识到自己刚刚毕业,没有商场实战的能力和经验,所以不要太过理想化。否则,梦想就是水中捞月、雾里看花。

(二)踏实也务虚

踏实的另一面就是务虚。踏实与务虚哪个更重要?其实,这是一个没有绝对答案的问题,应该看职场的实际情况。

对于一个企业,利润是实实在在的东西,是企业生存的前提。但由于市场的瞬息万变和企业竞争的加剧,利润的获取有着不确定性。利润的提高和市场份额的扩大成了企业考核的基本要素,同时也决定了企业是否是一个踏实的社会组织。但是,实实在在的利润是否就是企业唯一的追求和始终摆在首位的东西?著名管理学家德鲁克曾经说过:企业生存的目的在企业之外,即为客户提供更好的产品并创造需求,进而创造更加美好的生活。要达到这个目标,就不仅仅是生产和销售产品那么简单。所以,

职业态度篇

不管是一个企业还是一个部门，务虚和踏实都需要同步进行，不能偏废。没有踏实，务虚就成了无本之木；没有务虚，踏实就成了无源之水。踏实提供了一个组织成长的必要基础。而务虚则贡献了一个组织未来的发展方向和愿景，能够给组织提供新的活力。

对于一个员工，在职场中，每一个人都在不同的工作环境扮演着不同的角色——上级的下级、下级的上级、同级的同事和客户的服务员。每一个角色都相应地承担着不同的职责。如果不能清楚地认知自己在不同工作环境的不同角色，并处理好其中的关系，在实际工作中就会脱离具体的工作实际，就不能把自己的分内工作做好，就会有不称职的表现。其中有相当一部分属于务虚的范畴。

扫一扫，测一测

当然，踏实工作还要求我们不断地进行总结——个人要总结，部门要总结，公司也要总结。总结经验的过程就是从感性认识上升到理性认识的过程，就是从实践中形成理论的过程，就是既要埋头拉车，又要抬头看路的过程，是踏实的更高要求。

踏实即务实。基层工作必须务实与务虚相结合。习近平总书记指出"务实，是指从事某项工作时，能够注重一切从实际出发，说实话、办实事、想实招、求实效。而务虚，则常指在某项工作实际开展之前，先从理论上、思想上、政治上、政策上进行学习、思考、研究、讨论，以求统一思想、凝聚共识、增强信心、鼓舞士气。如果说务实是'决胜千里之外'的实践，那么务虚则是'运筹帷幄之中'的谋划，两者可谓并蒂之花、相辅相成，辩证统一于全部领导活动之中。"

总之，务虚与务实是我们工作中经常遇到的问题，需要认真对待，不要因为追求务虚而不切实际，脱离群众；也不要因为光顾追求务实而只顾低头拉车，不抬头看路，忘了自身的职责所在。

▶▶ 二、做个踏实的职场人

（一）把工作当成一种快乐

如果你视工作为一种乐趣，那么你的人生就是快乐的；如果你视工作为一种义务，那么你的人生就是痛苦的。其实，在生活中，我们的人生到底是怎么样的，取决于我们对工作的态度。把工作当成一种快乐，对工作永远保持乐观的态度，这也是一种踏实。即使是从表面看上去没什么意义的工作，也不要一味地抱怨，而应想方设法把工作变得更有趣。一件工作是无聊或有趣，是由我们怎么想、怎么去完成而决定的，决定权其实在我们自己手里。

在企业里，员工随时可能遇到许多重复、枯燥、烦琐的工作，面对上司的交代当然不能推诿，那么如何在完成这份工作时保持一个良好的心态就显得尤为重要了。从单调的工作中寻找乐趣，充满快乐地完成工作任务，这是一个好的员工应该具备的良好心态。

人们常说，要想知道一个人能否达成成功的意愿，只要看他工作时候的精神和状态就可以了。如果一个人在工作的时候，感觉到的只是压抑和束缚，感觉到的只是疲惫和厌倦，而从中找不到快乐，可以想象，这个人是无法在工作中取得进步的，更别提获得什么成就了。

我们要善于在平凡的工作中发现社会价值,这样就会找到工作的乐趣。假如你是一名公交车司机,你就想,如果没有我,其他人能够按时上班吗?假如你是一名清洁工,你就想,如果没有我,人们能在朝阳中欣赏整洁美丽的城市吗?假如你是一位理发师,你就想,如果没有我,人们能精神抖擞地去约会吗?假如你是一位机械师,你就想,如果没有我,飞机能平安地起飞降落吗?是啊,我的工作看似平凡,但人们需要我,我对他人是有用的、有价值的、有意义的。

（二）别急着跳槽

初入职场的人,大多都充满激情和幻想,有干大事业的热情和冲动,有不切实际的远大理想和抱负,人在地上还没有站稳,思想却已经飘在云端,可谓大事干不了,小事不愿干。所以,对于初入职场的人,你必须清楚地认识到,现在自己还不是一颗珍珠,你还不能苛求立即被别人承认。如果要别人承认,那你就要由一粒沙子变成一颗珍珠才行。

深圳某电子有限公司招聘负责人拿着一沓简历对同事说:"刚刚面试过的一个学生,从7月到9月就跳了3次,年轻人越跳心越乱!新人与公司都会有一个磨合期,彼此都需要足够的时间去适应和认识。"因此他建议,在现有岗位上工作不满一年的大学生先别急着跳槽。他说,对于一些传统型企业,员工的职业成长周期并不是很快,在此期间学生要养成良好的工作习惯,经受得住考验。如果刚刚毕业工作了一段时间就想跳槽,这是不明智的。

扫一扫，看微课

职业态度篇

【拓展阅读】

不做"职场打杂"工

陈小姐毕业三年,已经换了七八份工作,薪水却一直没有大的提高。现在回想起来,她觉得自己最满意的竟然是当年找到的第一份工作。刚毕业的张小姐靠着优秀的成绩单进入了一家国企的市场部。草拟合同、发展客户、活动策划……由于年纪轻、专业对口,她一进市场部就挑起了大梁。可慢慢地,同事之间的业务纠葛以及复杂的人际关系让她越来越觉得厌烦,虽然工作做得很多,但由于资历浅,张小姐的薪水一直没有变化。这时候,张小姐的同学给她介绍了一个外贸公司经理秘书的岗位,薪水比张小姐当时的工资稍高,并暗示她助理、秘书之类的职务晋升最快。张小姐跳过去了,但倒咖啡、接电话之类的工作并不适合她活泼的性格,而且原来市场部的工作经验在新岗位用处不大。之后换的几个工作也类似,都是基础实施层的助理工作,无论是薪水还是职位都没有一个质的变化。

这个不适合,那个也不满意,在不同岗位、不同职业间跳来跳去,工作时间不长,企业却已经换了许多家。如果在不断地更换中能够有职位和薪水的升迁也就罢了,问题是到现在了自己还是"两无"人士,没有高职也没有高薪,反而是落得"职场打杂"的称号。这是很多新入职者的悲哀。据某职业顾问调研中心的数据显示,六成职业人属于"职场打杂"一族,在长期的岗位轮换中,呈现原地踏步的状态,不仅浪费了时间和精力,同时也磨损了竞争力。

(三)脚踏实地,才能体现价值

无论做什么工作,无论面对的工作环境是松散还是严格,都应该踏实工作,不要老板一转身就开始偷闲,没有监督就没有工作。你只有在工作中锻炼自己的能力,使自己不断提高,加薪升职的事才能落到你头上。

> 夜晚,一个人在房间里四处搜索着什么东西。另一个人问道:"你在找什么呢?"
>
> "我丢了一枚金币。"他回答。
>
> "你把它丢在房屋的中间,还是墙边?"另一个人问。
>
> "都不是。我把它丢在了房屋外面的草地上了。"他又回答道。
>
> "那你为什么不到外面去找呢?"
>
> "因为那草地上没有灯光。"

也许你觉得这个人的思考逻辑很可笑。然而,我们经常会看到这样的事:有些员工不是在工作中争取公司的重用,而是完全寄希望于投机取巧;有些员工则是以应付的态度对待工作,却希望得到老板的赏识,得不到就埋怨老板不能慧眼识英雄,慨叹命运之不公。他们和那个在房间里找丢失在屋外的金币的人犯了同样的错误,那就是在错误的地方寻找他们所要的东西。

一个想要找到金矿的采矿者,如果他认为在海滩上挖掘更容易,而因此就在那儿寻找金子的话,那他找到的肯定只是一堆堆沙子,而绝不可能是金子。只有在坚硬的石头和泥土中挖掘,才能找到想要的宝藏。同样,工作懒散,则只能得到公司的解聘通知书;只有踏实工作,才可能得到公司的重用,赢得升迁和加薪的机会。

所有的老板都希望拥有更多优秀的员工,期望优秀员工给企业带来更多的利润。如果你能够踏实尽到自己的职责,尽力完成自己应该做的事情,那么总有一天,你能够自如地从事自己想做的事,赢得自己想要的体面。

可惜的是,在现实的工作中,有很多员工只知道抱怨公司,却不反省自己的工作态度,他们根本不知道被公司重用是建立在踏实完成工作的基础上的。他们整天应付工作,并发出这样的言论:"何必那么踏实?""说得过去就行了。""现在的工作只是个跳板,那么踏实干什么?"结果,他们失去了工作的动力,不能全身心地投入工作,更不能在工作中取得斐然成绩。最终,聪明反被聪明误,失去了本应属于自己的升迁和加薪机会。悔之晚矣!

凌云在一家贸易公司工作了一年，由于不满意自己的工作，他愤愤地对朋友说："我在公司里的工资是最低的，老板也不把我放在眼里，如果再这样下去，总有一天我就要跟他拍桌子，然后辞职不干。"

　　"你对那家贸易公司的业务都弄清楚了吗？对于做国际贸易的窍门完全弄懂了吗？"他的朋友问道。

　　"没有！"

　　"大丈夫能屈能伸！我建议你先静下来，踏实认真地对待工作，好好地把他们的一切贸易技巧、商业文书和公司组织完全搞通，甚至包括如何书写合同等具体事务都弄懂了之后，再一走了之，这样做岂不是既出了气，又有许多收获吗？"

　　凌云听从了朋友的建议，一改往日的散漫习惯，开始踏实认真地工作起来，甚至下班之后，还留在办公室研究商业文书的写法。

　　一年之后，那位朋友偶然遇到他。

　　"你现在大概都学会了，可以准备拍桌子不干了吧？"

　　"可是我发现近半年来，老板对我刮目相看，最近更是委以重任了，又升职、又加薪，说实话，现在我已经成为公司的红人了！"

　　"这是我早就料到的！"他的朋友笑着说："当初你的老板不重视你，是因为你工作不踏实，又不肯努力学习；后来你痛下苦功，担当的任务多了，能力也加强了，当然会令他对你刮目相看。"

　　踏实工作才是真正的聪明。因为踏实工作是提高自己能力的最佳方法。你可以把工作当作你的一个学习机会，从中学习处理业务，学习人际交往。长此下去，你不但可以获得很多知识，还可以为以后的工作打下了坚实的基础。踏实工作的员工不会为自己的前途操心，因为他们已经养成了一个良好的习惯，到任何公司都会受到欢迎。相反，在工作中投机取巧或许能让你获得一时的便利，但却在心灵中埋下隐患，从长远来看，是有百害而无一利的。

【拓展阅读】

做踏实稳重的职场新人

　　职场中有一些规定或潜规则，让一些新人感觉无所适从。如何在职场中发挥自己的能力和水平，和同事们和平相处，这需要职场新人既要找准自己的位置，还要把握好自己的身份。

　　王红是外贸公司新招聘来的打字员，是一个性格内向的女孩。每天她都早早来到单位，把打印室打扫得一尘不染，然后把大家的电脑打开，等同事们一到，就可以直接工作，为大家节省了时间，提高了工作效率。

　　大家对王红所做的事都非常感激。因为王红是新人，工作量不是很大，但当她看到大家都在忙碌地工作时，就帮着大家做些力所能及的事情。比如，哪个同事打完的材料需要复印，王红就会主动帮忙。有时看到大家忙得没有时间吃饭，她就会把饭菜给大家买来。由于王红的帮忙，大家都觉得工作轻松了不少，因此都特别喜欢王红。看她不多言不多语，实实在在地帮大家做事，比起那些浮躁自大的职场新人，要沉稳踏实得多。大家在经理面前经常夸赞王红，使经理对王红也有了深刻的印象。

有一天，总经理让统计员李姐打一份年度报表，这个报表是旧账遗留下来的，数据混乱，整理起来很费事。报表要在三天内整理好，时间紧、任务重，可难坏了李姐。王红忙完了手里的活，就主动帮着李姐核对。在李姐打完的报表中，细心的王红发现几个小数点的位置不对，就提醒李姐改了过来。下班后，王红主动留下来和李姐加班整理，两个人忙了大半夜，才把这些杂乱的报表归纳好。看着王红脸上细密的汗珠，李姐感动得说不出话来，因为如果没有王红的帮助，这些报表得让李姐忙好几天。

总经理看到李姐这么快就把这堆杂乱无章的报表整理好了，非常高兴，在早会上表扬了李姐，而且还许诺要发李姐一个红包表示奖励。李姐站起来，激动地对总经理说："其实这并不是我一个人的功劳，都是王红帮我做的，如果没有她的帮助，我是不可能在这么短的时间把这些报表整理好的。王红功不可没，所以我要把我的奖金分一半给她，也要把这份表扬分一半给王红。"

王红听了李姐的话，连忙站起来谦虚地说："李姐言重了，我是新人，空闲时间相对多一些，我也是用这些空闲时间帮你的，况且我们都是同事，你平时对我也很关照，我帮你也是应该的。同事之间互相帮助，融洽合作，才能提高工作效率。"

总经理听了王红的话，对她这种踏实谦虚的品质表示赞赏。总经理见过不少新员工，他们大多是眼高手低的人，工作做得不多还拈轻怕重。像王红这样脚踏实地而又勤奋谦虚的人太少了。从那以后，总经理开始器重王红，在工作中有意培养她。几年后，王红理所当然地当上了部门总管。每当再有新员工到来时，王红总会语重心长地对这些新员工说，在职场上，作为新职员，一定要踏踏实实地工作，一不可眼高手低，二不可居功自傲。一定要记住你是新人，只有谦虚做人、踏实做事，才能在职场这条路上走得更稳更远。

（资料来源于网络，内容有删改）

【小提示】踏实稳重是一种工作态度，更是一种生存的智慧。学会踏实，对于新入职场和已入职场的人来说都具有非常重要的意义。快节奏而且高压力的职业生活，更加助长了刚毕业大学生的浮躁和急于求成的心理状态，同时也冲淡了他们对待生活和对待工作的理性思考。在此背景下，踏实的品质更加显得珍贵。踏实并不是被动地等待，而是主动作为，积极争取。踏实的人容易养成良好的习惯，能够结合自身实际，制定适合自己岗位的工作计划和发展步骤，一步一个脚印，随着时间的增加而收获成长和幸福，在悄无声息中增长自己的才干，做出不平凡的业绩。

《三字经》曰："勤有功，戏无益"。其蕴涵的哲理就是勤奋是通往成功的唯一途径。从来没有什么时候,老板像今天这样青睐踏实工作的员工,并给予他们如此多的机会。老板往往会这样鼓励员工:"踏实干吧!把你的能力都发挥出来,还有更多的重任等着你呢!"他的意思就是说:"踏实工作吧,我会给你增加工资的。"当老板让你做更多的更重要的工作时,你的收入自然会提高,通往成功的大门也就徐徐拉开了。

素养初体验

▶▶【拓展活动一】 辩论赛:频繁跳槽是否有利于职业发展

正方观点:频繁跳槽有利于职业发展

反方观点:频繁跳槽不利于职业发展

一、活动目标:通过辩论,帮助学生认清工作中脚踏实地对于职业发展的重要性。

二、活动内容:以辩论赛的形式充分调动学生的积极性和主动性。

三、活动流程:

1. 立论阶段

(1)正方一辩开篇立论,3 分钟。

(2)反方一辩开篇立论,3 分钟。

2. 驳立论阶段

(1)反方二辩驳对方立论,2 分钟。

(2)正方二辩驳对方立论,2 分钟。

3. 质辩环节

(1)正方三辩提问反方一、二、四辩各一个问题,反方辩手分别应答。每次提问时间不得超过 15 秒,三个问题累计回答时间为 1 分 30 秒。

(2)反方三辩提问正方一、二、四辩各一个问题,正方辩手分别应答。每次提问时间不得超过 15 秒,三个问题累计回答时间为 1 分 30 秒。

(3)正方三辩质辩小结,1 分 30 秒。

(4)反方三辩质辩小结,1 分 30 秒。

4. 自由辩论

5. 总结陈词

(1)反方四辩总结陈词,3 分钟。

(2)正方四辩总结陈词,3 分钟。

▶▶【拓展活动二】 寻找自己身边踏实学习、工作的榜样

一、活动目标:通过活动,帮助学生认清日常学习、工作、生活中脚踏实地的重要性。

二、活动内容:以寻找踏实工作、学习的榜样的活动形式感悟踏实的重要性。

三、活动流程:

1. 每 5 个同学一组,选举 1 位组长。

2. 每组收集 2~3 个身边的案例,分析、讨论。

3. 制作课件,在班级分享他们的故事。

4. 总结、分享感悟。

【知识吧台】

仰望星空与脚踏实地

仰望星空,能使我们确定梦想;而脚踏实地,却能使我们实现梦想。

有人说应该学会仰望星空,否则会目光浅短;有人说应该学会脚踏实地,否则会一无所成;但我觉得在现实生活中,我们不仅应该仰望星空,还应该脚踏实地。因为,仰望星空会使我知识面变宽,脚踏实地会使我踏踏实实走完人生的全程。

仰望星空与脚踏实地,其实一个是寻找梦想一个是实现梦想。两者之间没什么矛盾之处。你可以说仰望星空是为了树立目标寻找前进的方向,而脚踏实地则是为了进一步地实现自己的目标。所以我认为两者之间都必不可少。

今天的我们,已经没有了生存的威胁。所以我们每天并不必仰望星空,猜测着明天的天气,也不必每天脚踏实地,在一望无际的草原上捕捉猎物。但我想,我们还是应该在仰望星空的同时脚踏实地。

古人仰望星空,观察雨、雾、雪、水的形成。食物丰沛使我们不必寻找水草肥美的天堂,但我们每个人,都有自己想去的地方。古人仰望星空,在今夜的仰望中去寻找属于自己的方向。

我们仰望星空,确定梦想的方向。

我曾做过这样的实验:在茫茫的大草原上,向远处眺望一望无际,只有长长的地平线,我便走啊走啊,走不到尽头。我想这天就意味着梦想,但我们无法飞翔,直接接触梦想,不过我们可以脚踏实地,走向地平线,在那里,我们伸伸手就能摸到星空。地平线就是梦想交汇到现实的所在,就是我们心中想去的地方!

脚踏实地,走向地平线,实现梦想。

仰望星空似乎是求索者的姿态,然而在仰望星空中,好似能看到各种奇妙的东西,但就是看不到自己的影子。在一味追求梦想的过程中,自我也被蒙蔽。好似追求越高自己就越轻,慢慢的也就没有尊严了!

然而,脚踏实地这种地面上的姿态,无疑更加深刻。因为此刻,人们才能真正感受到脚踏实地也是一种创造。创造的是自己的财富、经验与水平。只有先获得一种自我的认同,才能被别人认同、被整个世界认同。也只有这样,才可以获得更多的尊严。

仰望星空,超越现实束缚自己的梦想。

脚踏实地,通过实践实现自己的梦想。

(引自:中国新闻网,内容有删改。)

用换工作来逃避问题,行不通
频繁跳槽,越跳越慌

俗话说:树挪死,人挪活。由此,不少白领跳槽时更显得理直气壮,跳槽也成了很多人面临工作困难、事业瓶颈时,一个最有面子的解脱方法。然而,荷兰心理学家的一项研究就表明:投身到岗位中去,对工作保持积极和认同的态度,不仅能提高效率,而且会让你越来越有激情,整体幸福感也会增加。相反,不断更换工作,会更容易对工作心生厌烦,出现职业倦怠。简而言之,频繁跳槽者工作也不顺心!

凯文,男,33岁,创业中

虽然我自己是老板,但说句心里话,做老板还是早了点,如果能重来,我会选择再多打几年工,把人脉建全、建稳后再创业,会比现在好很多!之所以成为现在这个样子,还是心态没摆好,干得不好就跳,跳了一家又一家,最后没路可跳,就只好单干了。

我也算是名校毕业吧,机会不错,进了知名国企,现在回想起来,当时年轻气盛,跟领导搞不好关系,没干两年甩甩袖子就走了。换了外企,没有旧体制的约束,干得挺开心,但精英太多,升职太难,五年了还是个小主管。好不容易我的上司跳槽走了,眼见这个位子非我莫属,公司却空降一个经理。我心里那个气呀,以前跳槽的上司说,不如到我这吧,给你一个经理位子!于是,我又一次跳槽了。

虽然给外人的感觉我是越跳越好,但我自己心里有数,手上的资源在流失,客户对我的信任度在下降,我的心态也越来越急躁。事情做不好,总怪公司政策不合理,赚不到钱,总感叹自己生不逢时,遇人不淑。跳槽的频率越来越高,2019年,是我最混乱的一年,跳了三家公司,有一家连两个月都没待到。

2021年,感到自己没有退路,也不可能再服谁的管,自己成立了公司。别以为这就轻松了,比以前还不如呢!想节约钱,什么事都得亲力亲为,自己怕累想请人,成本高又请不起!手上的资源也不丰富,很多人只买我以前公司的账,根本不买我个人的账。

创业难呀!到现在都只能糊个口。

跳槽跳到刀刃上

可可,女,28岁,人事管理

我做的是人力资源方面的工作,招聘时,领导都会很在意应聘者跳过几次槽,跳槽频率高不高。实际的工作经验也说明,频频跳槽者,再高的工资,再高的职务也留不住他们,这也许就是所谓的忠诚度不高吧。

要说工作不如意想跳槽,估计每个人都会有这种想法吧。我在以前那家公司工作第三年的时候,觉得我的领导简直不可理喻,每天只知道批评我们,从不为我们下属争取什么,心烦意乱的时候,也想过换个工作,换个环境。但真的动心思跳槽的时候，我冷静地、客观地想了想，觉得这位领导虽然总是批评我们，但他批评的都是对的呀，正因为他的批评，我们部门的办事效率是全公司最高的。更何况这位领导为人正直，从不使坏，所以也算不错了。

自我安慰一番后，我留了下来，心态也好多了。后来，一家猎头公司找到我，想要我跳槽去家外企，我还去咨询这位领导的意见呢，他帮我分析形势，鼓励我跳槽。

如今，在新公司的我和原公司领导的职务是相当的，但我们关系一直都很好，有时还会共享一些资源，看来，这一跳，跳得很值。

[专家解惑]

为什么要跳槽？

荣格心理咨询中心首席咨询师黄进军认为，跳槽实质上反映了三个方面的问题。

1. 跳槽反映的其实是一个人的心理与外在事业所建立的稳定性。经常跳槽的人，心理稳定性较差，缺乏安全感。此外，还会表现在外在的不稳定上。例如，经常跳槽的人，在谈恋爱、租房子的时候，也会经常换来换去。

2. 跳槽有时候也会反映一个人内心儿童般的理想化幻想。有些人总抱着这样的想法："下一个才是更好的，下一个才更适合我。"这种人在心底认为周围所有的人和事都是以自己为中心的。

3. 跳槽还反映了环境对人们心理的影响。在公司工作的人，就好比装在容器里的螃蟹，如果容器有缺口，螃蟹肯定会想办法爬出来。很多公司不注重企业文化，对员工的关心不够，使得员工产生消极心理，就想跳出"容器"。

跳槽成瘾怎么办？

1. 个人耐挫折力有待提高。作为一个已经工作的成年人，内心不应该过于理想和敏感，要学会适应这个竞争激烈的大环境。

2. 个人做好职业规划。只有提前做好自己的职业规划，才能在遇到挫折时，懂得向前看，跳过眼前的坎儿，一步一步朝自己的目标走去，而不是随便跳槽。

（引自：武汉晨报，内容有删改。）

第四单元

学会沟通
搭建成功之桥

与人交谈一次,往往比多年闭门劳作更能启发心智。思想必定是在与人交往中产生,而在孤独中进行加工和表达。

——列夫·托尔斯泰

沉默是一种处世哲学,用得好时又是一种艺术。

——朱自清

每一个人都需要有人和他开诚布公地谈心。一个人尽管可以十分英勇,但他也可能十分孤独。

——海明威

单元介绍 　　名词解释

素养风向标

【案例】

背地里不说上司的坏话

◎ 案例导读

本案例通过卫晨在工作过程中喜欢背后议论别人的习惯及其后果,说明职场沟通方式的重要性及有效性。

◎ 案例描述

"都是刘经理,好好的业务订单全让他给弄黄了""这种管理方式太落伍了",在吃午餐的快餐店或者下班后的公车上,经常能听到同事之间的牢骚和背地里说的坏话。但是,你要知道,隔墙有耳,没有不透风的墙,说出去的话就收不回来。

卫晨是一家文化公司的策划,颇有创意,但他的不足之处就是自视清高,常常对老板的一些方案颇有微词。但碍于情面,他从来不当面向老板提出自己建设性的意见,而总是在老板背后嘀嘀咕咕。这种情况很快被老板知道得一清二楚,还专门和他谈了一次话,客气而委婉地让他不妨直言。这时,他又支支吾吾、躲躲闪闪,说老板的创意尽善尽美。老板终于不客气地说:"我请你来是做策划的,不是听你在背后指指点点的。"

◎ 案例分析

职场中存在着种种矛盾,矛盾完全可以通过有效的沟通去解决。在本案例中,卫晨在背后说一些领导的坏话,而不是从事件本身出发去主动地寻找问题的根源所在;在领导问其建议时又不能说出自己的想法,没有达到有效沟通。本案例中两个人的沟通是失败的。

◎ 案例交流与讨论

1. 你认为卫晨的问题出在哪儿?

2. 你知道职场沟通应遵守的基本原则是什么?

3. 怎样才能做到有效沟通?

素养加油站

▶▶ 一、识读沟通

沟通一词从原义上来讲是指挖沟使两水相通。《左传·哀公九年》记载:"秋,吴城邗,沟通江、淮。"杜预注:"于邗江筑城穿沟,东北通射阳湖,西北至末口入淮,通粮道也。"后来演化为使彼此通连、相通。徐特立《国文教授之研究》第一章:"扬雄《方言》,服虔《通俗文》,刘熙《释名》,钱竹汀《恒言录》等,皆为沟通事物之名称而作。"胡采《〈在和平的日子里〉序》:"在我们这个时代,人们和英雄人物的思想心灵之间,总是比较容易沟通。"郭小川《在大沙漠中间》:"似乎有一支绵长的、不发声的音波,沟通着宇宙、太阳和这地球上的沙漠。"

在中国传统的管理思想的多种分类体系和多种研究线路的综合运用中都蕴含着传统信息沟通思想。先秦诸子在研究管理问题时,对民意和管理之间的关系有着很多的论述。民意正是通过管理者与组织成员之间的信息沟通得知组织成员的需求、思想与意见,进而制定符合民意的组织发展方向和解决问题的有效措施。在当代社会,沟通是在个人或群体间传递信息、思想和情感,并达成共识的过程。沟通就是人与人之间的思想交流,本质上,这种交流表现为信息的传递,即信息通过某种渠道传递,信息接收人通过消化吸收,给予语言或行动的反馈。沟通有三大要素:一是要有一个明确的目标;二是达成共识;三是传递信息、思想和情感。

沟通与表达紧密相连,有效的沟通离不开良好的表达。表达就是人们为了某种目的,在一定的环境中以口头形式传递信息的一种活动。综合表达能力是指人们用有声语言、无声语言来综合表述个人的见解、主张、思想和观点,充分展示个人形象、风格、个性和思想内涵,形成与他人的良性沟通的一种能力,是个人综合素质的重要组成部分。它主要以口语表达能力、沟通交际能力和文字表达能力为展示窗和主体表现层,

扫一扫,看微课

以阅读检索能力、听力理解能力、逻辑思维能力和心理反应能力为"准备室"和储备层。表达得"巧"，首先在于将语言用得"恰到好处"。表达得恰当与否是有效沟通的关键。

以口语表达、交际沟通等为主的综合表达能力，是专业核心技能以外的职业基本素养的重要组成。培养高职学生过硬的综合表达能力对形成较强的职业综合能力，提高毕业生整体素养，使其充分适应社会及用人单位需求并成功就业具有重要作用。一位大学教授曾经对毕业10年的成功人士进行研究，试图找出成就显赫人士的特质。他通过研究发现，学习成绩好坏与工作业绩无关，而成功者都有一些共同点：个性随和，使人容易亲近；健谈，不但与同事、朋友、陌生人、老板攀谈，还能在陌生人面前侃侃而谈。可见，掌握沟通的技巧并形成自身的能力，对职场人来说至关重要。

▶▶ 二、沟通的价值

当今社会已处于信息经济化时代，对每个人、每个团队、每个机构来说，沟通不仅是必须具备的技能，而且也是生存的方式。沟通是科学，也是艺术。在我国，沟通更多的是文化。在不同的文化环境中，沟通有不同的呈现方式，沟通有它特定的规律需要研究，良好有效的沟通不仅使你心情舒畅，而且能获得好人缘，乃至学习、工作、生活美满幸福。《红楼梦》里讲的"世事洞明皆学问，人情练达即文章"指的就是我们需要根据不同的环境来掌握与人沟通的技巧。无论是对于个人还是对于企业来说，有效的内外沟通非常重要，不仅可以确立良好的社会形象，而且可以搭建成功之桥。在社会中无论我们做什么，或者想做什么，要想获得成功，必须学会沟通，一个有理想、有目标的人，要想在工作中游刃有余，就得善于和上司、下属、同事进行有效的沟通，以此打通自己的成功之路。因此，沟通永远是人们在生活和事业中应该掌握的首要能力。从某种意义上来讲，它是我们获取财富、快乐、幸福和健康的最重要的手段和策略。

（一）幸福生活之源

沟通能力是职业人士成功的必要条件。一个职业人士成功的因素75%靠沟通，25%靠天才和能力。学习沟通技巧，将使你在工作、生活中游刃有余。一个人如果能够与他人准确、及时地沟通，就能建立起牢固的、长久的人际关系，进而使自己在事业上左右逢源、如虎添翼，最终取得成功。

人与人的交流、沟通如果不顺畅，就不能将自己真实的想法告诉对方，这样有可能会引起误解或者闹笑话。

南方的孩子没见过雪，所以不知道雪是什么东西。老师说雪是纯白的，儿童就将雪想象成盐；老师说雪是冷的，儿童就将雪想象成了冰淇淋；老师说雪是细细的，儿童就将雪想象成了沙子。最后，儿童在考试的时候，这样描述雪：雪是白色的、味道又冷又咸的沙。

人与人的交往，就是一个反复沟通的过程，沟通顺畅，就容易建立起良好的人际关系；沟通不畅，闹点笑话倒没什么，但因此得罪人、失去朋友，就后悔莫及了。有一个人请了甲、乙、丙、丁四个人吃饭，临近吃饭的时间，丁迟迟未来。这个人着急了，一句话就顺口而出："该来的怎么还不来？"甲听到这话，不高兴了："看来我是不该来的？"于是就告辞了。这个人很后悔自己说错了话，连忙对乙、丙解释说："不该走的怎么走了？"乙心想："原来该走的是我。"于是也走了。这时候，丙对他说："你真不会说话，把客人都气走了。"那人辩解说："我说的又不是他们。"丙一听,心想："这里只剩我一个人了,原来是说我啊!"丙也生气地走了。

沟通作为一个重要的人际交往技巧,在日常生活中的运用非常广泛,其影响也很大。可以说,人际矛盾产生的原因,大多数都可归于沟通不畅。

生活中因为有了沟通,才出现了冰释前嫌、和睦相处、门庭若市等四字词语,我们的生活才更美好。生活中不能没有沟通,就像傲视苍穹的红杉不能没有坚固的根基,芳香四溢的鲜花不能没有给予它自信的阳光。

（二）职场成功路上的助推器

现代社会,不善于沟通将失去许多机会,同时也将导致自己无法与别人协作。只有与他人保持良好的协作,才能获取自己所需要的资源,才能获得成功。要知道,现实中所有的成功者都是珍视人际沟通、擅长人际沟通的人。

素养面面观

▶▶ 一、有想法更要有说法

历史上,孔明舌战群儒,苏秦纵横捭阖,他们深切动情的表达,使被动转为主动,让自己转危为安,其辩才更让后人倾慕。与熟练掌握表达技巧的人交谈,简直就是一种享受。娓娓道来的声音就像音乐一样,钻进我们的耳朵,打动我们的心灵,或让人精神振奋,或给人安慰。无论在什么场合,如果你能够表达清晰、用词简洁,再加上抑扬顿挫、娓娓道来的语调,就能够吸引听众、打动别人。一个人,如果善于辞令,再加上周到的礼节、优雅的举止,在任何场合,都会畅通无阻、受到欢迎。

在职场中,人们用语言进行交流,表达思想,沟通信息。优雅、礼貌地表达可以更好地协调人际关系,促进人们和睦相处。俗话说："言为心声。"有效的表达和沟通不仅能够帮助我们增进了解,加深认识,还能反映一个人的内心世界、文化水平、社会阅历、品德修养。一个人不管他是态度严谨还是做事马虎,不管他思维敏捷、条理清楚,还是精神焕散、不求上进,都可以从他的语言中看出来。现代社会的发展,对人的表达能力提出越来越高的要求。

▶▶ 二、会说话不等于会沟通

语言表达的能力突出,并不等同于会说话,这个世界上会说话的人很多,但会表达的人寥寥无几。表达能力是高职生最基本、最重要的一种技能。很多高职生在台下很会讲话,一到了台上就不太会讲了,这是什么原因?结合国外的相关研究情况来考察,发现产生这一现象的重要原因是,在他们的成长过程中表达需求经常受到压制,家长和学校教育不鼓励他们发表太多意见。结果在长大后,该发表意见的时候大部分都不太会讲话;不需要讲话的时候,又讲一大堆俏皮话。由此可见,我们普遍缺乏对表达的整体了解。不明白什么话该说,什么话不该说,话要怎么说。所以要注意训练自己的表达能力。

赵海在从职业院校毕业后,看到计算机销售领域很有发展前途,因此联系了几个家庭条件比较优渥的亲戚,希望得到他们的投资。那些人看他是刚毕业,没有资金也没有经验,对计算机销售也不熟悉,因此都不愿意投资。赵海就向他们描述计算机市场的行情,说明现在人们收入水平的增长以及计算机的普及率,说明计算机未来将成为人们的生活必需品。他详细、全面、富有吸引力地表达了做计算机销售的可行性和赢利的大好趋势。几个亲戚完全被他所说的情况吸引了,一致表示赞同,把资金都借给了他。赵海用这笔钱先租了两个销售柜台,随着销售成绩的不断上升,又成立了自己的销售公司。赵海的成功来源于拥有良好的表达能力。良好的表达能力可以为自己创造机遇,可以影响他人的行动,激发他人的勇气。别人对你的问题是否能够理解,对你的想法是否能够接受,这完全靠表达和沟通去取得。因此,只有提高表达能力,才能使我们更好地适应社会的需要。

▶▶ 三、良好的沟通与拙劣的沟通

沟通能力也是内心世界的表现,一个人的品质也会在言谈中有所体现。一些公司老板在评价毕业生时,认为表达能力的缺乏是他们的一大缺点。有一个老板问毕业生:"我的薪酬是一年50万元,给你多少工资合适?"该毕业生居然回答:"给我40万元得了。"什么叫会表达?职业交往中,说话得体,客户喜欢你;说话笨拙,客户厌烦你。"一句话能见人的素养",所以必须谨慎。

良好的语言表达能力表现为:表达语句流畅,内容连贯,用词准确;谈话语气生动,感情真挚,具有说服力和感染力。拙劣的语言表达能力表现为:说话断断续续,前言不搭后语,用词不准确,啰唆;谈话死板,没有感情色彩,很难使人信服,不能感染他人。

良好的语言表达能力需要有丰富的知识作为支撑,如果只有华丽的辞藻而知识匮乏,会让听者感觉到内容空洞,说服力不强。要有丰富的知识首先应该大量获取信息,从电视、广播、网络、书籍等渠道都能获得大量有效的信息。

通过下列问题测试一下你的表达力如何?

<table>
<tr><td></td><td>符合程度
高————低</td></tr>
<tr><td>◆ 我在表达自己情感时,很难选择到准确恰当的词汇</td><td>□□□□□</td></tr>
<tr><td>◆ 别人难以准确理解我口语要表达的意思</td><td>□□□□□</td></tr>
<tr><td>◆ 我对连续不断的交谈感到困难</td><td>□□□□□</td></tr>
<tr><td>◆ 我觉得同陌生人说话有些困难</td><td>□□□□□</td></tr>
<tr><td>◆ 我无法很好地识别别人的情感</td><td>□□□□□</td></tr>
<tr><td>◆ 我不喜欢在大庭广众面前讲话</td><td>□□□□□</td></tr>
<tr><td>◆ 我不善于说服人,尽管有时我很有道理</td><td>□□□□□</td></tr>
<tr><td>◆ 我不能自如地用口语(眼神、手势、表情等)表达感情</td><td>□□□□□</td></tr>
<tr><td>◆ 我不善于赞美别人,感到很难把话说得自然亲切</td><td>□□□□□</td></tr>
<tr><td>◆ 在与一位迷人的异性交谈时我会感到紧张</td><td>□□□□□</td></tr>
</table>

将上述各句所述情况与自己的实际情况比较,符合程度越高,你的表达能力就越弱;符合程度越低,则表达能力越强。

四、高职学生沟通能力现状

（一）知识基础较差

部分高职学生由于将精力集中于技术操作类课程,知识面相对较窄,所以导致其表达能力偏弱,有时说话甚至出现内容杂乱、语无伦次;内容缺乏深度,说话不分场合;说话结结巴巴,存在心理障碍等问题。有些学生写作能力较好,洋洋洒洒,下笔千言。但在需要用口头语言表述时,往往是声调、表情不自然,目光游移不定,腿脚发抖,声音发颤,语无伦次,面红耳赤。还有些学生在熟人或同学间谈笑风生,一遇到陌生人或在正式场合就张不开口、词不达意。这些都显露出口语表达能力与书面表达能力之间的差异。

（二）沟通能力较差

现在的大多数学生是独生子女。由于独生子女和非独生子女的生活环境不一样,非独生子女相对更能够照顾和体贴别人,更善于沟通。独生子女很多时候都是独处的时光,所以内心相对比较孤僻和难以接近。他们不善于交朋友,不善于表达自己的内心活动,宁愿在网上与不认识的网友聊天,也不愿意与老师和同学沟通。这就造成了同学之间、师生之间缺乏了解。特别是新入学的学生,在很长一段时间内不适应新的生活环境。另外,遇事时处理问题的能力差,由于大部分学生在家都是衣来伸手,饭来张口,自己很少独立处理具体事件,自理自立能力相当差。现在离开家人的庇护,往往遇事不知所措,不知道怎样用语言表达自己的意思,不知道怎样解决生活中的实际问题,学生自己也很苦恼。

（三）缺少重视

传统观念下学校教育对沟通能力的发展缺乏重视,其中有教师的原因,但更多的是学生自身的认识问题。一方面,在应试教育的传统观念约束下,为了追求考试成绩,长期以来坚持着的错误教学理念,把读、写视为教学"硬件",而听、说教学被当作"软件"。因为读、写能快速提高学生的学习成绩,直接显示其成绩,所以,课堂往往就变成了"一言堂",老师讲,学生记,这种教学思想与现状和我们当前所提倡的素质教育存在较大的偏差。另一方面,大多表达能力较差的学生都不重视自身的弱点,他们情愿花大量时间在英语、计算机和一些专业课程上,也不愿在表达训练上花费时间。他们认为找工作不能光凭一张嘴,只有靠真才实学,才能找到好工作,口才可以在实际工作中再慢慢锻炼。师生双方对表达能力的不重视极大地限制了高职学生表达能力的提高。鉴于上述这些情况,加强高职学生表达能力的培养,就成了一项十分必要和迫切的任务。

素养成长路

一、沟通从身边做起

（一）角色互调,适当反馈

人们在交谈过程中往往受到自身主观态度的影响,容易以自我为中心,只注意了解自己想要知道的而忽视了对方的感受,应从对方的立场考虑,倾听对方所要表达的所有信息和思想。不要口若悬河地垄断所有谈话,要给对方发表意见的机会。要仔细聆听对方的讲话,不要轻易打断对方的谈话,这是彼此尊重的重要表现。若要表达不同意见时,不要说:"你说的没错,但我认为……"应该委婉地表达:"你说得太好了,让我开了眼界,不过有一些其他的看法,你想要了解吗?"

【拓展阅读】

适时给予反馈

乔·吉拉德被誉为世界最伟大的推销员,回忆往事时他常说一则令他终生难忘的事件。在一次推销中,乔·吉拉德与客户洽谈顺利,正当马上要签约时,对方却突然变了卦。当天晚上他按照客户给他留下的地址找上门去求教,客户见他满脸真诚,就实话实说:你的失败是由于你没有自始至终听我讲的话,就在我准备签约前,我提到我的独生子即将上大学,而且还提到他的运动成绩和他将来的抱负,我是以他为荣的,但是你当时却没有任何反应,而且还转过头去用手机和别人通电话,我一时生气就改变了主意。

从这个案例当中我们可以看出,如果乔·吉拉德能适时地夸奖客户的儿子,也就能得到订单了。在对方谈话时,你不时发出表示听懂或赞同的回应,会让对方在心理上感觉你在专心地听。可以适当提问或对其所说的观点表示一些看法,如"这很不错""可以再说详细点吗?"也可以用"是吗,太棒了!""真遗憾!"等诸如此类的语言,引起双方感情上的共鸣,让交谈延续。倾听过程中不要擅自打断他人的谈话。善于沟通的人,都会用一些礼貌的方式方法进入别人的"频道",赢得众人的信任以及依赖。

(二)耐心、虚心、会心

出于对彼此的尊重,交谈全过程都应表现出良好的耐心,决不能显露出不耐烦的神色,要保持饱满的精神状态,微笑着注视对方,也不可装腔作势、心不在焉,否则不利于交谈的延续。记住巧妙地转移话题也是一种能力。交谈的目的在于沟通感情、交流思想、获取信息,所以应用虚心的态度注意倾听。当出现不同观点时,应委婉地表达,如"我对这个问题很感兴趣,但有一点不同看法""我记得书上好像不是这么说的"。切不可贸然打断对方,激情愤然。

在交谈中我们也可以借助体态语气来表现你在注意听。如专注的眼神、微微前倾的身体、自然下垂的双臂。这些都可以让人觉得很亲切,会让对方产生"遇知己"的感受,真正达成良好的沟通愿望。注意:如果自己不对,不要狡辩,大方地表示"我说错了";倾听的时候要注视说话人,以表示对彼此的尊重;不要擅自打断别人的谈话,如果有必要,先征得对方的同意;提问题要注意分寸,恰到好处。

(三)以赞美和表扬赢得人心

人类本质中最殷切的要求是渴望被肯定。赞美是阳光、空气和水,是学生成长不可缺少的养料;赞美是一座桥,能沟通人们之间的心灵之河;赞美是一种无形的催化剂,能增强人们的自尊、自信、自强。

【拓展阅读】

需要被肯定的小军

小军,男,某高职院校新生。该生成绩欠佳,不愿意接受他人的批评,只要他认为别人说的话重了一些,就立即翻脸。一开始,小军很沉默、内向、自卑。第一次数学考试,他只考了15分,特别是进校的第一次期中考试,他的成绩排在班里最后,这使他更加自卑。他认为自己是班里的累赘,是班主任的眼中钉。平时上课时他不太抬头看黑板……学习习惯也不好,作业经常应付了事,如果遇到不会做的题目,他不会去问同学和老师,就空在那里直接交上来。他的父母也说:"他对新环境有恐惧,经常在家里发脾气。"他母亲甚至不敢督促他学习,更不敢批评他,怕他发火。

【小提示】这种类型的学生最需要的就是树立自信心,这就需要教师适时地多些赞美,多些表扬,捕捉他身上的一切闪光点。

(四)学会幽默

交谈是一个双方寻求产生共鸣的过程。在这个过程中,难免会因意见不一而产生分歧,这就要求交谈者随机应变,机智地消除障碍。"幽默是具有智慧、教养和道德的优越感的表现。"在交谈过程中适当运用幽默能使人感到智慧的潇洒,情致的深邃,精神的博大。

言谈要有幽默感,幽默的语言极易迅速打开交际局面,使气氛轻松、活跃、融洽。幽默、诙谐也可以成为紧张情景中的缓冲剂,使朋友、同事摆脱窘境或消除敌意。平时应多积攒一些妙趣横生的幽默故事。幽默也可以是开自己的玩笑,和别人共享欢乐,能使人在压力下充满欢愉。

▶▶ 二、职场沟通很关键

(一)与上沟通

沟通,按目的方向来分,可以分为与上沟通、与下沟通和平行沟通。我们说,中国职场的人际关系实际上是一种人伦关系,是有大有小、有上有下的,讲究不能以大欺小,也不能以下犯上。职场上所谓的办公室政治、同事交往困难,往往是由于表达不完善、不和谐造成的。彼此很可能没有了解到对方行为、语言的目的,并因此对对方产生误解;你自己的行为和语言也可能在表达过程中出现漏洞,所谓"言者无意,听者有心"就是这个意思,嫌隙常常产生在不经意间。

刚刚从某高职院校毕业的元元到一家发电厂工作,他积极肯干,受到了厂长的赏识。可是,一次偶发的事件却改变了全部。上级主管部门派人来工厂参观,厂长一路陪同,经过仪表控制室,客人忽然看见电表板上,有若干颜色不同的指示灯,有亮着的,也有不亮的,有一个指示灯,则是一闪一闪的。于是问:"这个指示灯为什么会闪?"厂长回答:"是在做发电机启用准备。"这听起来也蛮有道理。想不到厂长刚刚说完，负责这个岗位的元元却说："不是的，那个灯坏了。"结果厂长表情极为尴尬。其实元元可以事后再跟厂长解释此指示灯确实损坏，正在修理，当时顾全大局，可以先不说，事后及时解决问题。此后，厂长和同事们因为此事对工厂带来不利影响，突然就不愿意跟他接触了，工作也不再交给他做。

这个小故事说明与上级沟通时要小心自己的言行，任何人都不会喜欢面对众人被直接反驳，领导也需要被尊重，当发现错误时应采取间接的表达方式。

职场生活中经常需要向上级领导汇报、请示、建议，甚至犯错误以后要解释，属于与"上"表达。和领导沟通持有一种尊重和真诚的态度是必要的，但是也不能过于谦恭，这样往往会让你的观点失去锐气，让领导产生反感。和领导沟通，言谈举止之间做到不卑不亢，从容对答，会给领导留下自信、大度、中肯的印象。

小张接受了领导布置的任务，将两年来销售商的资料进行分类整理，以便于展销会工作的开展。小张加班加点，用最快的速度把资料整理好，送到了领导手里。原本以为领导会表扬她的工作效率，哪想到，领导看完之后，一皱眉头："我让你按照销售量进行整理，你怎么按销售区域整理了?"

在职场上，你接受了一项工作，可能由于很多因素，造成你对领导安排的工作理解有误差，甚至有时候和领导的计划南辕北辙。这就表明，沟通不好，工作就不可能顺利完成。如果是一个较为宽容的领导，这样的错误可以笑一笑就过去了；如果是一位苛刻的领导，就会对自己的职业生涯产生不好的影响。

想要提高工作效率，表现出你的办事能力，就应该主动把事情做对。因此，工作中与领导和同事的表达、沟通必不可少。在接受一项工作任务的时候，无论多么简单，也要进行详细沟通，避免出现工作漏洞。

（二）平等沟通

对上沟通，下属一般会有几分礼让，这样比较容易达到和谐。平等关系的同事之间进行表达和沟通，有时缺乏相互配合的积极意识，经常会产生"谁怕谁"的心态，有时一句话、一个动作，都会引起别人的不满。如果你经常说"你听我说""你错了"等类似的话，相信你的职场关系不会太好。职场人首先要清楚，到公司的目的不是交朋友，而是为了把工作做好。所以，对于工作中的人际关系，应理性看待。"物以类聚，人以群分"，对于不同类型的同事，不要因不能做朋友而大伤脑筋，只要保持正常的工作关系即可，否则要么改变对方，要么改变自己。同时也要明白：不是所有人都能做朋友，你也不可能成为所有人的朋友。在平等关系中，要先从自己开始，尊重你周围的每位同事。俗话说得好："你敬我一尺，我还你一丈。"

1. 主动

【拓展阅读】

六 尺 巷

在单位,王刚与同事李京的关系非常紧张,两个人经常为一些小事产生争执,为此他感到很苦恼。有一天,他向朋友诉说心中的苦闷,朋友给他讲了一个"六尺巷"的故事:

清朝康熙年间,张英担任文华殿大学士兼礼部尚书。当时张家在安徽桐城非常显赫,父子皆为京官,老家的事物全部交由老管家打理。一日,张英家要盖房子,地界紧靠着邻居吴家。这时,吴家提出要张家留出一条路以便出入。但张家的管家却不同意,命令工人沿着吴家墙根砌起了新墙。这个吴家人是个倔脾气,一看张家把墙砌上了,一纸状文告到了县衙,打起了官司。

老管家一看不对劲,赶紧给张英写了封信。不久,老管家收到了主人的回信。信中没有多说话,只有四句诗:

千里修书只为墙,

让他三尺又何妨。

长城万里今犹在,

不见当年秦始皇。

管家看了这首诗,明白了主人的意思,后退三尺让路。吴家人听说以后也惭愧难当,也把自家的墙拆了后退了三尺。于是张、吴两家之间就形成了一条百米长六尺宽的巷子,被称为"六尺巷"。

王刚听了很受启发,主动跟李京道歉,表达自己的心意。现在,他和李京相处得非常融洽,配合默契,两个人的工作效率都提高了。

平等表达第一个要求是主动。案例中王刚前后的变化,道出了一个同事交往的秘诀:只要主动与同事表达、沟通,必能造就良好的同事关系。

在现代人际关系中,同事关系主要以利益为主,当两人发生冲突时,一定是妨碍了彼此的利益。利益沟通的关键点是:维持双赢。如果任何一方在冲突中失去重大利益,那么以后的冲突就会更加严重。只有在相互妥协中达到双赢,才能和谐相处。不要因为与上司的友谊,就处处觉得自己高人一等,这样除了成为众矢之的,还会受到他人嫉妒和不屑的目光;也不要因为朋友的关系,就对某个下属处处照顾。

2. 尊重

在公司、企业、单位里,凡是比你先加入的人,都是你的前辈。首先,要尊重职场"前辈"。他们有丰富的职场经验,这些都是"新人"要学习的。尊重不是什么都照办,也不是盲目崇拜,尊重是一种态度,表明你对他们很重视。职场"老人"感觉你真诚尊重他们,价值感因你的尊重而建立,对你的好感也会慢慢建立起来。

职场"新人"既要尊重职场"前辈"的人格,也要尊重他们提出的建议、问题或批评,要从中总结经验教训,找出自己要改进的地方,助力自己更快成长。经常对自己的同事用一些礼貌用语和敬语,如:您好、谢谢。用真诚的态度,谦虚地表达自己,这样才容易得到别人的支持。

3. 支持

职场中永远没有单向交流和支持。互惠、互助是双方的合作,是打开对方情感大门的"金钥匙",也是情感的投资。点滴施予会换回对方的回报,这是早已被心理学实验所证明的有效原则。所以,与上司共事,需要做到以下几点:① 不要推卸责任。将工作中遇到的问题,及时反映出来,但决不要在事情发生后推卸自己的责任。② 学会换位思考。多站在领导、上司的角度,想想如果你是他,你希望手下的员工怎么做。这样你就能很好地去执行。与你的同级同事共事应做到:① 互相支持。在你遇到难题时想得到怎样的支持,你就怎样去支持别人。② 保持距离。不要把同事当成朋友,公私不分。③ 决不传播流言。流言满足了人们窥私的心理,所到之处必生龌龊。

4. 时刻注意细节

(1)平等对待每一个人。不要对资历深的前辈刻意讨好,也不要对新人颐指气使。"尊重"是与同事相处的基本之道。

(2)不要在办公室过多谈论自己的私人生活,更不要倾诉自己的个人危机,"友善"并不等同于"友谊",别人对你的个人生活也不一定感兴趣。

(3)开玩笑要有"度"。轻松幽默的人的确能够受到大家的喜爱,但口无遮拦就是另一回事了。

(4)不要谈论他人是非。谈论别人是非者往往自己会成为是非的中心。

(5)不要炫耀自己。即使你与上司有着情同手足的关系,也不要到处炫耀,低调淡然能远离妒忌和刁难。

(6)不要想着占别人的便宜。斤斤计较的人容易失去同事的信任和支持。

(7)不要过多要求别人。不要期望每个同事都像家人和朋友一样来包容你、理解你。

(8)如果已经和同事成为朋友,不要在工作场合显得过于亲密,避免让人感觉你们"拉帮结派"。

(9)要学会说"不"。同事间相互帮助是应该的,但不要让这种帮助变成了习惯和指使,否则你分内的工作又该如何开展?

(三)知晓沟通中表达的禁忌

古人云:赠人以言,重于珠玉;伤人以言,重于剑戟。意思是,我们在表达过程中,一定要注意内容,要"言谈得当"。即使是相识已久的朋友在谈话中也有相应的禁忌,对于并不太熟悉的社交场合,我们更应该注意自己的谈话内容,警惕不要触犯交谈的禁忌。

表达的禁忌有很多,需要我们在日常生活中不断地总结,针对不同的人、不同的情况,交谈的内容也有所变化。一般情况下,表达的禁忌大致有以下几个方面。

(1)表达中不要涉及令对方不愉快的事情。不愉快的事情包括"敏感事"和"隐私"。病亡、穷困、身体缺陷等都是较为敏感的事,俗话说"当着矮人不说短话",这类话题不提为好。随着社会的进步,交往中对人们的隐私越来越尊重,在交谈中凡涉及个人隐私的一切问题均应回避。如:不询问女士的年龄、婚姻状况,不径直询问对方的履历、工资收入、家庭财产,不询问住址、电话等。

（2）不要在背后议论他人的长短。与人沟通时不说他人的坏话,也不传闲话,这不仅是礼仪的需要,也是走向成功的保证。富兰克林在谈到他成功的秘诀时曾说:"我不说任何人的坏话,我只说我所知道的每个人的长处。"背后对人说长论短,这是最令人厌恶的事情。

（3）与女士沟通时不论及对方美丑胖瘦,保养得好与不好等。但在社交场合,有时对对方,特别是女士的衣服、发型、气色表示真诚而适度的称赞,可以提升对方的好感。

（4）与不熟悉的人沟通时不问对方衣服的质量、价格,首饰的真假等。如果在社交场合问及对方这些问题,会使人难以回答,甚至陷入难堪境地。

（5）社交场合不以荒诞离奇、耸人听闻、黄色淫秽的内容为话题,也不开低级庸俗的玩笑,更不能嘲弄他人的生理缺陷,那样只会证明自己的格调不高。

（6）在涉外场合,一般不要谈论当事国的政治问题,也不应随便议论他人的宗教信仰,对某些风俗习惯、个人爱好也不要妄加非议。

（7）有四种行为也是表达中的大忌:好主观臆断,对旁人的意见只有接受或不接受两种态度;好追根究底,依照自己的价值观去探查评价别人的隐私;好为人师,总是试图以自己的经验给别人提供忠告;好自以为是,不能从别人的立场出发,只知道从自己的角度去考虑问题。如果持这样的心态去和别人交流,其实已经不能称其为表达,而只是单方面的意愿。

（四）目的在于完美沟通

我们所做的每一件事都离不开表达,表达并不是一种本能,而是一种能力。也就是说,表达不是人天生就具备的,而是在工作实践中培养和训练出来的。也有另外一种可能,即我们本来具备表达的潜在能力,但因成长过程中的种种原因,这种潜在能力被压抑住了。所以,如果人一生当中想要出人头地,一定要学会表达。在表达、沟通中既要收集信息,又要给予信息。每人每天都在表达、沟通上耗费很多的时间,根据科学的研究,职场人员工作时间的 50%～80% 在以不同的形式进行沟通。

表达、沟通本身没有对错之分,只有有效和无效之别。想要获得有效表达,就要具备明确的表达目标,在表达、沟通过程中注意细节,能根据表达的进程自我调整,表达的结果至少要达到一个目标。

一位知名主持人有一次在节目中访问一名小朋友,"你长大后想要做什么呀?"小朋友天真地回答:"我想当飞机的驾驶员!"

主持人接着问:"如果有一天,你的飞机飞到太平洋上空时,所有引擎突然都熄火了,你怎么办?"小朋友想了想说:"我会先告诉坐在飞机上的人绑好安全带,然后我挂上我的降落伞跳出去。"

这个回答让现场的观众哄堂大笑,主持人却留意到孩子涨红了脸,眼泪夺眶而出。他觉得这个孩子也许并不像观众所想的是自作聪明。于是又问他:"那你为什么要这么做啊?"孩子的答案透露出一个孩子美好而真挚的想法:"我要去拿燃料,我还要回来!"

扫一扫,测一测

这个采访是一个完整的表达过程,孩子开始的回答让观众们大笑,是因为他们并不了解孩子表达的最终目的,当孩子做出解释后,想必观众一定会有不同的反应。

在全球化高度发展的今天,表达可以说是无处不在,它的重要性也越来越被人们所认识。对于职场人而言,只有领导与员工之间、员工与员工之间能有效表达,才能形成团队合作精神,发挥出高效、优绩的工作效能。对公司、企业、单位而言,只有拥有了谈判与合作的表达技巧,才能在竞争与合作中为自己谋取到最大的优势。

三、练就一副"铁齿铜牙"

沟通是非技术性因素,它往往为许多人所忽略。而事实上,在一个人的职业发展中,沟通能力发挥着至关重要的作用。一个好的职场环境需要无时不在的沟通,从总体目标到细节,都在表达的内容之列。表达技能的学习、能力的训练都不困难,只要你能转变观念,培养意识,练就一副"铁齿铜牙",成为沟通高手指日可待。

(一)了解沟通的步骤

虽然并不是每次交流和沟通都需要提前准备,但是有些交谈和沟通不只是为了交流信息、表达意见,还希望能够解决问题。这些情况下做好必要的准备是必需的。

1. 明确你的目的

(1)准确传输你想要对方了解的信息。

(2)针对某个问题,想知道对方的想法、态度。

(3)想要解决问题、达成共识或签订协议。

2. 收集沟通对象的资料

从了解沟通对象的人、事的个性、兴趣开始,你越是了解对方,就能够去关心对方,通过关心,化解彼此的对立以及距离。同时在了解的过程中,你也可以慢慢地知道交谈者的个性、脾气,从而选择适当的交谈方式。

3. 选定场地和时间

环境对沟通和表达的顺利进行有很大的影响。不同的场合适合不同的问题。如:面试、推销、访谈、相亲,场合的选择有很大的差别。对表达时间的预估和设计也是得到彼此给予正面回应的必要安排。

4. 制作表达、沟通计划表(表4-1)

表4-1　表达、沟通计划表

项目	记　录	
表达的目的		
参加者		
地点		
开场白重点		
表达的重点		
成果	达成统一点	
	问题所在	

计划表是一个帮助你增进表达能力的简单工具,能让你在表达前先思考沟通的方式及其如何进行表达,但不应过度依赖计划。

（二）选择合适的方式

如果你对邻居说:"我家有一盆花,你帮我去修剪一下吧?"对方一定会莫名其妙:"为什么要我给你卖力气?"但如果你换一种说法:"我发现你家的花修剪得特别漂亮,你在这方面造诣很高。哎,我家有一盆花,你能不能教教我,看怎么剪才漂亮?"对方一定会高高兴兴地帮你剪花了。同一件事,为什么说话的方式不同,说出来的效果截然不同呢? 这里面就涉及语言艺术的问题。

【拓展阅读】

如 何 表 达

地点:主管办公室

经验:不卑不亢

主管请小陈进办公室,询问他对奖金发放的看法。小陈很紧张,忙说工作多,还没来得及想。

评点:错失了一次和领导良好的沟通机会。

应对上策:

1. "感激您肯询问我,我们的主要成就来源于您有力的领导。"

2. "太棒了,可以有钱花了!"

3. "太感谢您了,我很满意。"

4. "为了获得更多奖金,我会更加努力的。"

应对下策:

1. "反正吃亏的总是我。"

2. "别人总是妒忌我的奖金。"

3. "怎么不按劳分配呢?"

4. "这太不公平了。"

5. "不知道。"

【小提示】 由此可见表达能力是职场战略的"金钥匙"。不同场合,你需要不同的说话方式和说话技巧。

（三）运用恰当的沟通技巧

沟通是建立人脉的最佳途径,语言表达是社会交往中有效沟通的工具,在交往中起重要作用。讲究语言的艺术,是培养沟通表达能力的重要内容。我们应正确运用语言,学会用清楚、准确、简练、生动的语言表达自己的思想,养成对人用敬语、对自己用谦语的习惯。良好的语言是进行有效表达的基础。有效的表达需要具备与听众交流、洞察听众对你讲话的反应、运用听众的反馈来调整你讲话的内容等技巧。要达成这一目的就必须掌握复杂的口头语言词汇和身体语言,才能具有优秀的表达能力。所谓沟通技巧,是指管理者具有收集和发送信息的能力,能通过书写、口头与肢体语言的媒介,明确有效地向他人表达自己的想法、感受与态度,亦能较快、正确地解读他人的信息,从而了解他人的想法、感受与态度。沟通技能涉及许多方面,如简化运用语言、积极倾听、重视反馈、控制情绪等。虽然拥有沟通技能并不意味着能成为一个有效的管理者,但缺乏沟通技能会使管理者遇到许多麻烦和障碍。

职场沟通应注意以下几方面技巧:

1. 适当地暴露自己,取得对方信任

每个人最熟悉的莫过于自己的事情,所以与人沟通的关键是要使对方自然而然地谈论自己。不必煞费苦心地去寻找特殊的话题,只需以自身为话题就可以,这样也会很容易开口,人们往往会向对方敞开自己的心扉。谈话时若能表达与对方相同的意见,对方自然会对你感兴趣,而且产生好感。谁都会把赞同自己意见的人看作是一个可以产生相同目标或有同样价值观的人,进而表示接纳和亲近。假如我们非要反对某人的观点,也一定要找出某些可以赞同的部分,为继续对话创造条件。此外,还应该开动脑筋进行愉快的谈话。除非是知心朋友,否则不要谈论那些不愉快的伤心事。

2. 说服他人的技巧

在职场中也是一样,当你面对领导或是同事给予的那些最棘手的问题时,你是否有能力准备出有说服力的答案?越是想要成功,说服能力也要越强。说服他人的目的,有时是为了推销自己,有时是为了推销产品或服务,能够说服别人就能够影响别人,也就能够使别人顺着我们的意念行事。卡耐基认为:不论你用什么方式指责别人,如用一个眼神、一种声调、一个手势,或者你告诉他错了,你以为他会同意你吗?绝不会!因为你直接打击了他的智慧、判断力、荣耀和自尊心,这反而会使他想着反击你,即使你搬出所有听上去有说服力的逻辑,也改变不了他的意见,因为你伤了他的感情。

3. 批评的技巧

在表达过程中,如果不得不提出批评,一定要委婉地提出来。要注意:① 不要当着别人的面批评;② 在进行批评之前应说一些亲切和赞赏的话,然后再以“不过”等转折词引出批评的方面,即用委婉的方式;③ 批评对方的行为而不是对方的人格,用询问的口吻而不是命令的语气批评别人;④ 就事论事。

4. 学会倾听

沟通也并不是一味地去说。善于倾听是沟通的基本能力,有时听比说还重要。正如英国政治家、哲学家霍布斯的名言:倾听对方的任何一种意见或议论就是尊重,因为这说明我们认为对方有卓见、口才和聪明机智,反之,打瞌睡、走开或乱扯就是轻视。

最有价值的人不一定是最能说的人。倾听是表达的第一步,有智慧的人也都是先听再说。善于倾听,才是职业人最基本的素质。积极倾听的作用有很多,可以获取很多信息,整理出对自己有用的信息;可以帮助谈话的顺利进行;可以发现问题,及时表达自身观点;可以保持沟通气氛的友好,等等。不过,倾听并不是简单地用耳朵去听,也不仅仅指用心去理解。通过一定的方式,让对方知道你在注意听是很重要的。

人与人之间的交流是相互的,在单向的没有共鸣的交流中,是不会也不可能建立起信任与合作的,而在职场中合作和信任则是最基本的工作条件。所以作为职场人尤其要注意避免粗暴的、单向的命令式表达。不要犯这样的错误:在同事还没有来得及讲完自己的想法之前,就按照自己的经验大加评论或做出评断。

如果习惯于经常打断对方的讲话,或者常常固执地做出片面的决策,往往会使对方缺乏被尊重的感觉。时间久了,就没有人愿意向你反馈真实的信息。一旦信息反馈系统被切断,你就成了"孤家寡人",得不到做出正确决策所需要的充分信息。反之,保持畅通的信息交流,将会使你的管理如鱼得水,并能及时纠正管理中的错误,制定更加切实可行的方案和制度。

表达、沟通不只是言语上的交流,聆听、反馈同等重要,用眼观察,用心体会,才能成为表达能力超高的职场高人。当然,想成为表达、沟通的能手,首先要有愿意表述、乐意沟通的意识。

扫一扫,测一测

素养初体验

▶▶ 【拓展活动一】 囊中识物

一、活动目标:让学生们体验解决问题的方法,理解沟通的重要性。当学生之间面对同样一个问题所表现出来的态度不同时,如何达成共识并进行配合共同解决问题。

二、活动形式:11～16 名学生为一组。

三、材料与场地:有特点的一套玩具和若干眼罩。

四、时间:30 分钟。

五、活动程序:

1. 教师用袋子装着有特点的一套玩具和若干眼罩,而后宣布游戏规则。

我有一套物品,我抽出了一个,而后给了你们一人一个,现在你们通过沟通猜出我拿走的物品的颜色和形状。全过程每人只能问一个问题,如:"这是什么颜色?"我就会回答你,你手里拿着的物品是什么颜色,但如果同时很多人问,我就不会回答。全过程自己只能摸自己的物品,而不得摸其他人的物品。

2. 现在教师让每位学员都戴上眼罩,活动开始。

3. 有关讨论:

你的感觉如何? 开始时你是不是认为这完全没有可能,后来又怎样呢?

你认为在解决这一问题的过程中,最大的障碍是什么?

你认为执行过程中,大家的沟通表现如何?

你认为还有什么改善的方法?

▶▶ 【拓展活动二】 数字传递

一、活动目标:让学生了解在沟通的过程中非言语沟通的重要作用。

二、活动形式:5~8 名学生为一组。

三、材料与场地:若干数字纸条,教室。

四、时间:30 分钟。

五、活动程序:

1. 将学生分成若干组,每组 5~8 人,并选派每组一名组员出来担任监督员。

2. 所有参赛的组员按纵列排好,教师向全体参赛学生和监督员宣布游戏规则。

3. 游戏规则:

(1) 各队列的最后一人到主席台来,教师告诉他:"我将给你看一个数字,你必须把这个数字通过肢体语言让你全部的队员都知道,并且让小组的第一个队员将这个数字写到讲台前的白纸上(写上组名),看哪个队伍速度最快,最准确。"

(2) 全过程不允许说话,后面一个队员只能够通过肢体语言向前一个队员进行表达,通过这样的传递方式层层传递,直到第一个队员将这个数字写在白纸上。

(3) 比赛进行三局(数字分别是 0、900、0.01),每局休息 1 分 15 秒。第一局胜利积 5 分,第二局胜利积 8 分,第三局胜利积 10 分。

4. 小组讨论:

(1) P(计划)—D(实施)—C(检查)—A(改善行动),这个过程在这个游戏中如何得到体现?

(2) 上述过程中,哪个步骤更为重要?

【知识吧台】

谈 话 原 则

1. 与人见面,尽量不要给别人留下不愉快的印象。

2. 与人交谈,语言要简单亲切,不要有任何优越感;要让人感到他和你从小就认识。

3. 千万不要忘记,幽默是一种重要的说服他人的方法。

4. 痛痛快快地笑,对身心健康都有好处。

5. 举一些浅显幽默的例子,比什么都更有说服力。

6. 用简单的故事说明你的观点,往往能避免别人冗长乏味的议论和自己费力的解释。

7. 一个贴切的故事,能够减轻拒绝或批评造成的尖锐刺激,既达到谈话的目的,又不伤感情。

8. 私下交谈比任何其他方式更能赢得别人的合作。

初入职场,别把沟通当难事

专家就"90后"职场新人普遍存在的问题分析指出,加强沟通是一种自信的表现。学会沟通,职场生涯将更为顺畅。而一旦遇到沟通不畅的情况,职场新人也不要有畏难甚至回避的情绪,多从自己身上找问题,可能会让你的下次沟通变得简单、有效。

问题一：自信心不够

日语专业毕业的小李进入一家大型日资企业的文秘岗位进行实习。因为企业文件中许多专业的词汇是在学校没有学习过的，内向的小李担心实习老师批评她有太多不懂的知识而不敢主动去咨询，每天只是默默地在办公室查字典。针对这样的现象，资深职场培训专家表示，许多职场新人因为觉得自己没有经验，容易不了解情况而唯唯诺诺，总躲在别人身后。她建议职场新人没必要因为没有经验就失去自信。如果担心做得不好，最好多和老员工沟通，多向上级请教，不要陷入负面的思考中。

问题二：沟通不顺畅

张同学大学毕业后顺利进入一家待遇不错的事业单位工作，但她发现身边的同事大部分是"70后"，很难找出共同语言。"同事们在一起谈的都是孩子、房子、车子，我根本插不上嘴。"久而久之，和同事的关系也就更淡了。某人力资源从业者介绍："90后"生长在信息时代，喜欢用网络获取信息，他们往往忽略了现实的沟通，有了问题，习惯性地上网搜索相关答案，殊不知当面请教是拉近距离、增进了解的最好方式。建议职场新人在身边寻找一个有经验的"过来人"，向资深前辈请教技巧，远比独自在内心纠结要好。

问题三：耐心不足，吃不了苦

"我不愿意干那么多无聊的事情，下班了我想去看看电影，放松一下。"小李是标准的"90后"，他袒露了心中想法。职场培训专家提醒职场新人，"学会换位思考，多做少说是'王道'。有空可以阅读关于职场的书，做好职场规划"。建议职场新人们把磨炼当机会，在公司里不管年龄大小，都是前辈，虚心向他们请教，让他们认同你这个新人。另外，不要太把自己当回事，出了问题不要把责任往别人身上推，多找自己的原因。

第五单元

学会协作
驰骋职场之翼

天时不如地利,地利不如人和。

——孟子

上下同欲者胜。

——孙武

单元介绍

名词解释

素养风向标

【案例】

总经理的选择

◎ 案例导读

本案例介绍的是一个公司招聘人员时通过一个测试来判定应聘者职业能力的高低来最终确定人选。

◎ 案例描述

一家全球500强公司招聘高层管理人员,9名优秀应聘者经过初试,从上百人中脱颖而出,进入由公司总经理亲自把关的复试。

总经理把这9个人随机分成甲、乙、丙三组,指定甲组的3个人去调查本市婴儿用品市场,乙组的3个人去调查妇女用品市场,丙组的3个人去调查老年人用品市场。

总经理解释说:"我们录取的人是用来开发市场的,所以,你们必须对市场有敏锐的观察力。让大家调查这些行业,是想看看大家对一个新工作的适应能力,每个小组的成员务必全力以赴!"临走的时候,总经理补充道:"为了避免大家盲目开展调查,我已经叫秘书准备了一份相关行业的资料,走的时候自己到秘书那里去取!"

两天后,9个人都把自己的市场分析报告送到了总经理那里。总经理看完后,站起身来,走向丙组的3个人,与之一一握手,并说道:"恭喜3位,你们已经被公司录取了!"然后,总经理看着大家疑惑的表情,呵呵大笑,说道:"请大家打开我叫秘书给你们的资料,互相看看。"

原来,每个人得到的资料都不一样,甲组的3个人得到的分别是关于本市婴儿用品市场过去、现在和将来的分析,其他两组也类似。丙组的3个人很聪明,互相借用了资料,补充自己的分析报告。因此总经理选择了丙组的3个人。

（引自:徐鹤隆.世界500强企业员工的12堂必修课[M].北京:华夏出版社,2008)

◎ 案例分析

这个案例中甲组和乙组的人都分别写了关于婴儿和妇女用品的市场调研报告,而丙组的人参照大家的报告,相互借鉴,形成了完整系统的市场开发调研报告,从而赢得了领导认可,最终应聘成功。

◎ 案例交流与讨论

1. 总经理为什么选聘丙组的成员?从中你得到什么启示?

2. 由此案例请展开讨论,你认为工作中的协作有哪些特点?

素养加油站

▶▶ 一、识读团队协作

（一）团队及团队协作

所谓团队,是由基层和管理层人员组成的一个共同体,它合理利用每一个成员的知识和技能协同工作,共同解决问题,最终达到共同的目标。团队不仅强调个人的工作成果,更强调团队的整体业绩。团队所依赖的不仅是集体讨论和决策以及信息共享和标准强化,它强调通过成员的共同贡献,能够得到实实在在的集体成果,这个集体成果超过成员个人业绩的总和,即团队大于各部分之和。团队的核心是共同奉献。这种共同奉献需要团队有每个成员能够信服的目标。只有切实可行而又具有挑战意义的目标,才能激发团队的工作动力和奉献精神,为工作注入无穷无尽的能量。团队的精神是共同承诺,共同承诺就是共同承担集体责任。没有这一承诺,团队就如同一盘散沙。做出这一承诺,团队就会齐心协力,成为一个强有力的集体。

所谓团队协作是指团队成员为了团队的利益与目标而相互协作。它主要包含三个方面的内容:

首先,在团队与其成员之间的关系上,团队协作表现为团队成员对团队的强烈归属感与一体感。团队成员具有共同的理念,并为实现共同目标而愿意在这个团队中共事,大家具有统一的理解和认识,并建立起共同的承诺,使团队成员为了一个共同的目标而有机地团结凝聚在一起。团队成员把团队视为"家",把自己的前途与团队的命

扫一扫,看微课

第五单元　学会协作　驰骋职场之翼

运连在一起,愿意为团队的利益与目标尽心尽力。在处理个人利益与团队利益的关系时,团队成员采取团队利益优先的原则,个人服从团队,维护公利与集体利益。团队通过一系列的制度使他与其成员结成牢固的命运共同体。团队还通过一系列活动,培养成员对团队的共存共荣意识与深厚忠诚的情感。

其次,在团队成员之间的关系上,团队协作表现为成员之间的相互协作及共为一体。团队成员彼此把每个成员都视为"一家人",他们之间相互依存、同舟共济,互相敬重,相互宽容,见大义容小过,彼此信任;在工作上互相协作,在生活上彼此关怀,在利益面前互相礼让。他们有一系列的行为规范,他们和谐相处,凝聚力强;他们彼此促进,追求团队的整体绩效与和谐。

最后,在团队成员对团队事务的态度上,团队协作表现为团队成员对团队事务全方位的投入。团队充分调动成员的积极性、主动性、创造性,让成员参与管理、决策和全力行动;团队成员在处理团队事务时尽职尽责,尽心尽力,充满活力热情。

（二）团队协作特征

1. 共同的目标

一个优秀的团队必须有一个共同的目标。这一共同的目标是一种意境,团队成员应花费充分的时间、精力来讨论、制定他们共同的目标,并在这一过程中使每个团队成员都能够深刻地理解团队的目标。以后不论遇到任何困难,这一共同目标都会为团队成员指明方向。目标对团队非常重要,它是团队存在的理由;它是团队运作的核心动力;它是团队决策的前提;它是团队合作的旗帜。而一个团队一般至少有两项基本目标:保证完成团队任务和维护成员间融洽的关系。

2. 建立信任

一个具有凝聚力的团队,最为重要的要素就是建立信任。这就要求团队成员认识到自己与团队成员之间的信任是不可或缺的。同时必须学会自如地、迅速地、心平气和地承认自己的错误、弱点、失败。他们还要乐于认可别人的长处,即使这些长处超过了自己。

3. 忘我精神

我只是一滴水,团队才是大海。在现代的社会和企业中,个人的成功并不能代表企业的成功。一个团队,至少由三个成员组成,每个人都有自己的思考方式和做事方法,个人的想法可能与团队目标、计划有差异或冲突,但是团队成员必须按团队共同确定的目标去执行。在这个过程中可以充分发表个人的意见,保留个人的想法,同时要坚决地去执行团队计划和目标,并且以团队目标为首要条件,具有忘我精神。

4. 凝聚力

任何团队都需要凝聚力。凝聚力使团队成员之间顺利完成思想沟通,引导人们产生共同的使命感、归属感和认同感,反过来逐渐强化升华为团队精神。凝聚力可分为向心力和团结力,向心力表现在成员与团队之间,而团结力表现在成员与成员之间。

5. 良好的沟通

在团队中,团队成员间拥有畅通的信息交流就可以使团队的业绩成果远远大于每个人付出的总和。持续的沟通,是使团队成员能够更好地发扬团队精神的重要途径,团队成员唯有秉持对话精神,有方法、有层次地发表意见并探讨问题,汇集大家的经验和知识,才能凝聚团队共识,激发自身和团队的创造力量。

> 在工作中我们往往提倡"少说多做",多一些实干精神,这的确没错,但作为一个团队成员,仅仅知道做是不够的,还要进行充分的沟通,在沟通的基础上明确各自的任务和职责,然后分工协作,才能把团队的力量形成合力。否则的话,每个团队成员只顾"低头拉车",各走各的路,永远也不会形成团队合力,也就无所谓效益,甚至可能形成负效益。沟通是团队生存的基本条件,没有沟通就没有团队。
>
> (引自:辛海.团队为赢[M].北京:中华工商联合出版社,2007)

6.核心领导

一个团队首先要有一个核心的领导,核心领导的作用是当团队成员意见不一致时,作出关键决定,督促成员按照他的决定执行。核心领导有充分的人、财、物的指挥权,充分的协调能力和充分的决策权,有大局观同时还关注具体细节,能够听取正反方的意见。团队的领导往往担任的是教练或后盾的作用,他们对团队提供指导和支持,而不是控制下属。

在非洲的草原上如果见到羚羊在奔逃,那一定是狮子来了;如果见到狮子在躲避,那就是象群发怒了;如果见到成百上千的狮子和大象集体逃命的壮观景象,那是什么来了呢? 那就是蚂蚁军团来了!

中国有句古语,"三个臭皮匠,顶个诸葛亮"。只有善于协作,运用合力,才能聚起强大的力量,把事业做大。一个不懂得协作的人,必将感到步履维艰;一个善于协作的人,就会觉得如鱼得水。然而,很多人却恰恰缺少团队协作的心态,信奉个人英雄主义或是异常孤僻,从不注意和周围人的配合。战国时,秦王问一个大臣:"秦国人比齐国人怎么样?"大臣说:"一个人和一个人比,秦国人不如齐国人;一国人和一国人比,齐国人不如秦国人。"最后,秦国战胜了比自己强大的齐国,靠的就是团结的力量。

协作精神是任何一个企业和单位都十分强调的,在招聘时也都会考察应聘者是否有协作精神,而应聘者也会说自己是一个擅长合作的人。团队协作是非常重要的,不仅在应聘当中,在工作过程中也必须时刻这样做。团队协作是一个职业人培育自己的职业基本素养必须具有的能力。

> 让我们来看看团队协作的力量:由于单位偏远,我和几个同事都寄宿在单位。有一天晚上,单位的厨房里发出吱吱的声音,第二天,便发现地上有一个破碎的蛋壳,不用说这一定是老鼠的杰作。于是第二天晚上,我和几个同事躲在厨房里等老鼠的出现。当晚,老鼠真的出现了,可是,你们知道它们是怎样偷蛋的

吗？第一只老鼠躺在地上，第二只老鼠把蛋推到第一只老鼠的肚皮上，第一只老鼠便用四肢把鸡蛋夹紧，然后，第二只老鼠就咬着第一只老鼠的尾巴，连鼠带蛋拖回洞里。此情此景，大家都看呆了，完全忘了要打老鼠。

由此我们可以得到这样几个结论：

(1) 工作就像一条铁链，每个人都是其中一个环。

(2) 良好的团队配合比优秀的个人更重要。

(3) 配合有时候也是一种理解，主动的配合本身就是一种忘我。

(4) 个人力量正在被团队力量所取代。

素养面面观

▶▶ 一、不做团队中的"短板"

一只木桶能够装多少水取决于最短的一块木板的长度，而不是最长的那块——这个比喻似乎还可以继续引申一下，一只木桶能够装多少水不仅取决于每一块木板的长度，还取决于木板与木板之间的结合是否紧密。如果木板与木板之间存在缝隙或缝隙很大，同样无法装满水。例如，一家商店随着规模扩大，需要扩充人员，于是新招聘了十多名新人。经过岗前培训之后，这些新的员工被分别安排在不同的岗位上。一个月过去了，老板发现商店并没有出现预期的良好的销售局面，反而还不如以前没有招新员工的时候。老板非常疑惑，他派人进行深入调研，发现主要是因为这些新店员培训时间过短，素质参差不齐，尽管有一些适应能力强的新店员提升了商店的销售额，但还有一部分由于职业素养低下，业务能力有限，工作态度不端正等原因，造成商店在营销活动中连连出现失误，导致商店的服务质量及良好的信誉遭到破坏，并且这些职业素养稍差的店员在销售活动中因为服务态度不好还遭到投诉，最后造成相当一批老顾客的流失，使商店营业额的下降。

因此，一个团队的战斗力，不仅取决于每一名成员的能力，还取决于成员与成员之间能否相互协作、相互配合，这样才能形成一个强大的整体。一个人只有把自己融入集体中，才能最大限度地实现个人的价值，绽放出完美绚丽的人生。认识自己的不足，善于看到别人，尤其是同事的长处，是具有良好的团队协作精神的基础。

（一）高职院校学生团队协作现状

为了解高职院校学生团队协作现状，分别对在校高职学生、近五年毕业生及用人单位的人事主管进行问卷调查。在高职院校中共发出了 1 400 份问卷，收回有效问卷 1 070份；其中男生 510 人，占 47.7%，女生 560 人，占 52.3%；在企事业单位中共发出 120 份，收回 110 份，其中无效问卷 10 份，问卷有效率达到 91.7%。把收集到的数据进行分类统计，结果显示：在校学生及毕业生普遍认为高职学生缺乏与人合作的团队精神。随着"00后"的学生进入高职院校,独生子女的优越生长环境使得学生习惯于展现个性而非融入集体和团队。部分高职学生由于缺乏团队精神的培养,要么仅仅注重个人的发展,忽视团队的作用;要么缺乏个性,随波逐流,在竞争中被淘汰。这种现象在近年来更加明显地摆在了我们面前。

小孟从高职院校毕业后成为一家公司的业务员,最初的时候,他的销售技能和业务关系都非常好,因此他的业绩在全公司里是最好的。取得成绩以后,他就开始对别人指手画脚,尤其是对那些客户服务人员。本来这些客户服务人员非常支持小孟的工作,只要是他的客户打来的电话,客服就会马上进行售后服务。但是由于小孟动辄说"我给你们的饭碗,没有我你们都要饿死"一类的话,要不然就是说他的客户向他投诉这些客服人员服务不好等。时间一长,客服人员对他说的话置之不理,并通过行动来与他对抗。后来,凡是小孟的客户打来的电话,客户服务人员都一拖再拖。最后,这些客户打电话给小孟,并把怒火发到他的身上。由于后续服务不到位,小孟的续单率非常低,原来的客户也都被其他业务员抢走了。想一想,你身上也有这样的问题吗?

在高职院校当中,团队精神缺失主要表现在以下几个方面。

1. 凝聚力不强

有些学生表现出的问题包括合作、团结意识不够,纪律观念不强,个人利益至上,看问题和处理事情只从自我考虑,不从大局出发,对自己有利的就做,对自己无利的就不做,利大就做,利小就不做,不能从别人的角度思考问题,造成了集体的凝聚力不强。

2. 与人交往的关系淡薄

有的同学在人际交往与合作中,也以此为原则,不注重师生、同学之间感情的培养,轻义重利,以经济状况的贫富为标准,近则相交,远则相离,与己有利则亲近,无利则过于疏远,缺少互帮互助的热情,交往关系上过于淡薄。

3. 对团队活动的参与意识不够

高职校园活动是丰富多彩的,文艺、体育、科技等活动适应不同群体的学生参加并在其中得到锻炼。但是,从现在的实际情况来看,学生活动远不如以前好组织,其中除了社会的和工作方法的原因之外,不能回避的问题是:学生对国内外时事和校内外大事的关注不够。校院(系)演讲比赛等活动组织的难度增大,社团活动开展的不稳定性增强,等等,不同程度地反映出大学生群体参与活动的意识不够等问题。

某公司谭总曾讲过这样一个故事。在他的公司有一位员工,工作能力很强,但目中无人,不能和同事和睦地相处。这位员工说:"谭总,如果我辞职了,离开了你,离开了公司,你难道一点儿都不觉得可惜吗?"他回答:"是的,我会非常难受,因为我将失去你这样一个非常有能力的人,一个能为我创造绩效的人。但是,如果你伤害到我的团队,我一定会让你离开。"

由此可以得知,无论你的个人能力如何,作为团队中的一分子,如果不融入这个群体中,总是独来独往,唯我独尊,必定会陷入自我的圈子里,自然无法得到友情、关爱和尊重。所以高职学生要避免自己在这方面能力的弱势,既要有独立的个性,又必须融入群体中去,才能促进自身发展。

(二)没有人能独自成功

拥有协作能力的优秀人士,脸上经常带着丰富的表情,而且喜欢与别人相处,做起事来则充满干劲,对生命充满极大的热忱。但也有不少人,有人生目标却无生命的热情,平常态度冷冰冰,面无表情,令人不容易亲近,做事也提不起劲。团队如果没有互相交流和沟通,就不可能达成共识;如果没有共识,就不可能协调一致,也就不可能会有默契。

在工作中,我们有的时候总会有一点儿"小心眼儿",不喜欢把自己的成果和别人分享,仿佛别人会抢了我们的功劳。但我们却不曾想过:独木难成林,一个人无法干成大事。对于工作中出现的问题,人和人之间有不同的看法是正常的,争辩也是常有的事,但我们一定要学会坦诚、毫无保留地与对方进行沟通,这样才能避免误会的产生。

每个团队成员彼此间都会存在差异性,这是无法也无须改变的,只要发挥出自己的优势,形成一个团结的合力,成功就能随之而来。

> 有一个高职毕业生参加某上市公司的招聘,她的履历和表现都很突出,一路过关斩将一直冲到最后一关,最后一关是小组面试。这个女生伶牙俐齿抢着发言,在她咄咄逼人的气势下,这个小组的其他成员几乎连说话的机会都没有,她认为自己在面试的时候表现得很抢眼,被录取是十拿九稳的。然而,她落选了。该上市公司的人力资源部经理认为,这个女生尽管拥有很强的个人能力,但是很明显,她缺乏的是团队合作精神,招这样的人对公司的长远发展有害无益。在社会上做事情,如果只是单枪匹马地战斗,不靠集体或团队的力量,是不可能获得真正的成功的。这毕竟是一个竞争时代,如果我们懂得用大家的能力和知识的汇合来面对任何一项工作,我们将无往而不胜。
>
> (引自:辛海.团队为赢[M].北京:中华工商联合出版社,2007)

一家具有国际影响力的大公司的总经理接受记者采访时被问道:"贵公司在招聘员工时,最看重员工的什么素质?""我们有一套非常严格的招聘员工标准,其中最首要的是具备团队协作精神。若一名应聘者缺乏团队协作观念,他即使是天才,我们也不会录用。因为在现代企业中,需要不同类型、不同性格的人共同努力,团结奋进,把各自的优势发挥到极致。一家企业如果缺乏团队协作精神是难以成功的。"

▶▶ 二、团队是个人成功的源泉

秋天来临,当雁阵排成"人"字或"一"字斜阵飞翔在蓝天白云之间,不知你是否想过这样一个问题:大雁为什么要整齐地结队远翔?根据动物学家的研究,当大雁一只接着一只列阵飞行时,前一只大雁鼓动翅膀所带动的气流会让后一只大雁的浮力提升71%,这样越是飞在后面的大雁就越节省力气。而这只领头的大雁是整个队伍的第一只,它的前面没有前雁的相助,逆风而行,通常是最辛苦的。但并不是只有一只领头雁,只要第一只累了,就会有第二只、第三只……随时可以上前替补。途中,若有大雁受伤,飞在它前后的两只大雁就会留下来照顾它,绝不会让它落单,其他大雁继续朝目的地飞行。两只留下的大雁等待受伤的大雁恢复后,再组成新的"人"字形小队伍追赶前面的雁队。途中,它们也会再联合其他散雁,组成一个新的雁阵,实现它们飞往温暖南国的目标。如果有一只大雁想单独飞到一个遥远的地方去,根本就不可能成功。因为它不能忍受飞行的孤独,也忍受不了寒风的侵袭。只有形成一个完整的团队,才能保证每只大雁的生存,完成迁徙的飞行目标。当雁群休息的时候,有的寻找食物,有的负责站岗放哨,每只大雁都有不同的分工。大雁这种令人惊叹的团队精神,帮助它们历尽艰险,飞越千山万水,顺利到达目的地。

同样,竹子也给我们树立了很好的榜样。一般竹子有三大特点:首先它是群生的,一簇簇的。所以人们看到的往往是一片竹林,而不是孤零零的一棵竹子。对一棵竹子而言,如果没有依靠,没有支持,它面对的往往只有死亡。在社会中,单枪匹马的精神固然值得鼓励,但如果要想生存与发展,真正在事业上获得成功,就必须发挥团队协作精神,从团队中汲取力量。同时,团队就是为了团队中的每一个人的生存与发展而存在的,团队的重要性就在于此。

（一）适应社会发展的需要

现代社会,人们相互间的依存关系更为密切,分工更为细密,个人所掌握的知识和信息非常有限,因而对相互协作的要求也就更高。高职学生与人共事,要讲究团队精神。只会孤军作战的人已不适应今天的形势。因此,培养学生的团队精神,首先是适应社会发展的需要。

团队精神要求团队成员在准确定位的基础上相互协作,良性竞争。因此,团队精神建设对成员个性化的要求及认同自己社会角色的要求,与素质教育健全学生人格、塑造学生良好个性的要求是一致的。在长期的集体活动中培养团队精神,能创造出一种增加工作满意度的氛围,使人们创造性地工作和学习。另一方面,在这个知识和信息大爆炸的时代,通过发扬团队精神,既有利于个人获取更多的信息和知识,也有利于人们通过合作来共同创新和发展。社会心理学实验证实,团队作战能提高个人和团队的创新能力和工作绩效。

（二）适应自身发展的需要

现阶段,我国在校的高职学生,以独生子女为主。独生子女在成长的过程中受到较多的关爱,具有较强的自信心和自我意识。换言之,由于独生子女基本处于家庭的中心地位,往往使其自我中心意识更易膨胀,因而更缺乏与人团结协作的主动性,缺乏为别人着想和包容的精神。我们培养学生的团队精神,正是来弥补他们本身的不足。

团队时代为我们提供了一种全新的生活、工作方式。团队的工作方式,可以让我们的工作量大为减少,工作效率提高。与个人相比较而言,团队的优势决定了在做相同的事情时,团队更容易取得成功,而团队的成功也就是个人的成功。但是,团队的特点决定了团队成员必须在某些方面放弃一些东西。为了团队的纪律,我们有时候要牺牲一点自由;为了团队的利益,个别成员有时候要牺牲一点个人利益;触犯团队的规章,就要接受团队的处罚或者批评。那种甘于做出自我牺牲的精神是团队优秀员工所必须具有的。在一个团队中,有的时候由于处理不当或者工作失误,会使团队受到一些损失,甚至遭到一些失败的打击。本来,这是团队所有成员的责任,这时候就需要一些员工能主动站出来承担一些责任,减轻团队的压力,改变团队的尴尬处境。那些具有自我牺牲精神的员工,考虑到团队的处境,会勇敢地站出来,把责任承担起来,替其他同事受过。这一方面,减轻了团队成员的工作压力,另一方面也表现了一个优秀员工应该有的素质。

发明家爱迪生从拥有 18 名员工的小企业主成长为美国东部的工业巨头,他的个人协作能力起到了很大的作用。爱迪生是一个实干型的企业家,他的魅力主要体现在用巨大的工作热情感染员工。他干起活来废寝忘食,员工们也和他一样,这不仅因为有合理的加班费和慷慨的奖励,而且更重要的是大家都热爱自己的工作。没有一个人感到自己在为老板卖命,大家到这儿来,就是和老板一起干活。爱迪生是公认的天才,他喜欢在车间里,在"乒乒乓乓"的敲打声和刺耳的电锯声中开动他那非凡的大脑。他和工人们保持着交流,让他们参与每一项创造发明,人人都有机会展露自己的聪明才智。自我价值得到肯定,这往往比领薪水还快乐。这股干劲使企业生机勃勃,而企业蒸蒸日上的好形势又加倍激励着他们,爱迪生就是企业迅速扩张的良性循环的原动力。他的话不多,他从小就不是一个善于辞令的人,但他凭借协作能力征服了趣味相投的人们。他并不只是工作,还常常在车间开宴会,或者带着员工们去钓鱼。

一个人所到之处,认为任何事物都意味着幸福和快乐,每个人都善良和友好,每个人都彬彬有礼、乐于助人,那么他一定会感到很满足。相反,如果他充满怨恨和抱怨,对什么事都吹毛求疵、斤斤计较,根本感受不到生活的快乐,认为世界一团黑暗、冷漠无情,那么他只会压抑沮丧、闷闷不乐,甚至成为厌世者。要想建立良好的团队协作关系,自己首先要树立积极的心态,即使遇到了十分麻烦的事,也要乐观,你要对你的伙伴们说:"我们是最优秀的,肯定可以把这件事情解决好。"

人们对发挥团队精神的认识不仅仅是出于自然的本能,而且是依据自己所处的位置、面临的任务、形势的要求和自身的需要来做出抉择。一根筷子容易折,十根筷子折不断,这是我们从小就知道的道理。团结就是力量,团结就有凝聚力,团结就是生产力,团结就有战斗力。团结是团队精神的灵魂,团队精神是我们完成预期目标取得最大效益的法宝,是事业成功的保障。

▶▶ 三、团队协作是企业发展的基石

团队协作对企业发展同样重要。现今社会已经不再崇拜个人主义了,团队协作已经成为当今的一大发展趋势。一个好的团队可以影响一个企业的发展,而一个团队的内部协作出现问题,就可能导致公司的失败。

任何公司的发展和壮大都依赖员工之间的有效合作。当个人利益与团队利益发生冲突时,应以大局为重,而不是以自我为中心,在这个竞争的时代,集体主义比个人

主义更有效,公司的成功依赖更多的是团队的力量。尽管每个人所处的岗位不同,性格也各不相同,但需要明确的是,有一点是共同的,那就是为实现公司的整体目标而团结一致,共同奋斗。

一个企业仅靠个人的能力显然是难以生存的,唯有依靠团队的智慧和力量,才能获得长远的竞争优势与发展潜力。一个好的团队可以把企业中不同职能、不同层次的人集合在一起,找出解决问题的最佳方案,形成强大的战斗力。

可以说,团队是企业生存和发展的根本。如果企业员工不能形成团队,就是一盘散沙,就不会有统一的意志和统一的行动,更不会有战斗力和竞争力。

素养成长路

故事二则

故事一:林斌,某高职学生,来自偏远农村,家庭经济条件较差。在学校时就性格内向,独来独往,自己认定的事情就非干不可,为此常与同学发生争论。他瞧不起别人,别人对他也很疏远。他身边的同学有些也会刻意孤立他,贬低他,讲他的坏话,为此他感到很气愤,也很苦恼。在工作后他也出现了类似的问题,短短一年时间就换了三份工作。

故事二:韩刚很幸运,高职一毕业就入职一家地方报社。他积极学习业务,工作态度踏实,取得了非常好的工作业绩,可是知识分子集中的地方,有时候简单的事情也会变得复杂。工作八年后,韩刚还仍然是个普通员工,而跟他一起分来的同事,都纷纷坐上了主编或副主编的位子。再看看已经30多岁的自己,韩刚真是越想越郁闷。原来,韩刚是一个性格倔强的人,认为只要努力工作就一定会得到应有的回报,可是在一个人际关系密切的单位,单枪匹马的韩刚总是被遗忘。

韩刚的朋友帮他改变了两个不足之处:第一,只工作不合作。有一定的能力,又肯埋头苦干,工作的质量和效率都很突出,但是韩刚不愿与同事交流,只顾着干活,从不与同事之间有什么交谈和来往。第二,过分推销自己。韩刚在业务上投入了大量精力和时间,所以在业务上取得了非常好的表现,很喜欢在别人面前指手画脚,自吹自擂。这种品格很难获得好口碑。群众调查时,大家多半会把他的能力打个对折。而且,在任何场合都过分突出自己的人,必然容易忽略他人的感受,往往给人留下不尊重他人的坏印象。经过朋友的指点,韩刚认识到自身的不足,慢慢地融入了团队,加上他自身的努力,业务出色,几年之后,韩刚顺利地被晋升为副主编,而且还带领报社的业务骨干出去考察。

从上面两个故事中我们可以看出,如果不能把自己融入团队之中,必然会面临大家对你难以认同的局面。与同事合作,就要积极参与各种集体活动,积极与同事协商工作方法,听取意见和建议,分享工作成果。遇到困难喜欢单独蛮干,从不和其他同事沟通交流；好大喜功，专做不在自己能力范围之内的事，如果一个人以这种态度对待所处的团体，那么其前途必然是黯淡的。只有把自己融入团队中的人才能取得大的成功。融入团队必须先有团队意识，要想让自己善于合作，就要摒弃"独行侠""自视清高""刚愎自用"的思想和态度，代之以"团结就是力量"和"齐心协力"的团队意识。

▶▶ 一、学会与同事相处

（一）与同事相处的步骤

刚刚走出校园，参加工作，面对的第一个难题便是如何与同事相处。

在我们的周围，有着各种各样的人，他们不是静止不动的事物，而是一个个生动鲜活的和我们自身一样的需要别人关心、需要得到别人尊重与爱的人。"你希望别人如何对待你，你首先要学会如何对待他人"。

1. 真诚

在职场上，你与同事之间会存在某些差别，如专业技能、经历、性格，等等，这些会造成你们在对待工作和平时的交往上出现不同的看法。真诚地表达，把自己的想法说出来，听听对方的态度。你也许会说："我对别人真诚了，可是别人不对我真诚。"不要太在乎别人对你的反应。在乎得太多，做人办事就会觉得束手束脚。只要记住一条：自己问心无愧就好了。而且"路遥知马力，日久见人心"，时间久了，大家自然就会在心里形成一个印象："这个人很真诚""让他办事放心"。

2. 平等友善

步入新的环境，对许多事情都不了解，即使你各个方面都很优秀，即使你认为自己有能力解决手头的工作，也要虚心向有经验的同事请教，不要太张狂。要知道还有以后，你也许就会需要别人的帮助，所以，平等地做个朋友吧。另外，你还可以从对方那里得到他总结的"个人经验"，弥补自己的不足。

3. 保持微笑

微笑是办事的开心锁。即使是遇到了十分麻烦的事，也要乐观。不要把个人情绪带进工作中，要保证工作的正常进行，也要知道别人和我们一样每天都在"忙碌着""烦恼着"，也想寻求轻松和快乐。你可以对自己或对同伴说："我（我们）是最棒的，这件事一定可以解决。"

4. 有技巧地说"不"

同事之间"好人"难当，认为大家都是同事，于是帮这个帮那个，最终的结果，就是自己多做了许多工作，甚至是端茶倒水。当耳边又响起"嗨，帮我发份传真吧"，即使"不"字已经到了口边，最终还是咽了下去。同事们说起你来，常用"好人"代替。然而，却隐藏着些许轻视。

当别人要求你帮忙时，你实在不能说"不"，就告诉他：不巧正要处理一件事情，如果他愿意等待的话；不好意思，他的工作要"排队"，你做完自己的工作以后才可以帮他再做。运用你的幽默，亲切、友好地拒绝他的要求。"哇，老兄，上次的小费还没给呢。不如以后你的薪水我也帮你领?"让他感觉到自己要求的无理。

（二）职场相处的 15 个技巧

（1）无论发生什么事情,都要首先想到自己是不是做错了。如果自己没错,那么就站在对方的角度,体验一下对方的感觉。

（2）低调一点,低调一点,再低调一点。

（3）平常不要吝惜你的喝彩声（恰到好处的夸奖,会让人产生愉悦感,但不要过头到令人反感）。

（4）有礼貌。打招呼时要看着对方的眼睛。和年纪大的人沟通要用长辈的称呼。

（5）少说多做。言多必失,人多的场合少说话。

（6）不要把别人的好视为理所当然,要知道感恩。

（7）不要推脱责任（即使是别人的责任,也可以偶尔承担一次）。

（8）在一个同事的后面不要说另一个同事的坏话。要坚持在背后说别人好话,别担心这好话传不到当事人耳朵里。如果有人在你面前说某人坏话时,你要微笑。

（9）避免和同事公开对立（包括公开提出反对意见,激烈的更不可取）。

（10）经常帮助别人,但是不能让被帮的人觉得理所应当。

（11）对事不对人;对事无情,对人要有情;做人第一,做事其次。

（12）忍耐是人生的必修课。

（13）新到一个地方,不要急于融入其中哪个圈子里去。等过了足够的时间,属于你的那个圈子会自动接纳你。

（14）有一颗平常心。没什么大不了的,好事要往坏处想,坏事要往好处想。

（15）待上以敬,待下以宽。

▶▶ 二、明确职责,学会配合

团队是由不同的人组成的,团队中每个成员应明确分工。团队中的分工是为了有序、快捷地完成项目和工作任务,恰当分工是更好进行合作的首要任务。因此,作为团队中的一员,要明确自己的职责,做好自己的事情,并与同事配合,有条不紊,保证工作顺利进行。

我们知道一支足球队,前锋、中场、后卫及守门员首先要明确自己的职责,把自己的角色扮演好,担负起自己位置的责任,同时要与其他队友配合,大家团结一致,才可能战胜对手。

▶▶ 三、培养意识,做合作型员工

这里的意识是指团队意识,卓越的团队不需要提醒成员竭尽全力工作,因为他们很清楚需要做什么,他们会彼此提醒注意那些无助于成功的行为和活动。而不够优秀的团队一般对于不可接受的行为采取放弃或相互埋怨的方式,这些行为不仅破坏团队的士气,而且让那些本来容易解决的问题迟迟得不到解决。

一朵鲜花打扮不出美丽的春天,一个人先进只是单枪匹马,众人先进才能移山填海。"团队"就是"集体的协作",团队精神的真谛就是"合作",而团队合作就是力量,就是竞争力、战斗力。工作中要同心协力、互相支持、共同合作，成为一名合作型的员工。

> 　　曾经有三只饥饿的老鼠相约一起去某地偷油喝，到了目的地后，它们发现油缸非常深，而油却在缸底，这可难坏了它们，个个急得抓耳挠腮，却只能望着油缸解解眼馋。后来它们想到了一个好办法。通过测量，三只老鼠发现它们首尾相接的长度恰好比油缸边沿到油层的距离长出一些。于是它们决定排成一队，然后一只咬着另一只的尾巴，依次被吊下缸底去喝油。这样一来，大家都能喝到点油。它们约定：大家必须有福同享，谁也不可以有私自独享的想法，前面下去的一定要给后面下去的留下一定的油。最后，为了确保公平，它们又通过一种简单而公平的游戏决定了彼此之间的顺序。
>
> 　　三只老鼠开始了偷油行动。在游戏中首先胜出的小老鼠排在了第一位，它被同伴咬住了尾巴，然后第三只老鼠又咬住了第二只老鼠的尾巴，小老鼠很快就在同伴们的帮助下沿着缸壁吊了下去。吊下去之后，小老鼠闻到了浓烈的油香味，它忍不住在里面贪婪地喝了起来。它一边喝，一边贪得无厌地想：一共就这么一点点油，如果大家一起分，那都只能喝一小点儿，反正它们都排在我后面，倒不如我自己先喝个痛快！这样想着，小老鼠更加用力地喝着油。小老鼠喝油时传出的"咕咕"声以及喷香喷香的油味强烈地刺激着它身后的第二只老鼠，第二只老鼠一边看着小老鼠喝油一边想：油越来越少了，如果让前面的小老鼠喝光了，那我岂不是白忙一场？与其眼睁睁地看着它把油喝完，还不如我也下去痛痛快快地喝上一些，带着这种想法，第二只老鼠很快就松开了第一只老鼠的尾巴，纵身一跃，一头扎进了油缸，开始大口地喝起油来。在第二只老鼠往下一跃的同时，吊在最上方的第三只老鼠也怀着同样的想法跳进了油缸，因为它可不愿意白白地为两只伙伴"奉献力量"。这样，三只老鼠全都跳进了油缸里，它们一心想着尽可能地多喝一些油，不要让同伴抢走嘴边的美食。
>
> 　　其实，油缸里的油足够这三只老鼠喝个饱。等到三只老鼠个个喝得肚皮滚圆，心满意足地准备回家时才发现了自己的处境：油缸上面没有任何一个同伴接应自己，而自己全身的皮毛和脚爪都被油浸了个透，所以它们无论如何也不能爬出油缸。
>
> 　　几天以后，油缸的主人来到油缸旁边，把油缸里被活活困死的三只老鼠扔进了垃圾桶。
>
> 　　现代社会科技高度发达，社会分工越来越细，任何人都已经不可能在某个领域凭借一己之力取得很大的成就。正如这三只老鼠，合作则生，不合作则死。
>
> （引自：辛海.团队为赢[M].北京：中华工商联合出版社，2007）

素养初体验

▶▶ **【拓展活动一】 坐地起身**

一、项目类型:团队合作型。

二、道具要求:无须其他道具。

三、场地要求:空旷的场地一块。

四、项目时间:20~30分钟。

五、项目目标:让学生明白团队协作的重要性,并且体验团队协作中的具体内涵,总结团队协作的重要特点,从而培养学生团队意识和团队精神。

六、详细游戏规则:

1. 要求四个人一组,围成一圈,背对背地坐在地上;

2. 在不用手撑地的状况下站起来;

3. 随后依次增加人数,每次增加2人,直至达到10人。

在此过程中,教师要引导学生学会协作,共同完成动作,并坚持到底。

▶▶ **【拓展活动二】 蒙眼三角形**

一、项目类型:团队合作型。

二、道具要求:眼罩若干和绳子。

三、场地要求:空旷的场地一块,最好是草地。

四、项目时间:20~30分钟。

五、项目目标:通过蒙着眼睛,让大家迅速建立信任,并达成共识、共同的目标,大家团结互助,完成低难度活动,从而培养大家的团队意识和提高协作精神。

六、详细游戏规则:用眼罩将所有学员的眼睛蒙上,在蒙上前先观察一下四周的环境。然后,将双手举在胸前,像保险杠般保护自己与他人。目标是整个团队找到一条很长的绳子,并将它拉成正三角形,且顶点必须对着北方。完成时每个人都能握住绳子。

教师与学生一起讨论:

1. 回想一下活动中发生过什么事。

2. 你是怎么找到绳子的?

3. 你是如何拉正三角形的?

4. 想象和蒙上眼之前看到的差异大吗? 其他人当时的想法如何?

5. 你觉得绳子像什么?

6. 这个游戏和工作类似吗?

7. 游戏最有价值之处是什么?

8. 如果再玩一次你会怎么做?

钥　匙

一把坚实的大锁挂在大门上,一根铁杆费了九牛二虎之力,还是无法将它撬开。钥匙来了,它瘦小的身子钻进锁孔,只轻轻一转,大锁就"啪"的一声打开了。铁杆奇怪地问:"为什么我费了那么大的力气也打不开,而你轻而易举地就把它打开了呢?"钥匙说:"因为我最了解它的心。"

人生启示:

每个人的心,都像上了锁的大门,任你再粗的铁棒也撬不开。唯有关怀,才能把自己变成一把细腻的钥匙,进入别人的心中,了解别人。

第六单元

学会主动
获得先机之钥

凡先处战地而待敌者佚,后处战地而趋战者劳。

——孙子

若不审敌势,坐失良机,使兵心至于溃败。

——昭梿

单元介绍　名词解释

素养风向标

【案例】

没有人告诉他该怎么做

◎ 案例导读

本案例讲的是 M 在一家跨国企业的中国研发中心工作的故事,描述了 M 如何从一位刚毕业的大学生成长为一名成熟的公司部门经理。让我们一起来看看他成功的秘诀是什么。

◎ 案例描述

M 进入公司的研发中心时,负责新一代软件的开发。真正开始工作,他才发现摆在他面前的只是大概的资料,没有详细的岗位职责,没有人告诉他该怎么做,该用什么工具。和外国总部交流沟通,得到的答复是一切都要靠自己去做。

原来,该企业的企业文化的一个精髓就是员工要自己找事做。比如要测试一件产品,公司没有硬性规定测试程序和步骤,完全要根据员工自己对产品的理解,考虑产品的设计和用户的使用习惯,发现新的问题。每个员工都要充分发挥自己的主动性,这样既唤起了他们的责任感,又调动了他们的激情,从而设计出最令人满意的产品。

新员工到该企业不是先接受培训,而是"不管你会不会游泳,到这个游泳池你就被推下水,能游也得游,不能游也得学会游"。该企业高管说:"这样就形成了一种企业文化,来到这里就要潜心学东西,学好了就能生存,生存下来就要想怎样生存得更好,在这里没有人告诉你具体怎么做。"

M没有退缩,毅然挑起了开发工作的大梁,积极思考、主动自觉地去工作,他的努力得到了回报,很快成长为桌面应用部经理。

(引自:徐鹤隆.世界500强企业员工的12堂必修课[M].北京:华夏出版社,2008,有删改。)

◎ 案例分析

案例讲的是M的故事,M到世界知名企业就职,一般而言,对于大学生来说是一件充满自豪和骄傲的事,以为自己总算可以松口气,放松一下。恰恰相反,这个公司的企业文化是员工自己主动找事做,没有人会告诉你做什么,如何做,而是要靠自己去尝试探索。主人公M用自己的行动很好地诠释了这种主动精神,最终他也得到了回报。

◎ 案例交流与讨论

1. M的成功来自哪里?这种企业文化对你有什么启示?

2. 联系实际,谈谈员工个人的主动性都表现在哪里?

素养加油站

▶▶ 一、识读主动

一般来讲,主动就是指一个人的主动性,它是个体按照自己规定或设置的目标而行动,不依赖外力推动的行为品质,所以由个人的需要、动机、理想、抱负和价值观等推动。所谓工作上的主动性,是由个人意愿和能力所决定的,就是在工作中从我出发,从"要我做"到"我要做";从"要我学"到"我要学"。在没有人监督和要求的情况下,主动进行学习,活到老学到老,不断地获取知识,把知识运用到生活当中,从而创造更多的价值;在没有人监督和要求的情况下,主动地去完成自己的工作,不断地为企业创造价值。因此真正的主动性意味着在工作范围之外,提出一些有益于同事和整个组织的大胆的、建设性的建议。

最令人鼓舞的事实,莫过于人类确实能主动努力以提升生命价值。主动是什么?主动就是"没有人告诉你而你正做着恰当的事情"。主动,是一种态度,它反映着一个人对待问题、对待工作的行为趋向和价值取向;主动,是成功人士必须具备的一种重要品质;主动,是自己装有太阳能发动机的汽车,能够在直奔目标的同时积累新的能量。

▶▶ 二、主动与被动

主动的对立面就是被动,被动是一种等待工作的心态。被动的人,思想停滞,在思

扫一扫,看微课

维方式上比较刻板,处处以自己的想法或私利为中心。因此,被动的人,是消极的,冲劲不够,闯劲不够,压力不够,工作进取心不够。被动的人喜欢推卸责任,推诿扯皮,打"太极";对自己的责、权、利模糊,喜欢"等"着做或者守株待兔。碰到问题的时候,消极被动的人总会找人帮着决定,环境不好的时候,他们就会怨天尤人。他们总是在等待命运安排或贵人相助,很难主动推动事情的进展。

而主动是一种自觉行为。主动的人往往是积极的,会有高瞻远瞩的胸怀、统筹兼顾的办法,能全面地、深刻地、辩证地思考问题,因此往往能圆满完成工作任务;主动的人在思维方式上具有超前性和预见性,因此能以预防为策略,做好事前的预防和对意外事件的控制,制定周密而详尽的管理计划,采取科学的技术措施,实施有效的管理方法。因此,主动的人会勇于承担责任,主动与人沟通,并经常自我批评,喜欢"追"着事情干,并且具有协作与团队精神。

扫一扫,测一测

【案例】

化被动为主动,化解危机

唐朝时,吐蕃和回纥两国曾联合出兵,进犯中原。大兵三十万,一路连战连捷,直逼泾阳。泾阳的守将是唐朝著名将军郭子仪,他是奉命前来平息叛乱的,这时他只有一万余名精兵。面对漫山遍野的敌人,郭子仪知道形势十分严峻。

但吐蕃和回纥双方都想争夺指挥权,矛盾逐渐激化。两军各驻一地,互不联系往来。吐蕃驻扎东门外,回纥驻扎西门外。

郭子仪想乘机分化这两支军队,他在安史之乱时,曾和回纥将领并肩作战,对付安禄山。这种老关系何不利用一下呢?他秘密派人前往回纥中转达想与过去并肩作战的老友叙叙情谊之事。回纥首领药葛罗,也是个重视旧情的人。听说郭子仪就在泾阳,十分高兴。但是,他说:"除非郭令公亲自让我们见到,我们才会相信。"郭子仪听到汇报,决定亲赴回纥营中会见药葛罗,叙旧情,并乘机说服他们不要和吐蕃联合反唐。将领们怕回纥有诈,不让郭子仪前去。郭子仪说:"为国家,我早已把生死置之度外!我去回纥营中,如果能谈得成,这一仗就打不起来了,天下从此太平,有什么不好?"他拒绝带卫队保卫,只带少数随从,前往回纥营。

药葛罗见真的是郭子仪来了,非常高兴。设宴招待郭子仪,谈得十分热络。酒宿时,郭子仪说道:"大唐、回纥关系很好,回纥在平定安史之乱时立了大功,大唐也没有亏待你们呀!今天怎么会和吐蕃联合进犯大唐呢?吐蕃是想利用你们与大唐作战,他们好乘机得利。"药葛罗愤然说道:"老令公说得有理,我们是被他们骗了!我们愿意和大唐一起,攻打吐蕃。"双方马上立誓联盟。

吐蕃得到报告,连夜拔寨撤兵。郭子仪与回纥合兵追击,击败了吐蕃的十万大军。很长一段时间,唐朝边境无事。

职场之中,主动与被动差别巨大,主动的人在化危为安、解决问题的同时也为自己争取到更多的机会,锻炼了自己。主动的职场人让上司更放心地委以重任,让同事更愿意与之合作,可以获得更多的晋升机会,有益于事业的成功。而被动的人,

往往丧失好的机会,工作很难得到老板的赏识,也很难得到同事的认可,因而取得事业成功不易。

素养面面观

▶▶ 一、主动是走向优秀的秘诀

现代化的社会,赋予了人更多的主动决策的权利,需要你面对问题主动思考、不断创新,并且这个社会为我们提供更多机会及空间让我们选择要做什么、要怎么做……大多数人的工作不再是机械式的重复劳动,而是需要独立思考、自主决策的复杂过程。因此积极主动,在这个时代显得格外重要,它是一个人走向优秀的关键。一个人要取得人生的成功,尤其在事业上,就需要积极主动。

一位作家曾说:"世界会给你以厚报,既有金钱也有荣誉,只要你具备这样一种品质,那就是主动。"所以,要想在职场有所成就,就要先从做一名积极主动的员工开始。要做一名积极主动的员工,就要培养你的工作热情,对你的本职工作充满热爱;要学会主动服从,认真执行,并圆满完成任务;要主动负责,坚守自己的职责和使命,面对问题,绝不推卸责任;要敢于主动付出,不在乎自己多做一点;更要主动合作,敢于竞争,把团队的利益放在首位。

主动从本质上是源自内心的一种激情,引领我们热忱满怀地去竞争、去努力、去奋斗,驱使我们满腔热情地勇于进取、一往无前、决不退缩。从某种意义上讲,积极主动如同人生的太阳,它的光芒引领我们克服一个又一个困难,它给予我们动力,带领我们抵达一个又一个成功的峰顶,并且一直向着更远的目标、更高的山峰攀登!

▶▶ 二、你离主动有多远

某职业学院针对企业对高职学生就业能力的要求做了一个调查,调查显示,越来越多的用人单位认为,高职毕业生正确积极的工作态度和道德修养水平比专业技能更重要,现在越来越多的企业在招聘毕业生时把正确积极的工作态度作为最重要的因素进行考虑,道德修养水平也被用人单位认为是第二重要的因素。

在访谈中,用人单位表示目前大部分学生在言行上与企业的实际要求存在较大差距,企业往往在培训方面花费大量的人力物力,学生在追求较高报酬的同时,往往忽略了对等付出和多一点奉献的思考,不安心工作、频繁跳槽、不辞而别的现象越来越多。

团队合作精神和人际交往能力等也受到了用人单位的重视,重视程度几乎与专业基础技能持平。究其原因,在社会化大生产的条件下,无论是生产、管理或服务,工作岗位越来越需要团队合作和沟通,这是胜任工作的一个重要条件。

专业发展能力受重视的程度在受访企业看来排位比较靠后,这与企业类型的差异有关(表6-1)。在生产型的企业中,80%以上的高职毕业生在从事中职毕业生就可以胜任的普工岗位,或与没有学历教育的打工者处在同一个职业群。但在管理、服务型企业当中,或者在生产型企业的管理岗位中,高职毕业生的学习能

职业态度篇

力、创新能力、分析和解决问题的能力受重视程度相当靠前，是用人单位考虑的重要因素。

表 6-1　企业考察选用高职毕业生就业能力时的因素(%)

	选项	第一因素	第二因素	第三因素	提及率(合计)
专业基础技能	专业理论知识	3.3	2.6	4.2	10.1
	实践操作能力	15.4	16.3	17.8	49.5
社会适应能力	正确积极的工作态度	31	21.4	18.3	70.7
	思想道德水平	17.6	22.7	18.1	58.4
	团队合作精神	10.9	12.1	13.5	36.5
	人际交往能力	8.8	9.8	4.9	23.5
	心理素质	2.3	3.5	6.8	12.6
专业发展能力	学习能力	3.4	4.7	8	16.1
	创新能力	3.3	2.1	4.7	10.1
	分析和解决问题能力	4	4.8	3.7	12.5

在这个飞速发展的时代，人们拥有更多的选择机会，同时也面临众多的竞争。今天大多数优秀的企业对人才的期望是：积极主动、充满热情、灵活自信。所以，作为当代中国的年轻一代，你应该不再只是被动地等待别人告诉你应该做什么，而是应该主动去了解自己要做什么，并且规划它们，然后全力以赴地去完成。让我们看看今天世界上那些成功的人士，有几个是唯唯诺诺、被动消极的人？对待自己的学业和工作，你需要以一个母亲对孩子那样的责任心全力投入、不断努力。有了积极主动的态度，没有什么目标是不能达到的。

▶▶ 三、不做守株待兔人

有一个大家耳熟能详的故事：相传在春秋时期的宋国，一个农夫有一天在田里耕作，突然一只兔子跑过来，由于跑得太快了，一头撞在了树上，撞死了。农夫捡了一个大便宜，觉得这样挺好，什么也不做，就能捡到兔子。于是，他每天就坐在那棵大树旁，什么都不做准备再捡到兔子。结果大家都知道，田也荒了，兔子自然再也没有捡到。

为什么会有这样的结果呢？就是因为这个农夫把一次偶然的成功当成了一劳永逸。事实上，如果他不是只坐在树下等，而是主动出击，即使兔子跑得再快，也终有抓住它的机会。

当今的职场中积极主动性是衡量和考核一个人非常重要的指标，无论你是职场元老还是职场小白，积极主动都会让自己受益匪浅。如果你是职场小白，积极主动可以让你成长更快，得到认可；如果你是职场元老，即使担任要职，积极主动也可以让你更高效地推动工作，将自己的想法尽快落地；同时，更容易吸引别人与你合作。

积极主动包含两个层面：

1. 表象层面

表象层面即我们体现出来的对事情、任务的处理方式和态度,就是我们常常理解的当我们接到一个任务的时候,不拖延,主动弄清楚任务的背景、目的、要求,之后积极地开展行动,行动过程中,出现问题再主动地找领导沟通,主动召集相关的人讨论方案等,这就是表象层面的积极主动。

2. 逻辑层面

逻辑层面即表象层面以下的逻辑和推动力。表象层面的动作和行为,一定要有深层次的逻辑和推动力来支撑,人的任何行为都是如此。如果没有深层次的逻辑,那表现出来的行为就是凭感觉,凭一腔热血,这是很难持久的。

《高效能人士的七个习惯》中提道:

> 不要忽略人性最可贵的一面,那就是人有"选择的自由"(freedom to choose)。这种自由来自人类特有的四种天赋。除自我意识外,我们还拥有"想象力"(imagination),能超出现实之外;有"良知"(conscience),能明辨是非善恶;更有"独立意志"(independent will),能够不受外力影响,自行其是。
>
> 积极主动是人类的天性,如若不然,那就表示一个人在有意无意间选择消极被动(negative)。消极被动的人易被自然环境所左右,在秋高气爽的时节,就兴高采烈;在阴霾晦暗的日子,就无精打采。积极主动的人,心中自有一片天地,天气的变化不会发生太大的作用,自身的原则、价值观才是关键。如果认定工作品质第一,即使天气再坏,依然不会改变敬业精神。
>
> 消极被动的人,同样也受制于社会"天气"的阴晴圆缺。如果受到礼遇,就愉快积极,反之则退缩逃避。心情好坏建立在他人的行为上,别人不成熟的人格反而是控制他们的利器。

太多人只是坐等命运的安排或贵人相助,事实上,好工作都是靠自己争取而来的。采取主动并不表示要强求、惹人厌或具有侵略性,只是不逃避为自己开创前途的责任。在未来的职场中,是守株待兔还是主动出击,是我们必须要做的一个选择。

▶▶ 四、"主动"才可创造机会

在竞争异常激烈的当今时代,被动就会挨打,主动则可以抢先占据优势地位。我们的事业和人生不是上天安排的,而是需要我们去主动争取、去拼搏。在职场,有很多事情也许永远没有人会安排你去做,有很多空缺的职位永远都需要有人去争取。这就要看谁能把握住机会,主动去做,主动去争取。因为你主动,所以不但锻炼了自己,同时也为自己争取到了机会,积累了经验,积蓄了力量。但如果你不去主动争取,不去主动行动起来,等到什么事情都需要别人来告诉你时,你已经落伍了,机会已经溜走了,你想要的职位早已经被那些主动行动者捷足先登了。

所以,学会主动是为了给自己增加机会,增加锻炼自己的机会,增加实现自己价值的机会。社会、企业、职场只能给你提供舞台,而演出则要靠自己,能演出什么精彩的节目,有什么样的效果,决定权完全在你自己。

扫一扫,测一测

今天，人们对人才的定义已经发生了很大的变化，因为在现代化的企业中，大多数人的工作不再是机械式的重复劳动，而是需要独立思考、自主决策的复杂过程。著名的管理学家彼得·德鲁克曾指出："未来的历史学家会说，这个世纪最重要的事情不是技术或网络的革新，而是人类生存状况的重大改变。在这个世纪里，人将拥有更多的选择，他们必须积极地管理自己。"

要想在现代化的企业中获得成功，就必须努力培养自己的主动意识：在工作中要勇于承担责任，主动为自己设定工作目标，并不断改进方式和方法。此外，还应当培养推销自己的能力，在领导或同事面前要善于展示自己的优势。

每一个年轻人都要拥有一个积极、主动的心态，必须善于规划和管理自己的事业，为自己的人生作出最为重要的抉择。没有人比你更在乎你自己的事业，没有什么东西像积极主动的态度一样更能体现你的独立人格。

机会永远留给有准备的人

有一个名叫莉莉的女孩，她的父亲是有名的外科医生，母亲是一所大学的教授。她的家庭对她有很大的帮助和支持，她完全有机会实现自己的理想。从念中学的时候起，莉莉就一直梦想着当电视节目的主持人。她觉得自己具有这方面的才干，因为每当她和别人相处时，即使是陌生人也愿意亲近她并和她长谈，她知道怎样从人家嘴里"掏出心里话"。她的朋友们称她是他们的"亲密的随身精神医生"。莉莉常常在父母或是朋友面前说："只要有人愿意给我一个机会，让我在电视上一展身手，我一定可以成功！"

然而，莉莉为了这个理想做出了什么努力呢？其实什么也没有！她只是在等待，等待一个机会从天而降，正好砸在她的头上，然后，她一举成名，成为著名的电视节目主持人。莉莉就这么一直等啊等啊，但是天空依然静默，并没有掉下一个机会。

而另一个名叫婷婷的女孩，却实现了莉莉一直想实现的理想，成了著名的电视节目主持人。婷婷的成功之道正是因为她懂得"天下没有免费的午餐"，一切成功都要靠自己的努力去争取。她没有像莉莉那样，空等机会的出现。她白天去做工，晚上在大学的舞台艺术系上夜校。毕业之后，她开始谋职，跑遍了城市中每一个广播电台和电视台。但是，每个地方的经理对她的答复都差不多："不是已经有几年经验的人，我们不会雇用的。"

但是，婷婷没有放弃，她坚持走出去寻找机会。她一连几个月仔细阅读广播电视方面的杂志，最后终于看到一则招聘广告：有一家很小的电视台要招聘一名预报天气的女孩子。婷婷并不介意电视台有多小，她只是希望找到一份和电视有关的职业，干什么都行。于是，她抓住这个机会，前往面试。结果，她通过了考核，成为一位天气预报播报员。婷婷在那家很小的电视台一做就是两年，后来又去了一家较大的电视台。又过了5年，她终于得到提升，成为她梦想已久的节目主持人。

（引自：崔建中.没有完美的个人 只有完美的团队——向狼群学习团队法则[M].北京：北京理工大学出版社，2010，有删改）

> 机会有时会经过你的身旁，但更多的时候，它却披着隐身衣，等着你去寻找、发现，甚至是创造。不要凡事都守株待兔，更不要寄希望于"机会"。机会是相对于充分准备而又善于创造机会的人而言的。职场上的道理又何尝不是这样呢？

素养成长路

主动是一种宝贵的素质与美德，是优秀和平庸的分水岭。只要你具备这样一种品质，世界会给你以厚报，既包括金钱也包括荣誉。

扫一扫，看微课

▶▶ 一、积极主动勤为先

成功人生的原因虽然多种多样，但主动的积极进取却是许多成功人士的共同特点。积极进取体现在一个"勤"字上。"一生之计在于勤"，是先哲的遗训，更是被实践检验过的一条放之四海而皆准的真理。一个人要想学有所得，业有所成，就得使自己积极主动并勤奋起来。

人生中的成功，大多是始于主动、勤奋，成之于主动、勤奋。"书山有路勤为径，学海无涯苦作舟"，这是说读书人的勤；"六月炎天不歇荫，锄头底下出黄金"，这是说种田人的勤；"勤能补拙是良训，一分辛劳一分才"，这是说普通人的勤；"哪里有超于常人的精力和工作能力，哪里就有天才"，这是说聪明人的勤。主动、勤奋是点燃智慧的火把，是获取成功的法宝，是完善自我的捷径。主动、勤奋，是人们走向成功的共同经验总结。

终生主动、勤奋是一个艰辛的过程。在我们小时候的启蒙读物里，有一个铁棒磨成针的故事：著名诗人李白少年读书贪玩，学业没有长进。后来因为看到一个老奶奶在孜孜不倦地用铁棒磨针而备受鼓舞，从此勤奋求学，终于成为"诗仙"。要把一根铁棒磨成绣花针，自然非一朝一夕的工夫。因此，我们不要总是说自己耕耘了而没有收获，不要埋怨成功总是远离自己。在这种情况下，我们要扪心自问："我是否做到了主动、勤奋？"如果回答是肯定的，那收获就是早晚的事了。

在现代职场中，同样需要这种积极主动的勤奋精神。一个以薪水为个人奋斗目标的人是无法走出平庸的生活模式的，也从来不会有真正的成就感。虽然工资应该作为工作目的之一，但是从工作中能真正获得的东西并不是只有装在信封中的钞票。如果你忠于自我的话，就会发现金钱只不过是许多报酬中的一种。试着请教那些事业成功的人士，他们在没有优厚的金钱回报下，是否还继续从事自己的工作？大部分人的回答都是："绝对是！我不会有丝毫改变，因为我热爱自己的工作。"想要攀上成功之阶，最明智的方法就是选择一件即使酬劳不多，也愿意主动、勤奋地做下去的工作。当你主动、勤奋地对待自己所从事的工作时，金钱就会尾随而至，你也将成为人们竞相聘请的对象，并且获得更丰厚的酬劳。

职场上，主动、勤奋地去做老板没有交代的事情，并把这些事做好，你就能提升自己在老板心目中的位置，就会被调到更高的职位，获得更大的成功。

职业态度篇

在现代职场中，过去那种听命行事的工作态度已不再受到重视，积极主动、勤奋工作的员工将备受青睐。在工作中，只要认定那是要做的事，哪怕看上去是"不可能完成"的任务，都要敢于接受挑战，立刻采取行动，而不必等老板交代。

当今的时代是一个知识爆炸的时代，社会的发展和变化日新月异。要跟上时代的发展，要适应变化的要求，就得主动、勤奋，就得努力，否则就会落伍，就会被淘汰。所以，主动、勤奋不仅是现实生存的需要，也是未来发展的需要。主动、勤奋不仅是一日之计，一年之计，更是一生之计。

二、眼中有事，心中有谋

有一个高职毕业生刚来公司不久，培训了一个星期，从未见她提出什么问题，一直在办公室上网，一副百无聊赖的样子。问她的工作范围和职责是什么？她说："看大家在忙，不知道该干什么，领导没告诉我该干什么，所以只好上网了。"

主动性的基本构成要素是进取心，它会促使一个人主动去做他应该做的事，而不是总处于被动性的状态，等待领导吩咐后，才不得已而去做。具有强烈进取心的员工，总会积极主动地去做好本职工作，因此他工作时，不会有压迫感，而是享受到主动工作给他带来的快乐，有一种非常愉悦的感觉。而要想成为一个有进取心的人，首要的是必须克服得过且过、拖延时间的恶习，养成主动性、自发性的良好习惯。

但是在许多的企业中，很多员工常常要等领导吩咐要做什么事，怎么做之后，才开始工作，真可以说是拨一拨，转一转，不拨他不转。这样的员工没有一点主观能动性，缺乏主动做事的精神，不仅做不好事，而且也很难获得领导的认可。

服务生小刘的故事

一个阳光明媚的中午，一个喧嚷繁忙的餐厅。

"先生，有人招呼您了吗？"一个端着满满一托盘脏碟子的小伙子匆匆从我身边经过。

"还没有。我赶时间，给我一份沙拉和面包圈。"

"好的，这就给您拿来。您喝点什么？"

"可乐，谢谢。"

"对不起，我们只卖果汁，行吗？"

"那就柠檬水吧。"

我的餐点很快就来了。小伙子仍旧匆忙地在餐厅中穿梭。

过了一会儿，突然在我的左边有人直冲过来，长手臂越过我的右肩，你猜怎样？我的眼前出现了——一罐冰凉解渴的可乐！

"哇，谢谢你！"

"不客气！"小伙子又赶到别处去忙了。

我的第一个念头是："把这家伙挖过来！成为我的雇员！"他显然不是个一般的服务员。

我越是想到他做的那些额外的事，就越想找他聊聊。趁他注意到我的时候，我招手请他过来。

"抱歉，我以为你们不卖可乐呢。"

"没错，先生，我们不卖。"

"那这是从哪儿来的？"

"街角的杂货店，先生。"

我惊讶极了。

"谁付的钱？"我问。

"是我，才2元钱而已。"

听到这里，我不禁为他的专业服务所折服，但是我还有一个疑问——

"你忙得不可开交，哪有时间去买呢？"

小伙子面带笑容，说：

"不是我买的，先生。我请我的经理去买的！"

当时是中午就餐的高峰时段。他已经忙不过来了，但是，他注意到有位顾客没人招呼。尽管这位客人不在他负责的桌区。

——让他们去招呼吧，反正不是我管的。

——老板真是抠门死了，忙成这样也不增加点人手！

——为什么中午值班的总是我！！！

但这个服务生显然想的是：

我如何能帮上忙？

我如何为你提供更好的服务？

几个月之后，他不在这家店做服务生了，而是升任了经理。

这个服务生表现的正是作为一个职业人最重要的责任意识。面对餐厅混乱的局面，他没有抱怨"经理是怎么做的管理""为什么人手不够"，而是想"我能做些什么""我如何尽自己的能力改变现状"，在这样的思路指引下，他主动去多做事，为客户带来了方便，也为公司赢得了忠诚客户，同时也为自己的职场发展奠定了基础。

▶▶ 三、"分外"的事也要做

很多时候，领导安排的工作并不在明显的职责范围之内，在这样的情况下，是消极怠工，还是立即执行？当然是应该立即执行。

要站在领导和公司的立场上看问题，努力做好领导安排的每一件事情。要知道，领导为什么把不是你职责范围的事交给你做。说明领导相信你的能力，也可能对你进行考验。每一家企业，每一位领导都欣赏愿意勇挑重担、不讨价还价的员工。领导把不是你职责范围的事交给你做，是领导对你的重视和考验，从表面上看是实现了公司的近期利益，实则有利于你自己的长远利益。

不要满足于完成分内的任务。因为严格地说，单纯地执行任务，你只是一个"执行者"。只做上司吩咐的工作并不足够,乐于"多管闲事"才是高境界。付出多少,得到多少,这是一个众所周知的因果法则,一如既往地多付出一点,多做一些分外的事情。回报可能会在不经意间,以出人意料的方式出现。

如果你能比分内的工作多做一点,那么,不仅能够彰显你勤奋的职业素养,而且能发展一种超凡的技巧与能力,使你具有更强大的生存力量,从而摆脱困境。社会在发展,公司在成长,个人的职责范围也随之扩大。不要总是告诉自己"这不是我分内的工作"。做一些"分外"的事,会为你带来更多的机遇。

▶▶ 四、让主动成为一种习惯

在《高效能人士的七个习惯》这本著名的畅销书中,作者将积极主动列为七个重要习惯之首。当主动成为一种自觉、一种习惯,你就离成功不远了。

一般来说,主动性可以分为以下层次:

(1)不用别人告诉你,便能积极出色地完成自己的各项工作。

(2)领导安排任务后,才去做老板安排的职责范围内的工作。

(3)领导安排任务后,多次督促,迫于形势才去做。

(4)领导安排任务后,还需要告诉他怎么做,并且盯着他才去做。

显而易见,企业所希望的主动工作便是主动性的第一个层次,即不论领导是否安排,都能积极主动并出色地完成自己的工作。但是,在日常工作中,我们为什么常出现被领导认为是"缺乏主动性"的情况呢?原因可能有以下几点:

(1)自己的意见和领导不一致,又很少和领导及时沟通。自己和领导的意见不一致是很正常的事,这说明你和领导的想法有分歧,这就需要及时和领导沟通,多请示,早汇报,和领导的意见达成一致。不然,自作主张肯定得不到领导认可,又耽误工作进程。

(2)自己制定的工作标准低,没完成任务的借口太多。对每一件工作,领导的要求往往比较高,我们自己有时标准低一点也正常,问题是,当领导提出高标准时,我们要按领导的要求积极努力想办法完成任务,不要认为领导要求太离谱,太苛刻,不可能完成;或认为:我反正就这水平,要么领导另请高明。领导的要求高,对我们来说,既是一个锻炼学习的机会,又是一次自我挑战和升华。

(3)领导没给标准和时间,思想上松懈。领导之所以没给出任务完成的标准和时间,要么忘记了,要么还没考虑成熟,这不等于领导没有标准和时间意识,从而可以拖延办理。要记住,领导没给标准和时间,你自己要有标准和时间,并把你的理解向领导汇报,千万不能思想松懈。任何工作,能及时完成的尽量及早完成。

(4)工作中牵涉到人的配合,而别人配合不力,又不去催促,怕得罪人。我们的大多数工作都需要别人配合,要么是同事,要么是商业合作伙伴。如果别人配合不力怎么办?就要恳求或督促对方的配合,但是要注意语气,不能一副居高临下的样子,否则,只能欲速则不达,适得其反。

(5)认为领导安排的工作"不在我的职责范围内"而消极怠工。这是几种基本的"缺乏主动性"的情况及解决办法。事实上,领导都希望自己的员工能自觉主动地工

作，他绝不愿把员工变成工作的机器，只知道被动地接受指令；也不愿接纳没有头脑的员工，这样会使领导不得不分出精力去指导具体业务事项的进行。

一位领导曾说过：请示领导分派工作比顺从领导分派工作要更高一层，这是一种变被动为主动的技巧，它不仅体现了员工的工作积极性、主动性，还增加了让领导认识自己的机会。

工作积极主动就是：掌握领导的指令，然后加上自身的智慧与才干，把指令内容做得比领导预期的要完美；主动学习更多的与工作有关的知识，以便随时用在工作上；有高度的自律能力，不经督促，始终高效率工作；了解公司及领导的期望，认真地去完成每一个任务目标；准确进行自我定位，随时调整自我，去适应不同的工作环境。

差　别

两个同龄的年轻人同时受雇于一家店铺，并且拿同样的薪水。

可是一段时间后，叫刘可的小伙子青云直上，而那个叫陈松的小伙子却仍在原地踏步。陈松很不满意领导的不公正待遇。终于有一天他到领导那儿去发牢骚。领导一边耐心地听着他的抱怨，一边在心里盘算着怎样向他解释清楚他和刘可之间的差别。

"陈松"，领导开口说话了，"你现在到集市上去一下，看看今天早上有什么卖的。"

陈松从集市上回来向领导汇报说，今早集市上只有一个农民拉了一车土豆在卖。

"有多少？"领导问。

陈松赶快戴上帽子又跑到集市上，然后回来告诉领导一共40袋土豆。

"价格是多少？"

陈松又第三次跑到集市上问来了价格。

"好吧，"领导对他说，"现在请你坐到这把椅子上一句话也不要说，看看刘可怎么做。"

刘可很快就从集市上回来了。向领导汇报说到现在为止只有一个农民在卖土豆，一共40袋，价格如何计算；土豆质量很不错，他带回来一个让领导看看。这个农民一个钟头以后还会弄来几箱西红柿，据他看价格非常公道。昨天他们公司的西红柿卖得很快，库存已经不多了，他想这么便宜的西红柿，领导肯定会进一些的，所以他不仅带回了一个西红柿做样品，而且把那个农民也带来了，他现在正在外面等回话呢。

此时领导转向了陈松，说："现在你肯定知道为什么刘可的薪水比你高了吧！"

刘可和陈松的区别就在于一个主动为店铺考虑，为领导考虑，最终提高了工作效率，自己也从中受益；另一个虽没有消极怠工，但他只会本本分分地做好领导分配给自己的本职工作，不会主动思考，相比之下，孰优孰劣就泾渭分明了。可见，在职场中发展离开主动是不行的。

素养初体验

▶▶ **【拓展活动一】 无家可归**

一、项目类型:团队主动型。

二、道具要求:无需其他道具。

三、场地要求:一块空旷的场地。

四、项目时间:10~15分钟。

五、项目目标:启发同学认识到在人际互动中要积极主动,不能只是消极被动地等待,否则将无家可归,建立同学的主动意识,同时也让同学认识到集体归属的重要性,培养学生的团队意识。

六、游戏规则:

1. 请大家手拉手围成一个圈,指导老师站在中间。听到"开始"指令后,大家拉着手逆时针跑起来。

2. 指导老师说:"马兰花儿开。"同学问:"开几瓣?"

3. 老师答:"开 n 瓣!"(n可以是随意的数字),所有同学应立即主动寻找伙伴,组成一个正好有 n 个人的小组。

4. 没有主动找到伙伴的同学,将受罚表演节目(节目同学协商来定,比如可以用屁股在空中写字)。活动可重复进行,并变换数字 n 的大小。

▶▶ **【拓展活动二】 寻人行动**

一、项目类型:团队主动型。

二、道具要求:"寻人信息卡"(表6-2)、笔。

三、场地要求:一块空旷的场地。

四、项目时间:25~30分钟。

五、项目目标:通过"寻人游戏"让学生学习主动与别人交流,主动地交往,并增强同学之间的进一步了解。

六、游戏规则:

1. "寻人行动"要求学生根据"寻人信息卡"上的信息,在10分钟内找到具有该特征的人简单交流后签名。

2. 大家交流"寻人信息卡",看看谁的签名最多。主持人邀请有代表性的学生进行全班交流,如签名最多的和签名最少的。

3. 交流完毕后,主持人在全班梳理信息,请具有同一特征的人站立成一排相互介绍与交流。

表 6-2　寻人信息卡(例)

序号	特征	签名	序号	特征	签名
1	穿 39 码的鞋		16	戴眼镜	
2	会打乒乓球		17	补过牙	
3	有白头发		18	穿黑色袜子	
4	喜欢听古典音乐		19	喜欢唱周杰伦的歌	
5	去过北京		20	喜欢上网聊天	
6	骑自行车上学		21	当过志愿者	
7	身高 170 厘米		22	网络游戏高手	
8	妈妈是教师		23	有住院开刀的经历	
9	校运动会获过奖		24	体重 54 千克	
10	参加过爱心捐款		25	喜欢红色	
11	未来理想是当医生		26	喜欢爬山	
12	4 月出生		27	不是本地人	
13	色盲、色弱者		28	爱养小动物	
14	某学科的课代表		29	想报考外地大学	
15	擅长游泳		30	理科为强项	

注意事项：

1. 本游戏可以在陌生群体中进行,通过游戏让学生明白要学会主动交往与沟通,才能获得别人认可,并建立友谊。

2. 在一个特征的签名中可以签不止一个人的名字,看看谁签的名字多。主持人要求签名人进行确认,防止假、乱信息。

3. 符合同一特征的学生相互交流后,派一名代表做全班分享。

4. "寻人信息卡"中的信息根据学生的实际特点可以增减或改写。

【知识吧台】

积极主动的七个步骤

要达到积极主动的境界,我建议大家按照七个步骤,循序渐进地调整自己的心态,培养自己的习惯,学习把握机遇、创造机遇的方法,并在积极展示自我的过程中收获成功和快乐。

步骤一：拥有积极的态度，乐观面对人生。

心理学家早已发现：一个人被击败，不是因为外界环境的阻碍，而是取决于他对环境如何反应。埋怨不会改变现实，但是积极的心态和行动可能改变一切。

根据心理学家的统计，每个人每天大约会产生 5 万个想法。如果你拥有积极的态度，那么你就能乐观地、富有创造力地把这 5 万个想法转换为正面的能源和动力；如果你的态度是消极的，你就会显得悲观、软弱、缺乏安全感，同时也会把这 5 万个想法变成负面的障碍和阻力。

消极的人允许或期望环境控制自己，喜欢一切听别人安排，但在这样的情况下，他不可能拥有控制自己命运的能力，也无法避免失败的厄运；相反，积极的人总是以不屈不挠、坚忍不拔的精神面对困难，他的成功是指日可待的。积极的人总是使用最乐观的精神和最辉煌的经验支配、控制自己的人生；消极者则刚好相反，他们的人生总是处在过去的种种失败与困惑的阴影里。

步骤二：远离被动的习惯，从小事做起。

消极被动的习惯是积极主动的最大障碍，如果你从小就在消极、被动的环境下长大，你就更应该努力剔除自身所沾染的那些消极因素。

要改掉这个习惯，你就需要下定决心，每一件小事都要表达出自己的意见，就算你不是很在乎。例如，自己决定在餐馆点什么菜，自己决定自己的衣着打扮，周末时自己决定要去哪里玩，等等。你应该学会对自己的生活做合理的安排，而不是"别人怎样我就怎样"。当自己感觉"无所谓"，想依从别人的意见时，记得提醒自己，一定要把自己的选择展现出来。

遇到困难时，不要找借口，应该多想一想，有没有别的解决方案？能不能将问题分解开，一步一步地加以解决？或者，是否需要先提高自己在某方面的能力，然后再回头来处理这个难题？不要因为逃避而说自己没有选择或没有时间——没有人缺少时间，只不过，每个人分配时间的方式有所不同而已。

步骤三：对自己负责，把握自己的命运。

每一个人都有选择，都有机会，但是，先天和环境因素造成每个人的机会多少会有不同。所以，这个世界不是完全公平的。但如果你因为世界不公平而放弃了自己的机会和选择，那就是你自己的责任，就不能怪世界不公平。

"积极主动"的含义不仅限于主动决定并推动事情的进展，还意味着人必须为自己负责。责任感是一个很重要的观念，积极主动的人不会把自己的行为归咎于环境或他人。他们在待人接物时，总会根据自身的原则或价值观，做有意识的、负责任的抉择，而非屈从于外界环境的压力。

对自己负责的人会勇敢地面对人生。大家不要把不确定的或困难的事情一味搁置起来。比如，有些同学认为英语重要，但学校不考试时，自己就不学英语；或者，有些同学觉得自己需要参加社团锻炼沟通能力，但因为害羞就不积极报名。对此，我们必须认识到，不去解决也是一种解决，不做决定也是一个决定，消极的解决和决定将使你面前的机会丧失殆尽，你终有一天会付出沉重的代价。

步骤四：积极尝试，邂逅机遇。

在和学生交流的过程中，我发现，一些学生因为遇到一些挫折就丧失了奋斗的勇气。例如，有的学生因为应试教育在大学中延续而后悔念大学，有些学生因为专业不合适就虚度时光，还有的学生因为在研究生期间遇到种种学术上的难题而感到气馁……不知道大家有没有想过，这些都是可以直面的挫折，它们都需要你具有积极主动的态度。生命中随处是机遇，许多机遇就藏在一个又一个挫折之中，如果你在挫折面前气馁，你很可能会与自己的机遇擦肩而过。

步骤五：充分准备，把握机遇。

不要坐等机遇上门，因为那是消极的做法。屠格涅夫说："等待的方法有两种，一种是什么事也不做的空等，另一种是一边等，一边把事情向前推动。"也就是说，在机遇还没有来临时，就应事事用心，事事尽力。

如果被苦难或挫折阻挡，我们应该学习把挫折转换为动力，而不要一遇到困境就躲在阴暗的角落里怨天尤人，更不要在需要立即行动的时候犹豫不决。人生不能用这种消极的方式度过。我们终有一天要面对自己，对自己的生命负责。因此，我们必须在平时做好充分的准备，掌握足够的信息，以便在必要时做出最好的抉择，把握住稍纵即逝的机遇。

步骤六：积极争取，创造机遇。

当机遇尚未出现时，除了时刻准备之外，我们也应该主动为自己创造机遇。

有时机遇并不会主动出现，而是需要我们利用所拥有的能力和知识主动地寻找或创造机会，尤其对于大学生而言，往往能够通过不同的视角发现很多他人难以察觉的细节和市场需求，如果能将这些发现加以实践，就很可能形成自己独特的资源。很多知名的企业家，其最初的创业思路都是在大学时期所确立的。

步骤七：积极地推销自己。

在全球化和信息化的时代里，那些能够积极推销自我的人更容易脱颖而出。

在公司里，经常得到晋升机会的人，大多是能够积极推销和表达自己的、有进取心的人。当他们还是公司的一名普通员工时，只要和公司利益或者团队利益相关的事情，他们就会不遗余力地发表自己的见解、贡献自己的主张，帮助公司制定和安排工作计划；在完成本职工作后，他们总能协助其他人尽快完成工作；他们常常鼓励自己和同伴，提高整个队伍的士气；这些人总是以事为本、以事为先——他们都是最积极主动的人。

要想把握住转瞬即逝的机会，就必须学会说服他人，向别人推销自己、展示自己的观点。一般来说，一个好的自我推销策略可以让自己的人生和事业锦上添花。好的自我推销者会主动寻找每一个机会，让老板或老师知道自己的业绩、能力和功劳。当然，在展示自己时，不要贬低别人，更不可以忘记团队精神。

值得注意的是，善于展示自己并不是让我们改变性格，性格是很难彻底改变的，因此，在可能的情况下，我们可以尽量让内向的自己向外努力，尽可能地锻炼自己，以便在恰当的、合适的时候抓住机会，成就更好的职场自我。

第七单元
学会坚持
超越平凡之道

立志不坚,终不济事。

——朱熹

锲而舍之,朽木不折;锲而不舍,金石可镂。

——荀子

单元介绍　名词解释

素养风向标

【案例】

成功没有秘诀

◎ 案例导读

本案例通过一个普通人坚持不懈的故事,讲述了坚持在人生中所具有的重要意义。

◎ 案例描述

她14岁时,在湖南益阳一个名叫衡龙桥的小镇卖茶,1元钱一杯。茶水盛在一个透明的杯子里,上面盖块方方正正的小卡片遮挡烟尘。那时,小镇上的农贸市场人来人往。她的茶水摊就设在市场旁边。因为她的茶杯比别人大一号,所以卖得最好。没人清楚1元钱一杯的茶水一天下来究竟能收入多少,大家看到的,只是她总在欢天喜地地忙忙碌碌。

她17岁时,原来的同行要么嫌卖茶收入太低而早早鸣金收兵,要么赚点钱赶紧转行另谋出路。唯有她,还在卖茶。只是,她不再在小镇上卖了,而是把摊点搬到了益阳市里。不卖最简单的从大茶壶里倒出的茶水,却卖当地特有的"擂茶"。擂茶制作起来很麻烦,但也卖得出价,小杯3元,大杯5元。而不管大杯小杯,她的杯又是比旁人的大小杯都要胖一圈。所以她的小生意总是忙忙碌碌的。

她20岁时,居然仍在卖茶。不过卖的地点又变了,在省城长沙,摊点也变成了小店面。屋子中央摆着一个根雕茶几,客人进门,必泡上热乎乎的茶请你品尝。客人在尽情享受后出门时,或多或少会掏钱再拎上一两袋茶叶。

不知我们中间有几个人能把一杯杯茶水坚持卖十年之久?何况在如今风起云涌的商界,总是不时冒出各种各样快速致富的神话。但她做到了,长达10年的光阴她始终在茶叶与茶水间打滚。只是,她已经拥有了37家茶庄,遍布于长沙、西安、深圳、上海等地。福建安溪、浙江杭州的茶商们一提起她的名字,莫不竖起大拇指。这年,她24岁,事业有成的她,甜美的笑容在一本知名财经刊物的封面上格外灿烂地绽放。在照片下面有行文字:我的成功没有秘诀,只不过是一条道走到底。

◎ 案例分析

成功没有秘诀,只不过是一条道走到底。在每个普通人的人生路途中,只有不断地坚持,克服各种难题,才能成为强者,才会拥有成功。

◎ 案例交流与讨论

1. 她成功的秘诀是什么?

2. 坚持不懈地深耕茶叶这一产品带给了她什么?

3. 你能从中体会坚持不懈的魅力吗?

扫一扫,看微课

素养加油站

▶▶ 一、识读坚持

坚即意志坚强,坚韧不拔;持即持久,有耐性,坚持是意志力的完美表现。坚持到底,一点也不松懈,形容做事持之以恒。坚持一词出自《清史稿·刘体重传》:"煦激励兵团,坚持不懈,贼穷蹙乞降,遂复濮州。"坚持,是一个持续的过程。想成一事,必从小事开始,积少成多。正所谓:不积跬步,无以至千里;不积小流,无以成江海。有些人做事是怕失败,为了不失败而坚持。有些人做事是为了成功,为了成功的目标而坚持。但是坚持的结果都是成功。因此坚持常常是成功的代名词。

一位哲人曾说过:"耐力就是能力,坚持就是胜利。"人的一生是要经历一次次的挫折与失败。有的人把挫折视为磨刀石,学会了坚持,挖掘出自身潜力,激发出无穷动力,从而实现了自己的理想。有的人则自叹命运不济,甘于退缩,轻言放弃,结果人生之舟永远不能达到理想的彼岸。学会坚持是一种理智,是一种豁达,是一种境界,是人生的一种升华和选择。学会坚持需要胆略和勇气,需要决心和信念。在人生的征程上,只要站起来比倒下去多一次就是成功。学会坚持才会成为强者,学会坚持才会拥有亮丽的人生。

▶▶ 二、成功没有秘诀

从毛毛虫蜕变成蝴蝶,是一个艰难的、痛苦的过程,但它并没有因此而放弃,而是凭着坚持不懈的精神,最终赢得了美丽;蚌壳里钻进了一粒细小的沙粒,使它不断地分泌汁液,这种过程是一种折磨,是一种煎熬,但它并没有向困难低头,而是凭着坚持不懈的精神,一层一层地包裹着这粒细小的沙,最终它孕育出了绚丽夺目的珍珠。人生不会总是一帆风顺的,总会面临许多挫折。面对挫折一般人们有两种选择,一种人选择消极的逃避,也许他可以逃避一时,但最终的受害者是自己;另一种人则是迎难而上,愈挫愈勇。于是,他们的命运也在不知不觉中被定格了。

荀子在《劝学》中说:"骐骥一跃,不能十步;驽马十驾,功在不舍。"说的就是坚持的重要性。一匹骏马虽然脚力非凡,然而它只跳一下,最多也不能超过十步,这就是不能坚持所造成的后果;相反,一匹劣马虽然脚力不如骏马,然而它若坚持不懈地拉车走十天,照样也能走得很远,它的成功就在于走个不停,也就是坚持不懈。这和龟兔赛跑的故事是一样的:兔子腿长、敏捷,跑起来比乌龟快得多,无论怎样也应该是兔子赢得这场比赛。然而结果恰恰相反,最后的胜利者却是乌龟。因为兔子骄傲自满、自高自大,自恃腿长、敏捷、跑得快,以为稳操胜券,跑了一会儿就在路边酣然入睡。而乌龟则不同,它没有因为自己的腿短,爬得慢而气馁;相反,它却更加锲而不舍地坚持前行,一爬到底,最终赢得了比赛。

纵观古今中外的历史,许多杰出人物几乎都是在走过艰辛、漫长的勤奋之路后,最终才攀上了人类文化的高峰:司马迁写《史记》用了 13 年;李时珍写《本草纲目》用了 27 年;达尔文写《物种起源》用了 28 年;哥白尼写《天体运行论》用了 30 年。马克思写《资本论》用了 40 多年,他生前只出版了第一卷,第二、三卷还是在他逝世后由恩格斯等人整理出版的,可谓是耗尽了毕生的精力。我国当代科学家袁隆平培育水稻良种,也是几十年如一日,持续不断地奋斗才获得成功的,没有毕生的坚持,就很难取得辉煌的成果。

"水滴石穿,绳锯木断",这个道理我们每个人都懂得,然而为什么对石头来说微不足道的水能把石头滴穿?柔软的绳子能把硬邦邦的木头锯断?说穿了,这还是坚持。一滴水的力量是微不足道的,然而许多滴水坚持不断地冲击石头,就能形成巨大的力量,最终把石头冲穿。同样的道理,绳子才能把木锯断。

当今的时代是一个知识爆炸的时代,社会的发展和变化日新月异。要跟上时代的发展,要适应变化的要求,就得学会坚持,否则就会落伍,就会被淘汰。在我们现在的学习生活中,一定要学会坚持,只有坚持才能取得成功,只有坚持才能走向胜利。所以说,坚持就是胜利。

【拓展阅读】

"清华神厨"是怎样炼成的

《坚持的力量》是清华大学的英语神厨张立勇于 2009 年 10 月出版发行的一本书,荣获冰心儿童文学奖、北京市第二届优秀图书奖,被教育部、团中央、新闻出版署评为全国青少年最喜欢的图书,入选国家新闻出版署向全国青少年推荐的百部优秀图书。该书描述了张立勇如何坚持不懈从一名京城务工农家子弟成为清华大学"英语神厨"的过程。

1992 年秋，高二开学刚刚一个月，因为家庭经济原因张立勇被迫辍学了。他曾经对父母许诺以后再想办法，其实他自己也不知道以后还有没有机会再走进校园，重拾心爱的课本了。张立勇怀揣几本高中课本南下广州，开始了他的打工生涯。在每天 12 小时的流水线工作后，他依然会拿起英语课本，对照包装箱上的英语学习几个单词。

1996 年 6 月，不想浪费时间的张立勇通过一位亲戚的介绍来到北京，成为清华大学食堂的一名切菜工。这对他而言，是一个可以边工作边学习的好地方。尽管待遇要比广州低一些，但是张立勇说："只要能维持我的学习和生活，有一个氛围和环境让我学习，就足够了。"能在清华读大学是张立勇曾经的梦想。如今，这个梦想实现了，虽然他是以另一种身份跨进了这座象牙塔，但终归站在了清华园的这片芳草地上，就像触摸着它温热的肌肤一般，与它一同呼吸，一同生长……

的确，对张立勇而言这真是一个如鱼得水的好地方，张立勇说："只要能维持我的学习和生活，有一个氛围和环境让我学习，就 OK 了，That's enough，足够了。"清华大学校内一间四平方米的小屋就是张立勇的住所。张立勇每天早上四点多起床，每天坚持自学七八个小时，有时候学到凌晨一两点。无论是寒冬腊月还是酷暑炎夏，他对英语的学习从来没有中断过。在自己的床头，张立勇用毛笔写着"克己"和清华的校训"行胜于言"，以告诫自己不许偷懒。

食堂规定，在给学生卖饭之前，厨师们先吃，吃饭时间只有 15 分钟，结果张立勇在 7 分钟吃完饭，余下 8 分钟躲到食堂后面一个放碗柜的地方背英语课本，张立勇用各种方式坚持着，方便面的包装袋、调料包上的中英文对照都成为他的学习资源。张立勇在卖饭的时候练习英语，以锻炼自己的胆量。"张立勇在清华食堂期间，自学英语 10 年，通过全国大学英语四、六级考试，托福考了 630 分，被清华学生称为"馒头神"。

他的事迹曾被新华社、《人民日报》《中国教育报》、中央电视台、美国《世界日报》、英国《金融时报》、新加坡《联合早报》等多家媒体采访报道。日复一日的坚持帮助他改变了人生的走向，终获成功。

【小提示】从这个故事中可以发现：成功没有秘诀，贵在坚持不懈。任何伟大的事业，成于坚持不懈，毁于半途而废。其实，世间最容易的事是坚持，最难的事也是坚持。说它容易，是因为只要愿意，人人都能做到；说它难，是因为能真正坚持下来的，终究只是少数。巴斯德有句名言："告诉你使我达到目标的奥秘吧，我唯一的力量就是我的坚持精神。"学校生活如此，职场生涯如此，人的一生又何尝不是如此？

丘吉尔在剑桥大学演讲时，有人问他成功的秘诀是什么，他回答道，"我成功的秘诀有三个：一是，决不放弃；二是，决不、决不放弃；三是，决不、决不、决不放弃"。要确定适合自己的奋斗目标，并给自己的人生进行准确的定位，切忌好高骛远，不切实际。一旦目标确定，就要坚持不懈，不要轻言放弃。人生中最应该把握住的信念只有一种，那就是把长远的计划付诸现实，将眼前进行中的事情做好，踏踏实实地走好每一步，不

扫一扫，测一测

要怨天尤人。记住：目标无捷径，更不能速成，要从切实可行的基础做起，脚踏实地，坚持不懈，才能实现自己的目标。

素养面面观

▶▶ 一、坚持不懈、终有所成

有这样一个寓言故事，从前村子里有两个人，小明和小涛。有一天他们俩拿同样工具来进行挖井比赛，他俩用同样的工具，看最终谁先挖到水。

小明接到工具后，二话没说，便脱掉上衣大干起来。小涛稍做选择也大干起来。两个小时过去了，两人都挖了两米深，但都未见到水。小涛断定自己选择错误，觉得在原处继续挖下去是愚蠢的，便另选了一块地方重挖；小明仍在原处吃力地挖着。又是两个小时过去了，小明只挖了一米，而小涛又挖了两米深。小明仍在原处吃力地挖着，而小涛又开始怀疑自己的选择，就又选了一块地方重挖。又是两个小时过去了，小明挖了半米，而小涛又挖了两米，但两人均未见到水。这时小涛泄气了，断定此地无水，他放弃了挖掘，离去了；而小明此时已经体力不支，但他还是坚持在原处挖掘，在他刚把一锹土掘出时，奇迹出现了，只见一股清水汩汩而出。

比赛结果，小明获胜。

这个故事告诉我们成功需要认定一个目标坚持不懈。

关于这个实验的真实性我们无从考证，也无须考证。我们只要明白并牢记故事告诉我们的道理就足够了。当然，和其他的故事一样，这个故事也蕴含着很多道理。但很浅显、也很简单直接的道理就是：坚持到底就是胜利。

▶▶ 二、高职生的人生发展需要坚持的力量

坚持到底就是胜利，这是一个亘古不变的真理。古往今来，凡成大事者，莫不都是在失意的时候能够坚持到底，才迎来成功的那一天。那些做一天和尚撞一天钟，得过且过的人是很难成功的。而今学生从小吃苦的越来越少了，做事情往往心浮气躁，缺乏毅力，不能持久。高职学生需要专业精神、职业精神和工匠精神，而这些精神都需要坚持不懈，甘于为一项技艺的传承和发展付出毕生的精力和才智。何为"工匠精神"？就是工匠对自己的产品精雕细刻，精益求精的精神理念。具体来说，就是工匠们不断雕刻自己的产品，不断改善自己的工艺，永不言败，永不放弃，对产品，对自己精益求精的精神。其力虽微，却可以长久造福于世。

有人说人生就像是一条永无止境的跑道，每个不同的人生阶段都面临着长短不一的赛程。生活中每个人在跑道上都有起点，但并不是每个人都能够抵达胜利的终点。因为不是所有站在跑道上的人都具备坚持不懈的精神。某高职院校老年康复专业的某毕业生在上海工作，三个月内换了三份工作，原因是嫌工作枯燥乏味，又脏又累又闹心，结果呢，一年过去了，仍处于待业状态。很多参加自考的学生总是犹豫不定，这山望着那山高，不停地改报专业，希望寻找快捷方式早日拿到一张文凭，结果三年了也只

过了两门公共课……

现代社会的生活节奏越来越快,五光十色的诱惑越来越多,面对生活,面对压力,我们难免变得盲目,变得焦躁不安。但仔细反省一下,就不难发现这些浮躁现象的背后,暴露出我们精神世界的贫乏,凸显出我们内心定力的不足,暴露出我们意志品格的薄弱。

世界在飞速发展,生活在与时俱进。但我们仍然还需要坚持一些东西:人生的信念需要坚持,宝贵的生命需要坚持,终身的学习需要坚持,必要的工作需要坚持,纯洁的爱情需要坚持,美丽的梦想需要坚持……没有科学工作者对科学研究的坚持,就没有一个个科学发明;没有农民辛苦劳作的坚持就没有丰收的硕果;没有工人师傅严格规范的坚持就没有优质的工业产品……每个行业,每个领域乃至每个人的人生,要想成功都离不开坚持,每一条成功的路上,留下的都是一串串坚持不懈的足迹。

当然,坚持不是盲目地蛮干,更多时候,坚持表现为渗透了智慧的执着;坚持也不是顽固不化,而是一种坚定的信念,是一种崇高的追求,更多时候表现为一种义无反顾,不屈不挠的精神。

因此,作为高职学生和职场新人,更应该定位好自己的人生,找准位置,坚定信念,既不朝秦暮楚,也不浅尝辄止,更不轻言放弃。如果我们心无旁骛地朝着理想的目标迈进,无论遇到什么挫折,都能够勇敢地坚持下去,我们就会有意想不到的收获。

不要太羡慕别人取得的辉煌成就,应该更多地学习别人成功背后的那种坚持不懈的精神。在人生的跑道上,不要幻想能够投机取巧,因为成功没有所谓的快捷方式,如果一定要找一条捷径,那就是你永不放弃的坚持精神!

天行健,君子以自强不息。我们要努力追求进步、发奋图强、永不停歇。我们的世界是精彩纷呈的,我们要做的事情繁多复杂,要做成任何一件事,都要付出艰辛的劳动,如果没有锲而不舍的勇气,注定一事无成。相反,如果你能抱着坚持到底就是胜利的信念,情况就会有改观。因为事业的成功与否,关键在于你是否有不折不挠的斗志,是否有锲而不舍的精神!

扫一扫,测一测

职业态度篇

故 事 二 则

故事一:南方某个高山村庄,村民世世代代为吃水所苦,需要到很远的山下背水,姑娘都不愿嫁到这个穷村。然而该村却有一位不识字的老人突发奇想,要在村后挖洞取水,他被村里人讥笑为精神不正常。老人不为他人耻笑所动,一人挖洞不止,数年无功,用尽积蓄,还得了一身疾病。但老人坚信一定会挖出水。后来他又把打工的儿子从城市里拉了回来,与自己一起继续愚公移山的事业。最后竟然真的挖出水了,从此结束了该村没水吃的历史。有人建议老人收费卖水,但老人坚决不答应,他说我找水不是为了卖钱。后来他在乡政府的帮助下,让村民用上了自来水,村民无不佩服、感恩。

故事二:烟台市某个高山村,世代缺水。一位青年村民因做生意小有成就,当上了小老板,就动了为乡亲们义务打井的念头,全村人无不欢欣鼓舞。可是连打了数眼井,全是干窟窿,资金用尽,一无所获,他觉得脸上无光,一病不起,甚至连大街都不敢上了,怕见乡亲们。后来他重整旗鼓,自己去贷款继续打井不止,最后终于如愿以偿,打出了甘甜的井水,解决了困扰全村数代人的吃水问题。

这两个挖井人,都是文化不高的农民,一个老人,一个青年。前者虽不能识文断字,且至暮年,然不坠青云之志,败而弥坚;后者虽为老板,依然心怀乡梓,报恩之心不渝。他们所做的事情与现代工程相比,实在是不足挂齿,但其精神价值却无法估量。他们两人非常相似,为了乡亲们吃水问题而挖水和打井,在过程中都遇到了挫折,但他们并没有灰心停止不前,而都是坚持下来,终于打出水。世界上的许多事情能否成功,并不在于一个人有多大的力量,而在于有多大的恒心,只要坚持不懈,终会有所成就。

也许,我们可以把职场比作一块土地,把我们自己比作是职场的"挖井人"。要做一个成功的挖井人,必须要有锲而不舍的毅力。如果我们向故事二则中的老人和青年学习,那么无论职场多么艰难,你最终也会获得成功。

愿我们每一个人都做生活中锲而不舍的挖井人!

素养成长路

我们从小就听过"小猫钓鱼"的故事。小猫在钓鱼的时候看到蝴蝶、蜜蜂,便放下手中的事去嬉戏,最后一条鱼也没钓到。但当它一心一意钓鱼时,却收获不少。这实在是世上最简单的道理,然而,能做到的人却少得可怜。

怎样才能坚持到底呢?下面几条建议也许能给你一点帮助。

▶▶ 一、树立明确的目标

目标明确,人们的行动才会有方向,目标才会产生强大而又稳定的吸引力。有些人虽然有获得财富和成就事业的愿望,但缺乏明确的目标来表达这种愿望,体现这种愿望,从而不能使思想、行动集中在固定的目标上,工作的效率很低,时间一长,很容易丧失毅力,丧失信心。明确、具体的目标,使人们的毅力大为增加,这主要是由行动的效率和目标的吸引力而产生。另外,目标的价值大小,与毅力也很有关系。有的目标价值不大,甚至没有价值,人们就不可能有太多热情去做这件事。因此,对这样的事情也就很难有毅力。在做一件事情之前,一定要清楚一件事情价值的有无、大小。必须优先选择那些有价值,并且价值大,且有长远价值的事情去做。这样,人们才会对目标有热情,从而保证有毅力。有人对所确立的目标价值估计不足,匆忙干一件事情,但在干的过程中,又对所做事情的价值产生怀疑,以至于热情降低,精力不集中,思想不专注,工作深入不下去,没有太大进展,对完成这件事情没有足够的毅力。

二、积跬步以致千里

目标容易树立,但必须有切实可行的计划做支撑。只有对目标制定出具体可行的计划,人们才能按照计划行动,否则,人们仍然是茫然的。有了计划,人们就会按照计划,有条不紊地各司其职,在什么时间干什么事情。一切经过精心的规划和设计,就会心中有数,工作才会有效率,对所干的事情才会有信心、有毅力。

青 蛙 与 海

青蛙很想看看海是什么样子。它去问鹰怎样才能看见海。

鹰说:"哦,这很容易,只要你登上前面这座高山,就能看见海了。"

"天哪,那么高的山!"青蛙仰起头,吓得吸了一口冷气,"我既没有像你那样有力的翅膀,也没有像鹿那样善跑的长腿,这么高的山,我怎么上得去呢?"

"是啊,这山的确太高了。不过,除此之外,再没有别的办法了。"鹰说完,展翅飞走了。

青蛙很沮丧,正要准备回去,一只松鼠跳到了它面前问:"你叹什么气呀?"

青蛙回答说:"我想上山去看海,可这山太高了,我上不去。"

"这石阶你能跳上去吗?"松鼠说完,跳上了一个石阶。

"这有什么不能。"青蛙说着,也跟着跳了上去。

就这样,青蛙跟着松鼠一级级跳石阶。它们累了就在草丛中歇会儿,渴了喝点山泉水。不知过了多少天,它们终于跳完所有的石阶,到了山顶。大海展现在它们眼前。

正在山顶歇脚的鹰看见青蛙,十分惊讶地问:"你不是说你登不上这么高的山吗?"

"是啊。"青蛙回答,"你让我登高山,我连想都不敢想。但松鼠教我跳石阶,却是我能做到的。"

我们每个人心中都会有高远、美好的梦想,千万不要整天为了不可企及的目标和梦想长叹,要学会从力所能及的事情做起,每迈一步你都正在向着那个目标和梦想接近,随着时间,美好梦想的实现便近在眼前。

当然,有了计划,就要积极行动,这就犹如登山,不要站着不动,不要为眼前的高山所吓倒,唯一应该做的事情是在选择登山路径之后,就立即行动,只有行动才能缩短攀登者与山顶的距离。多走一步,就会多一份信心,就会多产生一份毅力,也就多一份成功的机会。因此,要坚持到底,就要行动,不停地行动!

三、不抛弃、不放弃

光荣,始于平淡;艰巨,在于漫长。长篇小说《士兵突击》中的主人公许三多的坚持让我们感动。许三多这样一个连杀猪都不敢看的"胆小鬼",这样一个被人欺负时能逃就逃,逃不掉就抱头倒地挨揍的"软骨头",这样一个无论别人说什么都只会傻笑着应声的"呆头鹅"，在钢七连却成长为令我们敬佩的士兵英雄，他的每一步都令我们感动。

他咬着牙做了 333 个腹部绕杠，是坚持；独守营房半年，让仅有一个兵的连队成为全团卫生标兵，是坚持；自己修成了一条几代老兵都没能修成的路，是坚持。他不会顾及任何"潜规则"，不会因为别人的脸色不好而放弃自己的看法，不会因身边环境的好坏而"随大流"，尽管连队只剩下他一个兵，他照样一丝不苟地坚持出早操，坚持在饭前吼出响彻云霄的歌声。他让我们感受到一名真正军人的坚强，感受一名士兵虎倒不散架的雄风。

老子曰："慎始如初，即无败事。"许三多靠信念和坚持，一次一次战胜了自己，最后成为名副其实的士兵。坚持使许三多积聚起力量，有了军人的血性，被激怒后敢在训练场上嗷嗷叫着和老兵伍六一"血拼"到底。他脑子里只有"一根筋"——坚持"做有意义的事"。因为坚持，尽管许三多看起来有点"傻"，可骨子里却让你佩服，令你回味。因为他的认真，让全连为之感动；因为他的执着，让战友为之骄傲。许三多之所以如此坚忍，因为他身上延续着钢七连从革命战争岁月中保留下的血脉："从尸山血海里爬起来，默默地掩埋好战友的尸体后对自己说我又活下来了，还得打下去！"

可以说，正是钢七连"不抛弃，不放弃"的宗旨成就了许三多，这也是他最令我们感动的地方。这句话是对军人情感特质最经典的提炼。不抛弃什么？不抛弃亲情、友情、战友情；不放弃什么？不放弃信念、理想、原则。许三多没有抛弃马班长、史班长给予他的关怀，没有抛弃团长和队长对他的赏识，没有抛弃他的战友，没有抛弃他的家庭，也从不放弃自己的理想并为之矢志奋斗。

钢七连对许三多来说是一个转折，他在钢七连学会了"不抛弃，不放弃"。只有他一个人留守在被解散的钢七连的营地时，他一守就是半年，并且与其他连队的兵一样操练。在一同竞争进老 A 部队时，他死死背着受伤的伍六一不放，直到伍六一自己宣布放弃。

其实人生就像一个竞技大舞台，每个人都在上面表演着自己的节目。有些人前半程跑得很快，但因体力不支而中途放弃，也有些人虽然跑得不快，但一直在咬牙坚持，拼争到底！如果我们每个人都有一种永不放弃的精神，或许我们成不了奥运健儿一样的英雄，但我们同样会成为同龄人中的佼佼者！永不放弃，会使我们离成功近些！更近些！

▶▶ 四、再来一次

在成功过程中需要过人的毅力和恒心。面对挫折时，要告诉自己：坚持住，再来一次！

因为这一次失败已经过去，下一次才是成功的开始。人生的过程都是一样的，跌倒了，爬起来。只是成功者跌倒的次数比爬起来的次数要少一次，平庸者跌倒的次数比爬起来的次数多了一次而已。最后一次爬起来的人称为成功者，最后一次爬不起来的或者不愿爬起来、丧失坚持毅力的人，称为失败者。

缺乏恒心是大多数人最后失败的根源，一切领域中的重大成就无不与坚韧的品质有关。成功更多依赖的是一个人在逆境中的恒心与忍耐力，而不是天赋与才华。

明朝末年，史学家谈迁经过二十多年呕心沥血的写作，终于完成编年史史书——《国榷》。面对这部可以流传千古的巨著，谈迁心中的喜悦可想而知。然而，他没有高兴多久,就发生了一件意想不到的事情。一天夜里,小偷进他家偷东西,见到家徒四壁,无物可偷,以为锁在竹箱里的《国榷》原稿是值钱的财物,就把整个竹箱偷走了。从此,这些珍贵的书稿就下落不明。

二十多年的心血转眼之间化为乌有,这样的事情对任何人来说,都是致命的打击。对年过六十、两鬓已开始花白的谈迁来说,更是一个无情的重创。可是谈迁很快从痛苦中崛起,下定决心再次从头撰写这部史书。

谈迁又继续奋斗十年后,又一部《国榷》重新诞生了。新写的《国榷》共一百零四卷,五百万字,内容比原先的那部更翔实精彩。谈迁也因此留名青史。

今天我们看到的《国榷》,正是谈迁凭着再来一次的勇气,靠着百折不挠的精神才得以完成的。其实在漫长人生旅途中,我们可能无法完全避免崎岖和坎坷,不要轻易灰心绝望,要敢于重新再来一次,在重新出发时就能够看到光明,有目标,有信心,也许成功就距离你越来越近了。

▶▶ 五、学会等待

世上大多数的成功都不是一蹴而就的,梦想的达成需要耐心的、漫长的等待。学会等待就是练就一种耐力、一种毅力、一种品格,以一种顽强不屈的精神去做一件自己想做的事,等待水到渠成,梦圆时刻。在此过程中,虽然痛苦、艰辛,却要心存梦想与希望,坚守下去。对于青年人而言,辛勤的付出,更要伴以寂寞的坚守,耐心的等待,才能获得最后的成功。

多坚持一刻

有这样一个传说:曾有两个人偶然与神仙邂逅,神仙授他们酿酒之法,叫他们选端阳那天饱满的米,冰雪初融时高山流泉的水,调和了装入紫砂陶瓮里,再用初夏第一眼看见朝阳的新荷覆紧,放入幽深无人处,紧闭九九八十一天,直到鸡叫三遍后才能启封。

二人历尽千辛万苦,终于找齐了材料,把梦想一起密封,然后专心等待那个时刻。

多么漫长的等待啊!第八十一天终于到来了,两人整夜都不能入眠,等着那激动人心的鸡鸣声。远远地传来了第一声鸡鸣,过了很久,依稀响起了第二遍,而第三遍似乎比第一遍、第二遍显得更漫长。其中一个人再也忍不住了,他打开了他的紫砂陶瓮。然而他惊呆了,瓮里的一汪水像醋一样酸。他惆怅了,失望了,后悔了,无奈地把水洒在地上。

而另外一个人,虽然也想伸手把瓮打开,但他想起了神仙的话,咬着牙坚持到第三遍鸡鸣。瓮打开了,多么甘甜醇香的酒啊,只是多坚持了一刻而已。

可见,坚持也许是成功边缘的最后一次考验,也许是意志的试金石。假如我们在关键的时候总是能坚持住,哪怕只是很短的一瞬间,也许成功的曙光便离我们更近了。

其实,成功者与失败者的区别,往往不是机遇与天赋,而在于成功者多坚持了一刻——有时是几年,有时是几天,几小时;而有时,仅仅只是一遍鸡鸣。

坚持就一定会成功

时间过得真快,走上工作岗位已经五年了。回想起这一路走来,有欢笑也有泪水。但不论是遇到什么样的困难,坚持已经成为自己时刻不会忘记的信念。

我的大哥是教会我学会坚持的第一个人。

小时候家里很穷,由于贫困,大哥早早地就离开了学校,去工厂上班。作为家里最小的我,大哥是决不容许我辍学去打工的。他告诉我,家里再穷也不能苦了我,只要我能坚持好好读书,将来考上一所好的大学,这也是为了了却已故父亲的夙愿。就这样,我没有辍学而是在大哥的鼓励下坚持着!坚持着专业训练,坚持着学习文化课,为了我的理想与家人坚持着……

就这样,我的坚持和家人给予我的鼓励最终把我送入了音乐学院的大门。拿到录取通知书的那天,我和大哥来到了父亲的坟前,我要把我的喜悦同他老人家一起分享,我和大哥没有说话,静静地在父亲的坟边坐了许久,我知道他老人家一定会为我高兴的!

走入自己理想的大学,让我第一次体会到坚持的喜悦。在音乐学院里,学生们的专业水平都是非常棒的,从小学习专业技能的他们与我这个专业技能学得较晚的人相比,一个是天一个是地啊,以至于在第一次专业考核时我得了最后一名。

此时,差距已经摆在了我的面前,没有别的办法,坚持专业训练是我唯一可以选择的路。学艺术的人有一句话,一天不练功自己知道;两天不练功老师知道;三天不练功全世界都会知道! 就是说明坚持练功是非常重要的,没有好的基础,将来有一天上台演出出了丑,大家就全认识你了! 我每一天与琴为伴,起得最早,回寝室最晚,为了我的理想坚持着,期中考试专业成绩我进入了前十名。当我第一次拿到大学的奖学金时,我哭了,说不清原因,只觉得心里很酸。专业提高了,又一次让我体会到坚持的喜悦。

大学毕业前正赶上我现在的工作单位公开招聘老师,我就来试试,没想到顺利地通过了专业考核和其他考核,登上了大学的讲台。能在大学教书一直是我的梦想,而为了这一梦想我一直努力坚持着。

看了我的文章,大家一定会觉得很老土,这样的故事经常在电视或广播里报道,但我写的是我的亲身经历,没有半点虚假。人们都有可能成功,但有时候就是缺少了些许的坚持,可能你再多坚持一下,得到的结果就会和现在大不一样!

最后送给即将步入职场的新人一句话:坚持就有可能,坚持就会实现梦想,坚持就一定会成功!

(资料来源于网络,内容有删改)

【小提示】作者通过准备高考、专业考试倒数第一、进入前十名拿到奖学金、顺利通过考核登上大学讲台等亲身经历,告诉人们只有坚持才能取得成功,只有坚持才能走向胜利。文章质朴感人,引人深思,对于初入职场或者在职场遭遇挫折的高职学生是很有借鉴意义的。

学会坚持不是一朝一夕的事。作为学生或者职场新人，要知道不管我们做什么，都要有一种坚持不懈的信念；不管最后的选择是什么，都要选择一条路始终如一地走下去，不要动摇，不要随意改变前进的方向。学业如此，事业如此，感情亦如此……学会坚持，成功即悄然而至。

素养初体验

▶▶ **【拓展活动一】 坚持 21 天，养成一个好习惯**

心理学家研究指出，一项看似简单的行动，如果你能坚持重复 21 天以上，你就会形成习惯；如果坚持重复 90 天以上，就会形成稳定习惯；如果能坚持重复 365 天以上，你想改变都很困难。任何一种行为只要不断地重复，就会成为一种习惯。同理，任何一种思想只要不断地重复，也会成为一种习惯，进而影响潜意识，在不知不觉中改变我们的行为。

这就是"坚持 21 天，养成一个好习惯"的设计原理，其具体要求如下：

1. 选择一件事情，如阅读、背单词、锻炼身体等，制订一项切实可行的计划，坚持这个习惯 21 天。

2. 让自己清楚地了解新习惯带来的好处，因为感情比理性的强迫更有动力。

3. 保持简单，初次尝试，设立简单内容更容易坚持。

4. 填写 21 天坚持表格，坚持一天给自己一颗"恒心星"★。

5. 不要追求完美。一步一步地做起。

坚持目标							
坚持天数							
恒心星							
坚持目标							
坚持天数							
恒心星							
坚持目标							
坚持天数							
恒心星							

不要疑惑，马上开始行动吧！

我们坚信：只要你坚持 21 天，你就一定会爱上它。

▶▶ **【拓展活动二】 坚持户外运动**

每天坚持参与一项自己感兴趣的户外体育运动，两个月后感受一下自己的身体有何变化。

坚持不懈的莫泊桑

莫泊桑(1850—1893),法国批判现实主义作家。一生写了近 300 篇短篇小说和 6 部长篇小说,形象地揭露了资产阶级虚伪、自私的本质。

莫泊桑 13 岁那年,考入了里昂中学,他的老师布耶是当时著名的巴那斯派诗人。布耶发现莫泊桑颇有文学才能,就把他介绍给福楼拜。

福楼拜是世界闻名的作家,当时在法国享有崇高的声誉。他看了看莫泊桑的作品,对他说:"孩子,我不知道你有没有才气。在你带给我的东西里表明你有些聪明,但是,你永远不要忘记,照布封(法国作家)的说法,才气就是长期的坚持不懈,你得好好努力呀!"

莫泊桑点点头,把福楼拜的话牢牢记在心里。

福楼拜想考一考莫泊桑的观察能力和语言功底。一天,福楼拜带莫泊桑去看一家杂货铺,回来后要莫泊桑写一篇文章,要求所写的货商必须是杂货铺的那个货商,所写的事物只能用一个名词来称呼,只能用一个动词来表达,只能用一个形容词来描绘,并且所用的词,应是别人没有用过甚至是还没有被人发现的。

多苛刻的要求啊!但莫泊桑理解福楼拜的良苦用心,他写了改,改了写,反反复复,努力朝福楼拜提出的要求奋斗着。

在福楼拜的严格要求下,莫泊桑的学业进步飞快。后来,他开始写剧本和小说,写完就请福楼拜指点,福楼拜总是指出一大堆缺点。莫泊桑修改后要寄出发表,但福楼拜总是不同意,并且告诉他,不成熟的作品,不要寄往刊物上发表。

刚开始,莫泊桑唯命是从,福楼拜不点头,他就把文稿放在柜子里。慢慢地,文稿竟堆起来有一人多高,莫泊桑开始怀疑:福楼拜是不是在有心压制自己?

一天,莫泊桑闷闷不乐,到果园去散心。他走到一棵小苹果树跟前,只见树上结满了果子,嫩嫩的枝条被压得贴着地面,再看看两旁的大苹果树,树上虽然也果实累累,但枝条却硬朗朗地支撑着。这给了他一个启示:一个人,在"枝干"未硬朗之前,不宜过早地"开花结果","根深叶茂"后,是不愁结不出丰硕的"果实"的。从此,他更加虚心地向福楼拜学习,决心使自己"根深叶茂"起来。

1880 年,莫泊桑已经到了"而立之年"。一天,他拿着小说《羊脂球》向福楼拜请教。福楼拜看后拍案叫绝,要他立即寄往刊物上发表,果然,《羊脂球》一面世,立即轰动了法国文坛,莫泊桑顿时成为法国文学界的新闻人物,同时,他也登上了世界文坛。

(资料来源于网络,内容有删改。)

职业发展篇

第八单元

学会学习
通向成功之梯

学而不思则罔，思而不学则殆。

——孔子

读书之法，在循序而渐进，熟读而精思。

——朱熹

单元介绍

名词解释

素养风向标

【案例】

一名北大保安的"混搭"人生

◎ 案例导读

无论在什么条件下，拥有终身学习的理念，找到适合自己的学习方法，你都会看到人生的另一番风景。

◎ 案例描述

2012年6月，一位叫甘相伟的北大保安出版了一本名为《站着上北大》的书。正如书名一样，他"站着上北大"。2007年9月，甘相伟和3 000多名新生一同走进北大校园。他的身份是个在西门站岗的保安。用他自己的话说，保安只是一个跳板，他要"借"个身份上北大。

最初，这个小保安感到很沮丧。因为连要求校外人员出示证件这种例行的工作也会碰钉子："哎呀，你不就是个保安吗，还查什么证件呀！"很多次，看到擦身而过的学生，他都忍不住埋怨自己，"当时怎么没有一步考进来"。当年高考失利后，他上了大专，后来当过教材推销员、小公司的法律顾问、农民工子弟小学的语文老师。他还会有些不服气地问："我为什么不可以走进课堂？"换下保安服，背上单肩书包，甘相伟忐忑地走进教室。他第一次旁听只敢坐靠后的位置,生怕老师点名时会注意到这个一直没有举手的人,更害怕同学知道后会盯着他看个不停。

当然,那堂课到最后也没有人知道他是谁。坐在旁边的同学甚至还把他当作中文系的学生,问他"最近在看谁的作品"。"鲁迅的散文诗集《野草》"。他回答。后来,他总是提前半个小时去教室里抢占前三排的位置。有时为了听课,还要和同事换班。他随身带着小纸条,记下别人提到的书籍;为了买书,他可以一连吃好几天的方便面;可以不顾别人投来的怪异目光,在岗亭里读康德。这本《站着上北大》,是他5年来利用业余时间所写的随笔集。由北大校长周其凤亲自写序:"相伟是个聪明人。我不止一次对北大的同学们说过,北大的资源用之不竭,学生用得越多,北大就越好、越富有、越高兴。相伟在这方面的智慧简直发挥到了极致。这是特别值得北大学生学习和效法的。"

从农民到保安,再到北大学生,甘相伟的经历被当成励志偶像剧,事实上,他能够成才,并不是传奇,只是因为他有持续不断的学习精神。

◎ 案例分析

从农民到保安,再到北大学生,甘相伟的经历被当成了传奇,事实上,他能够成才,只是因为他有持续不断的学习精神。

◎ 案例交流与讨论

1. 甘相伟是如何实现自己的人生目标的?

2. 为什么甘相伟会有不断学习的意识和毅力?

3. 从甘相伟的"混搭"履历,可以学到什么?

素养加油站

▶▶ **一、识读学习**

扫一扫,看微课

"学、习"二字较早见于《论语·学而》:"学而时习之,不亦说乎?"《现代汉语词典》里,"学习"的释义为从阅读、听讲、研究、实践中获得知识与技能。在《辞海》里,"学习"的含义一是学、效、习,引申为效法;二是求得知识技能;三是指个体经过一定练习后出现的,并且是后天习得的能够保持一定时期的某种变化,是个体在适应环境过程中,心理上产生的适应性变化过程。现代人对"学习"二字的解释一般有两种观点:第一种观点认为,"学而时习之,不亦说乎?"意思是学了知识、技能之后,经常温习、实习、练习,不是一种很快乐的事情吗? 这里的"学",是获得知识,有时指接受感性知识和书本知识;而"习"则是温习、实习、练习,是巩固知识。第二种观点认为,"学"和"习"是两种不同的获取知识的方式。"学"是从书本上、从教师口头上获取知识;"习"是从经验中、从个体的实践活动中获取知识。把这两种方式加以配合,以学为主,以习为辅,这就是"学而时习之"的本义。但我们这里强调的则是如何学会学习。

学习,是人类认识自然和社会、不断完善和发展自我的必由之路。无论一个人、一个团队,还是一个民族、一个社会,只有不断学习,才能获得新知,增长才干,跟上时代。早在 1972 年 5 月,联合国教科文组织国际教育发展委员会前主席在递交《学会生存》报告,致函联合国教科文组织前总干事勒内·马厄函时,就曾明确指出:"我们再也不能一劳永逸地获取知识了,而需要终身学习如何去建立一个不断演进的知识体系——学会生存。"该报告特别强调两个基本观念:"终身教育"和"学习化社会",并希望据此改造现行的教育体制,使之达到一个学习化社会的境界。

1996 年,联合国教科文组织"国际 21 世纪教育委员会"正式提交教科文组织的报告里已十分明确强调要通过持续的学习,让像财富一样隐藏在每个人灵魂深处的全部才能都能充分发挥出来,从而把超越启蒙教育和继续教育之间传统区别的终身学习放在社会的中心地位,并将终身学习概念视作进入 21 世纪的一把钥匙,将学会学习置于 21 世纪教育的核心。学习已经不仅是国家强加于公民的义务,学习应该成为每一个公民的基本需求和权利。

学习新观念还包括另一个层面的含义。那就是未来的学习是"终身学习"。作为社会中的人,从幼年、少年、青年、中年直至老年,学习将伴随整个生命过程,并对人一生的发展产生重大影响。这是人类生存的需要,也是不断发展变化的客观世界对人们提出的要求。人类从诞生之日起,学习就成为整个人类及每一个个体的一项基本活动。不学习,一个人就无法认识和改造自然,无法认识和适应社会;不学习,人类就不可能有今天达到的一切进步。学习的作用不仅局限于对某些知识和技能的掌握,学习还使人聪慧文明,使人高尚完美,使人全面发展。正是基于这样的认识,人们始终把学习当作一个永恒的主题,反复强调学习的重要意义,不断探索学习的科学方法。同时,人们也越来越认识到,实践无止境,学习也无止境。庄子在《养生主》中曾经说:"吾生也有涯,而知也无涯。"世界在飞速变化,新情况、新问题层出不穷,知识的更新更是日新月异。人们要适应不断发展变化的客观世界,就必须把学习从单纯地追求知识变成生活的方式,必须做到活到老、学到老,终身学习。目前,在一些青年学生中依然存在着"自满""短视""厌学""60 分万岁"等错误思想,一些青年学生仍然没有学习的前瞻性、长效性、使命性,缺乏时代感,不懂得"不积跬步,无以至千里;不积小流,无以成江海"的基本道理。这是不符合终身学习的时代学习理念的。

【拓展阅读】

从拣信工人到翻译家

何国良中学毕业后,为了谋生做了拣信工人,这还是新中国成立以前的事。中华人民共和国成立后,他被安排到刚刚组建的华南热带作物研究所当图书管理员。每当新进一批外国的科学书籍,他都把这些可贵的资料整理得井井有条。但是,没过多久,他就发现,这些宝贵的外国科学资料,很少有人问津。原来大部分研究员只懂得英、法等几种外文,而懂得其他外文的人很少,这是对资料的极大浪费。看在眼里、急在心里的何国良,下了一个常人无法想象的决心,一定要将其他外文的资料翻译出来,以供需要的研究员查阅。

于是,他一边做图书管理员,一边自学起外文。学习的条件很艰苦,然而,"半路出家"的何国良毅然决然。在酷热夏天的夜晚,别人都到外面去乘凉,他却把自己关在热得像蒸笼一样的屋子里学习外语。有时为了弄清一个疑难问题,他要花费好几天时间,翻阅一本又一本的字典。他利用字典,阅读外文书籍,从中摸索句法、文法。

通过几年的自学,他掌握了英、法、俄、日等6种外语。周总理听说了他的事迹后,表扬了他,给了他很大的鼓舞。之后,他又自学起德、意、捷、波等其他8种外语,先后掌握了14种外文。为了能更好地翻译科技外文,他在坚持自学外文的同时,还自学了数学、化学以及物理等相关的知识。就这样,何国良从一位普普通通的工人变成一位出色的翻译家。

【小提示】学习可以使人把崇高的目标变成美好的现实——只要你能把决心和勤奋结合起来。

二、成功=艰苦的劳动+正确的方法+少说空话

怎么才能成功?有人说需要坚持和忍耐,有人说要选择正确的路,有的人说需要能力,还有人说需要热情,等等。这些都是成功的条件,其实归纳起来,成功首先是需要付出辛勤的劳动和汗水,需要一种坚持不懈的精神。其次成功需要使用正确的方法,方法不对,方向不对,距离成功只会越来越远。最后,成功需要充分利用时间,不能虚度光阴,不能光说一些空话,不实干。所以简而言之,成功就是要付出辛勤的劳动,使用正确的方法,并且少说空话。大文学家鲁迅先生曾经说过:"哪里有天才,我只是将别人喝咖啡的工夫都用在了工作上。"因此鲁迅写出来了那么多妙趣横生、流传千古的好文章。因此,只要你掌握了以上的三点,其实你就为成功奠定了很好的条件,成功也许就在你的眼前。

(一)科学的学习方法有利于培养和提高青年学生的学习能力

我们这里所说的学习能力有两种:

(1)获得积累知识(技能)的基本学习能力。这种学习能力主要有以下基本内容:看的能力即阅读和观察的能力;听的能力;问的能力;写的能力;思维的能力(辩证思维与逻辑思维能力,理解消化能力,发现问题、提出问题的能力等)。

(2)巩固掌握知识(技能)的能力。这种学习能力主要包括:练习能力(实验操作能力、动手能力等),复习能力和记忆能力三个方面。另外还包括我们通常所说的自学能力。

除了先天素质这个基础因素外,人们学习能力的产生、培养和提高,在很大程度上取决于后天的学习实践。科学的学习方法是构成人们学习能力的灵魂,实际的学习能力主要是科学学习方法在人们学习实践中直接、具体的运用。例如,学习活动

中的阅读和观察能力,实际上就是阅读和观察的科学方法在实践中的具体运用。谁掌握科学的阅读和观察方法并能把它正确地运用于实践中,谁就会在学习中拥有较高的阅读和观察能力。谁掌握的阅读和观察方法科学、完整,谁的能力也就越强。一个根本不懂得科学阅读和观察方法的人,不可能具有很强的阅读和观察能力。

（二）科学的学习方法有助于人们在学习活动中少走弯路,沿着正确的道路前进

恩格斯在《自然辩证法》中指出:"从歪曲的、片面的、错误的前提出发,循着错误的、弯曲的、不可靠的途径行进,往往当真理碰到鼻尖上的时候还是没有得到真理。"使用科学的方法,我们就可以少走弯路。这段话,深刻地揭示了科学的方法在人们学习和研究过程中的重要性。掌握了循序渐进的科学学习方法,并按照这种方法给我们指出的正确方向由浅入深、由简到繁、一步一个脚印循序渐进地学习,我们就会离成功越来越近。

（三）科学的学习方法是人们学会学习、学有成就的重要因素

古往今来,千千万万的学者无不希望自己能学有所成。为了达到目的,人们都在自己的学习活动中进行了孜孜不倦的艰苦劳动和探索;然而,尽管如此,学有成就、登峰造极者仍然是凤毛麟角。其中一个非常重要的原因就是学习方法不科学。正如笛卡儿所说,"没有正确的方法,即使有眼睛的博学者也会像盲人一样盲目摸索"。所以,勤奋刻苦的学习态度加上科学的学习方法,才能使人们扬帆远航,最终到达成功的彼岸。

诺贝尔奖获得者巴甫洛夫认为:"科学是随着研究方法所获得的成就前进的。"而另一位法国著名生理学家贝尔纳认为:"良好的方法能使我们更好地发挥运用天赋的才能,而拙劣的方法则可能阻碍才能的发挥。因此,科学中难能可贵的创造性才华,往往由于方法拙劣可能被削弱,甚至被扼杀;而良好的方法则会增长、促进这种才华。"早在两千多年前,我国杰出的思想家荀子也在《劝学篇》中指出:"吾尝跂而望矣,不如登高之博见也。登高而招,臂非加长也,而见者远;顺风而呼,声非加疾也,而闻者彰。假舆马者,非利足也,而致千里;假舟楫者,非能水也,而绝江河。君子生非异也,善假于物也。"把荀子的思想运用于我们的学习实践中,只要我们"善假于物",再加上勤奋刻苦的态度,那么,我们也一定能够达到学有所成的目的。

（四）科学的学习方法是社会文明的延续和发展的需要

人类文明的延续和发展,就如同一场旷日持久、规模宏大的接力赛。古人通过劳动习得生存和发展的经验,不断地总结、提炼,形成体系化的知识和技能。后人在学习的基础上,根据社会的变迁和发展,逐步地扩展和提高,并且世代延续,形成可持续发展的人类文明史。

值得关注的是,进入现代社会以来,人类文明以加速度的方式交替、更新,这就更加强调了学习活动对人类社会的作用,以及对人类文明进步的影响。18世纪,我们实现了第一次技术革命,开拓了工业文明。19世纪,人类进入电力及机械时代,实现了工业文明的大跨越。20世纪,以电子计算机、原子能、空间技术为主的新技术革命,把人类带入了信息时代,这一切都源于人类学习的不断进步。

今天,人类已进入到信息时代,科学技术日新月异,知识推陈出新的周期不断缩

短。据统计,人类的科学知识在 19 世纪是每 50 年增加一倍,20 世纪初是每 10 年增加一倍,20 世纪 70 年代是每 5 年增加一倍,而 20 世纪 80 年代则是每 3 年增加一倍。最近 30 年人类知识的新增数量已超过过去 2 000 年人类所积累知识的总和。90 年代,计算机网络的出现使得知识增长速度进一步加快,据测算,互联网上的数字化信息每 12 个月就会翻一番。从存储的角度来看,一张高密度的光盘就可以存储一套 24 卷本《百科全书》的所有内容。知识增长速度之快,令人瞠目结舌。企图通过接受式学习掌握全部知识显然是天方夜谭。况且,"经验类知识"和创新意识、实践能力,这些在当代来说最为重要的知识、技能,都不能通过接受式学习获得。正因如此,强调学习,进而强调学会学习就成为每一个人都要面对的时代话题。事实上,无论过去、现在与未来,学习能力决定了一个人的前途和命运,决定了对社会的贡献大小,决定了社会前进的速度,可以说学习能力是提高一切能力的基础。联合国教科文组织在报告中指出:个人获取知识和处理信息的本领对于自己进入职场和融入社会都将是决定性的因素。

【拓展阅读】

某省高考文科状元谈学习方法的重要性

掌握一个好的学习方法对一个学生来说意味着什么呢? 我有一些学弟学妹,他们非常地努力、用功。但是他们到达一定的层次以后,却不能再前进一步。其实并不是他们智商的问题,而是因为他们没有掌握一个好的学习方法,其结果是事倍功半。我们学校有一个同学,他每天很努力地学习,非常努力,比任何一个人都要刻苦,但是全年级的排名只是 100 多名,为什么呢? 就是因为他一直只是去用蛮力,没有去用巧劲,像劈柴火一样,没有用斧子锋利的一面。如果你没有掌握一个好的学习方法,就像你用斧子钝的面,一直劈一直劈,那样你只可能把这个柴给砸碎了,而不是劈成一块一块的柴火。我觉得好的学习方法就像你兵器上很锋利的一面,它可以帮你开山破海。它是一个很好的工具,我们十年磨一剑,但是如果剑磨得不锋利,怎么能去试它的刃呢? 其实我是在去年总结出来的,后来发现,好的学习方法真的很有用处,自从掌握了这些以后,我觉得最大的益处就是我学得更轻松,也更明白了。以前我是很盲目的,我决心要努力学习,我跟着老师去完成一些作业,有时还盲目地为自己补课。但是,自从掌握了这些关于学习的方法以后,我发现我可以省出很多时间,很有目的性地完成自己的课业,这些关于学习的方法既提高了自己的学习效率,也使我在复习的时候做到了知己知彼,百战不殆。

(资料来源于网络,内容有删减。)

【小提示】没有科学的学习方法,如盲人骑瞎马,夜半临深池;而有了科学的学习方法,则会收到事半功倍的效果。

素养面面观

▶▶ 一、学会学习与个人生存

在未来世界里,学会学习与学会生存是息息相关的。不会学习的人,生存就成了问题。学习对于未来世界的重要性是显而易见的,具体体现在如下三个方面。

(一)科学技术的迅猛发展要求人们学会学习

科学技术的迅猛发展,导致知识生产量的空前增长,并呈现出以下两个特点:第一,知识总量递增的速度越来越快。当今时代,知识像原子裂变般地爆炸式增长。随着知识经济浪潮的席卷而来,简单扼要的"裂变效应"将会导致知识更新速度的不断加快。面对信息的裂变,"学会学习"就成为每个现代人的生存和发展之路。面对挑战,我们的教育唯有转变教学观念,将重点放在培养和开发学生智能、教会学生怎样学习、提高学生学习能力上,才能适应知识日新月异迅速增长的形势,才能教会学生怎样学会生存而不被时代淘汰。

(二)知识经济时代的生存,需要人们学会学习

知识经济时代,也就是"学习化的时代"。在知识经济时代,如果不学习,社会就不能进步,国家就不能强盛,个人就不能成才、发展,甚至难以生存。终身学习是打开21 世纪光明之门的钥匙。

对于生存和发展来说,我们最大的危机就是一不小心就成为"文盲"。今天谁是文盲?过去,文盲是指不识字的人;现代的文盲则是指不会主动探求新知识,不能适应社会需求变化,不会学习的人。这不是危言耸听,这种危险可能随时都潜伏在你我的身边。假如有一天,你面对陌生城市闪烁跳动的触摸式电子问路屏不知所措,面对图书馆的计算机检索系统操作一脸茫然时,也许,你该警惕了:自己是不是正在滑向功能性文盲的行列。

功能性文盲是一个全球性的问题。为了不使自己成为"文盲",唯一切实可行的办法就是时时保持学习的习惯,掌握信息时代的学习方法,把学会学习当作最基本的生存途径。

(三)成功者的经验告诉我们,学会学习是新时代成功者的必由之路

新时代的成功者大多是那些知识丰富,对新知识敏感且善于学习,在自己专业领域不断进取的人;是那些敢于并善于运用新知识,将其物化为满足人们需求的产品和服务的人;是那些善于将分散的知识融会贯通、组合集成,创造出新的知识并付诸应用的人。

在知识经济时代,面对科技革命对人类社会的巨大推动,面对以信息产业为代表的知识行业所创造的巨大财富,知识的拥有者有理由乐观地相信,未来是属于自己的。毫无疑问,乐观和自信的生存态度,对于大学生来说,是十分重要的。但与此同时,还必须保持一份清醒。知识能够使人成功,但并不意味着拥有知识就一定能够成功。要真正做到让知识为社会、为人类创造财富,让知识的拥有者成为成功者的一员,必然有

129

第八单元　学会学习　通向成功之梯

扫一扫,看微课

一个在实践中不断学习、不断创新的过程。未来成功的人生之路,将依赖于我们自己一生不断学习、不断适应、与时俱进的学习能力。所以学会学习将成为 21 世纪成功者的第一张通行证。因此,作为新时代的大学生要让自己学会学习,做终身学习的人,只有这样才能不断地适应外部环境的变化,才能不断获得新信息、新知识,才能不断提高素质和能力,才能不断走向成功,才能更好地生存。

▶▶ 二、学会学习与终身发展

21 世纪的前十年,发达国家和大多数发展中国家都发生了剧烈的社会变革与社会转型。社会、经济、文化、生活、技术、信息等实现了跨越性的交替,社会模式已与 20 世纪迥然不同,社会类型从工业化社会转变为科技型社会。科技的发展改变了职业的性质和就业的类型,同时也发展了人类的学习途径和方式、方法。时间、地点、传授方式已经不能对人们的学习进行约束。在这样的社会背景下,一些国家开始鼓励人们在不同的阶段进行不同类型的学习,以帮助个人成功地适应社会变迁,并顺利地完成社会转型和达成个人生涯发展。

有观点认为:由于受到信息化社会、经济国际化、科技知识的冲击,人们需要依赖于终身学习才能得以成功地顺应社会的变迁,而终身学习的主要目标和核心内容是为所有的学习者打下良好的知识基础并形成广泛的工作能力。也就是说,人们需要从多种方式及各种资源中获取学习内容,并掌握有转换价值意义的知识类型,从不断的实践体验中获取新的专业知识和职业技能,以适应职场的瞬息万变。

由此可见,终身学习对个人应对知识快速增长和竞争加剧,促进个人可持续发展具有重大影响。

扫一扫,测一测

130

职业发展篇

一颗求知上进的心

弗雷德里克·道格拉斯的成功之路比别人更加困难重重。他的人生起点甚至比一无所有还要恶劣,他连自己的身体都属于别人——在他还没出生的时候,为了还清庄园主的债务,他的父母只好把他抵押出去。为了获得自由之身,弗雷德里克·道格拉斯必须付出百倍的努力,他所有的时间都不属于自己。

每一年,他最多只能和母亲见两次面,每一次都是在夜晚,母亲长途跋涉 12 英里①才能和他在一起待一个小时,然后匆匆地赶回家,这样才能在拂晓时分照常下地劳动。至于他的父亲,在道格拉斯 20 岁以前,记忆中就没有父亲的容貌和影子。他没有机会学习,没有人可以教他。当时的种植园里规定,奴隶不准阅读和写字。但是这一切都挡不住他那颗求知上进的心。他趁着主人不注意,在一些碎纸片和历书上偷偷学会了字母表。文字的大门一旦开启,知识便源源不断,他所能见到的所有文字都成为学习的内容。

---

① 1 英里 ≈ 1.609 34 km。

21 岁那年,他抓住一个机会,毅然逃往北方的自由世界,从此摆脱了被奴役的命运。

为了生存,他在纽约和新贝德福德干起了搬运工。虽然这份工作也非常辛苦,但比起在种植园时,却多了一份尊严。后来他又来到马萨诸塞州的楠塔基特,偶然参加了一次反奴隶制的会议,并在会议上发了言。他的演讲非常朴实感人,结果感动了所有的与会者,他因此成为马萨诸塞州反奴隶制协会的成员。虽然巡回演讲很繁忙,但他也决不放过任何学习的机会。后来,协会又安排他到欧洲进行废奴宣传,在那里他认识了几位英国友人,这些人捐赠给他 750 美元,用这笔钱,他赎回了自己真正的自由之身,从此彻底丢弃了"奴隶"的身份。

再次回到纽约之后,他在罗彻斯特创办了一份报纸并从事编辑工作,直至后来成为哥伦比亚特区的执法官。

对知识的渴求让弗雷德抓住一切机会学习。正是这种学习为他日后的生存与成功奠定了基础。

眼高手低只会栽跟头

小赵是某高校人力资源专业应届毕业生,他和另 5 名毕业生进入了即将工作的这家民营企业,在 3 个月的实习时间里,他们经历了理念培训、岗位操作等,所有人都干得不错。

在结束实习前一个星期,小赵等几名应届生,又被特别委任为临时"部门经理"。整整 3 天时间,他们必须"客串"部门经理的所有工作职责。

"起初,我真不认为行政部门经理有什么难当。"小赵说。可是,在他"上任"的 3 天时间内,公司就出了一个大漏洞:原本计划两天完成的管理软件升级,迟迟不见完工。调查之下,各方均有托词:技术部称人手不够,人力资源部称短时间不能招到新人,行政部居然未接到两方通报。待小赵决定外聘软件公司进行升级时,他已从经理岗位卸任。

在其他部门的几名"准员工",也都遭遇了类似尴尬。销售部的小王说:"原以为学会买东西、签合同就够了。但自己无论外表还是处事经验都太少了。"

有了此次"客串"经历,这群意气风发的"准白领"都体验到了莫大的挫折感。在总结会上,他们更加领悟了这个道理:人在职场,好高骛远、眼高手低只会栽跟头;虚心学习,积累提高,方是可取之道。

多数人认为,平时看报纸电视,参加团队学习,也足够了。这也是一种误区,应该明确,我们所强调的学习是通过学理论、学业务、学专业技能来提升自己的内在素质,使之成为企业生存和发展的不竭源泉。所以,只有有了对知识的热爱,才能使学习成为一种自觉的行动。因此,我们必须切实端正学习态度,进一步增强学习的自觉性和主动性。要改变心智模式,用不断学习的积极态度来代替常以人才自居的心态。要带着深厚的感情学,要带着执着的信念学。带着实践的要求学,力求学得主动、学得认真、学得深入,努力提高学习能力和学习实效。

随着时代的变化,学习的内涵也有所不同。青年学生要想适应社会发展,学会学习进而学会生存,就必须认真审视自己在学习上是否存在这样或那样的问题,是否掌握了符合时代要求的学习方法,然后对自己进行一场学习革命。

具体来说,进行一场学习革命,让自己学会学习,可以从以下几个方面入手。

▶▶ 一、学习从自身问题出发

当前青年学生中普遍存在的问题有:(1)不爱学习。一些青年在进入大学或找到工作以后便产生了"船到码头车到站"的思想,没有了学习压力。(2)分配体制的影响。"专业好,学业精,不如家里靠山硬"的错误观念极大地挫伤了青年学生的学习积极性。(3)缺少学习的精神动力和基本的学习能力。现在的青年学生大多缺乏高尚的理想和奋斗的精神,自学能力缺失。(4)对知识的实用主义心态。对目前社会上实用的知识就学,而对基础知识避之不及,缺乏对知识的科学理解。(5)对"学问"二字缺乏深刻而全面的认识,只知道标新立异,对学问赶时髦、图新鲜,从而误入歧途。(6)就业的压力。就业的压力导致青年学生对成才产生焦虑、对知识的功能产生曲解,因判断能力的低下而对社会需求缺乏全面的理解和深刻的认识。种种迹象表明,青年学生受眼前利益的驱动,其学习行为也表现出很大的功利性和被动性。

▶▶ 二、学习目标当高远与卓越

树立高尚的理想、确定远大的目标是青年学生学会学习的前提。青年学生对学习的态度如何,直接影响学习的效果。青年学生是否会学习又直接关系到他们的未来,甚至关系到国家和民族的未来。大家知道,理想是一个人前进的方向。人生没有理想,就像一只船没有了航向,不会到达成功的彼岸。目标的远大与渺小也决定成功的大与小。因为理想和目标是一种精神力量,是青年学生学习的内在驱动力。只有树立了高尚的理想,才能确定远大的奋斗目标,从而产生巨大的前进动力,激励自己锲而不舍、坚忍不拔、努力拼搏、奋勇向前,直达理想的彼岸。

青年学生应该脚踏实地,从职业生涯规划做起,把对学习和生活的目的进行分解,通过渐进性和阶段性的方式逐步实现志存高远,追求卓越的人生目标。

▶▶ 三、学习关键在于自主学习

所谓自主学习就是学生自己主动地学习,自己有主见地学习。自主学习包括四个方面:(1)要对自己现有的学习基础、智力水平、能力高低、兴趣爱好、性格特长等有一个准确的评价;(2)在完成学校统一教学要求并达到基本培养标准的同时,能够根据自身条件扬长避短,有所选择和有所侧重地制定加强某方面基础、扩充某方面知识和提高某方面能力的计划,优化自己的知识和能力结构;(3)按照既定计划积极主动地培养自己、锻炼自己,并且不断探索和逐步建立适合自己的科学学习方法,提高学习能力和学习效率;(4)在实践中能够不断修正和调整学习目标,在时间上合理分配和调节,在思维方法及处理相互关系上注意经常总结、调整和完善,以达到最佳效果。

树立了自主学习的学习观,就会意识到自己是学习的主人,学习要靠自己的艰苦努力,才能在受教育的过程中发挥自己的主动性、积极性和创造性,同时,不断增强自我教育意识,具备独立学习的能力,不断探究学习规律,以适应科技迅猛发展、知识不断更新的需要。

自主学习应掌握一定的方法与技能,如学会利用图书馆,学会使用工具书,学会文献检索、资料查询,学会做学习笔记,学会积累和整理资料,学会对所学知识(包括书本上的和实践中的)进行分析、归纳和总结等。

▶▶ 四、养成科学的学习方法

所谓学会学习,在某种意义上就是学会学习的方法。科学的学习方法不仅有助于在学习活动中少走弯路,有利于培养和提高各种学习能力,提高学习效率,而且更重要的是它是人们攀登学习高峰、学有所成必不可少的重要因素。学习方法就是青年学生学习时所采用的方式、手段、途径和技巧。科学的学习方法是人们的认识规律和学习规律的反映,它具有共同性和普遍性。同时,学习方法受学习目的、学习内容、学习条件、教育者的个体特征(如教授方法,学识水平,教育、教学思想)、学习者的个体特征(如年龄、文化基础、素质、个性)等因素制约,而这些因素又是复杂多变的,因此,学习方法呈现出多样性并具有个性化特征。另外,教育是随着社会生产力的发展而发展的,不但教育的内容是社会科学技术发展水平的反映,同时教育的手段和方法也是由社会生产力发展水平决定的,因此与教育内容、教育手段和方法相适应的学习方法也必然具有时代特征。

所以,青年学生要研究学习规律,掌握基本的学习方法。掌握了学习规律,就会自觉地遵循学习规律进行学习。合乎学习规律的学习方法是科学的学习方法,它具有普遍的意义。比如,巧妙地利用时间、科学地运用大脑、循序渐进地安排内容、不厌其烦地巩固记忆、格物致知地认真实践等,都是对青年学生很有效的学习方法,对于抓住实质、突破重点很有帮助。

▶▶ 五、转变学习观念,从"学会"到"会学"

对于青年学生,转变学习观念是一个"授之以鱼"与"授之以渔"的问题。如果是在校的学生,学会学习需要注意以下几个环节。

第一,抓好课前预习。在预习过程中,边看、边想、边写,在书上适当勾画和做批注。看完书后,最好能合上书本,独立回忆一遍,及时检查预习的效果,强化记忆。同时,可以初步理解教材的基本内容和思路,找出重点和不理解的问题,尝试做笔记,把预习笔记作为课堂笔记的基础。做好预习,就抢在了时间的前面,使学习由被动变为主动。简而言之,预习就是上课前的自学,也就是在老师讲课前,自己先独立地学习新课内容,使自己对新课有初步理解和掌握的过程。预习抓得扎实,可以大大提高学习效率。

第二,掌握听讲的正确方法,处理好听讲与做笔记的关系,重视课堂讨论,提高课堂学习效果。学生上好课、听好课,首先要做好课前准备,包括心理上的准备、知识上的准备、物质上的准备、身体上的准备等;听课时要专心听讲,尽快进入学习状态,参与课堂内的全部学习活动,始终集中注意力;还要学会科学地思考问题,重理解,不要只背结论,要及时弄清教材思路和教师讲课的条理,要大胆设疑,敢于发表自己的见解,善于多角度验证答案;最后,还要及时做好各种标记、批语,有选择地做好笔记。

学习成绩的优劣,固然取决于多种因素,但如何对待每一堂课则是关键。要取得较好的成绩,首先必须利用课堂上的 45 分钟,提高听课效率。所以,听课时要做到以下四点:(1)带着问题听课;(2)把握住老师讲课的思路、条理;(3)养成边听讲、边思考、边总结、边记忆的习惯,力争当堂消化、巩固知识;(4)踊跃回答老师提问。做到了以上四点,基本上就达到了上好课与听好课的要求。

第三,课后复习要及时。针对不同学科的特点,采取多种方式进行复习,真正达到排疑解难、巩固提高的目的。课后要复习教科书,抓住知识的基本内容和要点;尝试回忆,独立地把教师上课内容回想一遍,养成勤思考的好习惯;同时整理笔记,进行知识的加工和补充;课后还要看参考书,使知识的掌握向深度和广度方向发展,形成知识理解和记忆上的良性循环。

复习是预习和上课的延续,它将完成预习和上课所不能完成或没有完成的任务。即在复习过程中达到对知识的深刻理解和掌握,在理解和掌握知识的过程中提高运用的技能技巧,进而在运用知识的过程中,学会融会贯通、举一反三,并且通过归纳、整理达到系统化,使知识真正被消化吸收,成为自己知识链条中的一个有机组成部分。这样,在复习过程中,既调动了大脑的活动,又提高了分析问题和解决问题的能力,知识也在理解的基础上得到巩固记忆。从某种意义上讲,知识掌握得如何是由复习效果而定的。

第四,正确对待作业。为什么要做作业呢? 完成作业对于检查学习效果、加深对知识的理解和记忆、提高思维能力、为复习积累资料等有着重要作用。青年学生要把预习、上课、课后复习衔接起来;审好作业题、善于分析和分解题目,理清答题的思路;准确表达,独立完成;最后还要学会检查,掌握对各学科作业进行自我修正的方法。托尔斯泰说过:"知识只有当它靠积极思维得来的时候,才是真正的知识。"无论学哪一门功课,课堂上老师讲的、笔记本上记的、课外阅读的,等等,都是书本上的知识,要转化为自己的知识,使自己能够自如地运用,就必须通过作业实践来加以转化。这才是对待作业的正确态度。

第五,课外学习。课外学习能有效地使课内所学知识与社会生产实践、生活实际密切地联系起来,帮助青年学生加深对课内所学知识的理解、扩展文化科学知识的眼界、拓宽思路、激发求知欲望和学习兴趣、培养自学能力、养成自主学习习惯、增长工作才干。这也就是常说的:"课内打基础,课外出人才。"课外学习,包括主动进行课外阅读,参加课外实践活动等。课外学习要掌握正确的方法,如泛读法、精读法、深思法、实验实践法等;要掌握读书要求,如逐渐积累、持之以恒、博专结合、读思结合、学用结合等。

总之,课前要预习,要做到知己知彼,课中听讲要做到心领神会,课后作业要做到温故知新,课外学习要做到博学笃行。这样你就是一个真正从学会到会学的合格青年学生。

▶▶ 六、学会学习的真谛在于学会创新

在农耕经济时代,学习是以劳动者言传身教的方式传授简单的劳动技能和经验;在工业经济时代,人们通过工业化大信息量的群体化传播工具,如教材、报纸、广播和电视等,在较大的范围内获取知识和各种信息;而在知识经济时代,计算机网络变化和信息高速公路的出现,为学习开辟了更加广阔的道路。计算机已经成为信息收集、加工、存储、处理、传递、使用必不可少的工具,也已成为现代化的学习工具。我国已经出现了相当数量的一批网络学校,并进一步向双向交互式网络学习方式发展,前景极为广阔。信息高速公路的触角已经伸向世界的各个角落,为人们提供了一个取之不尽的信息资源库,全世界的学习资源都可以用来为一个人的学习服务。信息手段的革命性变化为人们的学习展示了美好的前景,与此同时也对学习者提出了更高的要求。青年学生学会使用现代信息和传授技术,会对其学习的效果起到事半功倍的作用。

扫一扫,测一测

要在学会学习的前提下,做学习的主人,提高学习效率,变被动学习为主动学习,就要重视借鉴古今中外的学习经验,使自己少走弯路。在学习中,一定要联系学习实际,研究具有不同针对性的学习方法。学习活动作为一种认知活动,有其带有规律性的一些基本学习方法,但在研究具体的学习方法时,它又表现出不同的特点。例如,不同的学习阶段、学习目标、学习内容、学习对象与学习环境,学习方法是不同的;专业性质和课程特点不同,学习方法也是有差异的;教学环节不同、教学形式不同,学习方法也自然不可能一样。因此,学习方法要与时俱进,做到针对不同的内容和要求,采取不同的学习方法。

在知识经济时代,具有不断掌握新知识,进而创造新知识的能力,比掌握现成的知识更为重要。青年学生要从个人实际出发,采用和创造适合自己特点的科学学习方法。个人的发展基础不同,智力和非智力因素就会有所差异,学习习惯、特点也会有所不同,因此,青年学生在学习中,必须做到切合个人实际,切忌"千篇一律"。所以,最好的学习方法应当是与时俱进,不断创新的、科学的、适合自己个性特点的方法。

以上就是我们所说的进行一场学习革命。也许你已经做得很好了,也许你会在这里受到启发,也许这里介绍的内容不能完全适合所有青年学生的需要,但是,你一定要记住:"未来的文盲不再是那些不识字的人,而是那些没学会学习的人。"

学习的妙法

陶渊明是晋代著名的大文学家。在他隐居田园后的某一天,有一个读书的少年前来拜访他,向他请教求知之道。

见到陶渊明,那少年说:"老先生,晚辈十分仰慕您老的学识与才华,不知您在年轻时读书有无妙法?若有,敬请授予晚辈,晚辈定将终生感激!"

陶渊明听后,将须而笑道:"天底下哪有什么学习的妙法?只有笨法,全凭刻苦用功、持之以恒,勤学则进,怠之则退。"

少年似乎没听明白，陶渊明便拉着少年的手来到田边，指着一棵稻秧说："你好好地看，认真地看，看它是不是在长高？"

少年很是听话，可怎么看，也没见稻秧长高，便起身对陶渊明说："晚辈没看见它长高。"

陶渊明道："如果它没有长高，为何能从一棵秧苗，长到现在这等高度呢？其实，它每时每刻都在长，只是我们的肉眼无法看到罢了。读书、求知以及知识的积累，便是同一道理！天天勤于苦读，天长日久，丰富的知识就装在自己的大脑里了。"

陶渊明又指着河边一块大磨石问少年："那块磨石为什么会有像马鞍一样的凹面呢？"

少年回答："那是磨镰刀磨的。"

陶渊明又问："具体是哪一天磨的呢？"

少年无言以对，陶渊明说："村里人天天都在上面磨刀、磨镰，日积月累，年复一年，才成为这个样子，不可能是一天之功啊，正所谓'冰冻三尺，非一日之寒'！学习求知也是这样，若不持之以恒地求知，每天都会有所亏欠的！"

陶渊明的话让少年恍然大悟。陶渊明见此子可教，又兴致极好地送了少年两句话：勤学似春起之苗，不见其增，日有所长；辍学如磨刀之石，不见其损，日有所亏。

学习的方法虽然有很多，但刻苦用功、持之以恒才是基础。日积月累，天长地久，丰富的知识自然而然就装在你的大脑里了。

素养初体验

▶▶【拓展活动一】"孔子学习观"阅读感言

孔子幼年家境贫寒，没有受过正式启蒙教育，但他较早地接触社会，领悟了人生世态。孔子十五岁以后向往学习，《论语》里记载了许多孔子关于学习的论述："敏而好学，不耻下问""吾尝终日不食，终夜不寝，以思，无益，不如学也""三人行，必有我师焉，择其善者而从之，择其不善者而改之"……孔子的实际行动也为后人树立了榜样。他曾问礼于老聃，学乐于苌弘，学琴于师襄。公孙朝向子贡诘问孔子的师门，遭到子贡雄辩而有力的反诘：圣人无处不可以学习，无人不可以学习，只要是合于文武之道的就可以学习。韩愈《师说》里更是阐述得淋漓尽致："生乎吾前，其闻道也固先乎吾，吾从而师之；生乎吾后，其闻道也亦先乎吾，吾从而师之。吾师道也，夫庸知其年之先后生于吾乎？是故无贵无贱，无长无少，道之所存，师之所存也。""道之所存，师之所存也"就是符合子贡描述的孔子的求学精神。

在《论语》中有这样一段记载："子曰：'由也，女闻六言六蔽矣乎？'对曰：'未也。''居！吾语女。好仁不好学，其蔽也愚；好知不好学，其蔽也荡；好信不好学，其蔽也贼;好直不好学,其蔽也绞;好勇不好学,其蔽也乱;好刚不好学,其蔽也狂。'"文中的六言就是指仁、智、信、直、勇、刚六种道德的标准,六蔽是指与标准相对的愚、荡、贼、绞、乱、狂。"蔽"同"弊",就是在实行道德过程中所容易出现的毛病。这段话翻译成现代汉语就是:孔子说:"仲由!你听说过六种品德和六种弊病吗?"子路回答:"没有。"孔子说:"来,坐下!我告诉你。喜好仁德却不喜好学习,弊病是容易被人愚弄;喜好聪明却不喜好学习,弊病是容易放荡不羁;喜好信实却不喜好学习,弊病是拘于小信而贼害自己;喜好直率却不喜好学习,弊病是说话尖刻刺人;喜好勇敢而不喜好学习,弊病是捣乱闯祸;喜好刚强而不喜好学习,弊病是狂妄自大。"在孔子看来,个人成长的过程就是一个不断追求和学习的过程,在追求中学习,在学习中完善,所以对于人的成长来说重要的不是做,而是怎么做才能符合标准。解决的办法只有一个,那就是不断学习。

思考与讨论:

1. 阅读孔子对于学习的观念,分析怎样养成学习意识。

2. 结合自身讲述个人学习方法的利与弊。

▶▶【拓展活动二】 职场生涯角色扮演

心理学家舒伯提出人的一生要持续经历六种角色(子女、学生、休闲者、公民、工作者和持家者),据此,我们演绎有职业特点的工作者和持家者,并演化为"职业人"及"家庭主妇(夫)"。

1. 结合专业选定职业角色,设置具体工作任务,以及完成这些工作应具备的知识和能力。

专业角色	工作任务	需要具备的知识和能力	学习的方法及途径
××职业	● ● ● ●	● ● ● ●	● ● ● ●

2. 设想家庭主妇(夫)应完成的工作任务,以及完成这些工作应具备的知识和能力。

家庭角色	工作任务	需要具备的知识和能力	学习的方法及途径
家庭主妇(夫)	● ● ● ●	● ● ● ●	● ● ● ●

3. 体验实践,希望学生们通过"做中学",体验全面学习的重要性,设计学习计划。

【知识吧台】

全国职业院校学情调查报告发布　多数学生学习心理积极乐观(节选)

职业教育与普通教育是两种不同教育类型,具有同等重要地位。《国家职业教育改革实施方案》明确提出,要由参照普通教育办学模式向企业社会参与、专业特色鲜明的类型教育转变,由追求规模扩张向提高质量转变,大幅提升新时代职业教育现代化水平,为促进经济社会发展和提高国家竞争力培养优质人才。

针对职业院校扩招后生源多元化的状况,系统开展学生学情分析,对学生学业水平、技术技能基础、信息技术应用能力、学习目的和心理预期等深入调研,准确了解不同生源在成长背景、从业经历、学习基础、年龄阶段、认知特点、发展愿景等方面的差异性,提出有针对性的培养策略,有助于职业院校充分挖掘不同生源特长潜质,实施扬长补短教育,全面提高办学水平和育人质量,确保"教好""学好""管好",实现学生高质量就业。为此,教育部职业技术教育中心研究所(现教育部职业教育发展中心)编制调查问卷,在多次试测的基础上,借助全国职业教育调研联盟,在2020年4月至5月开展了首次全国职业院校学情调查。

一、调查基本情况

调查根据职业教育学段划分情况,考虑职业院校学生认知和学习能力发展的阶段性特征,确定中、高等职业学校二年级学生为调查对象。调查借鉴国内外相关模型,结合职业院校实际,针对中、高职学生自主研发两套调查问卷。经过多轮预试,所有调查工具各项量化指标符合测量学要求,具有良好的信效度。

调查根据职业院校的不同类型、层次和发展水平及区域分布、在校生规模等因素进行分层多阶段不等概率抽样,在全国31个省(自治区、直辖市)抽取425所中职校和203所高职校的173 671名二年级学生(含72 438名中职学生,101 233名高职学生),样本具有较好的代表性。本次调查侧重了解提质培优背景下职业院校学生学习投入状况及存在的突出问题,为职业教育增值赋能提供有针对性的改进建议。

二、调查主要发现

调查发现,近年来,在党和国家高度重视下,尤其是《国家职业教育改革实施方案》颁布后,在一系列利好政策的引导下,以及就业竞争的压力下,职业院校学生学习投入状况和学校教育环境明显改善,但也存在学生学习主动性不足、学习方法不当等问题。

(一)学生学习投入:心理投入较好,行为、认知、时间投入有待增进

学生学习投入包括学习心理、学习认知、学习行为、学习时间等方面的投入。调查发现,多数学生学习心理积极乐观,学习动力较强,学习行为规范但积极主动性不足,能够反思改进学习但深层认知相对不足,课内外学习时间安排欠合理。

1. 多数学生学习心理积极乐观，约半数学生学习压力不大。良好的学习心理有利于促进学生有效学习。调查结果显示，多数学生具有积极乐观的学习心理，90.2%的中职学生和92.2%的高职学生表示"想学习更多东西使自己更好成长"，75.6%的中职学生和77.3%的高职学生表示"对学习感到快乐"。大部分中职学生（90.1%）和高职学生（92.2%）具有中等及以上水平的学习动力。一半左右学生认为学习压力不大，54%的中职学生和44.3%的高职学生认为学习压力为中等及以下水平。学生学习压力主要来自就业，68.6%的中职学生和84.5%的高职学生认为就业压力高于中等水平。

2. 多数学生具有规范的学习行为，但课内外学习积极主动性不足。规范良好的学习行为是决定学生学习品质的关键。调查结果显示，多数学生能够规范自身学习行为，在不逃课、不抄袭作业、上课不做与课程无关的事、按时完成作业等方面，中职学生日常表现良好的人数比例分别为94%、91.8%、91.1%、84.2%，高职学生相应的比例分别为94.4%、93.6%、92%、86.8%。尽管学生在学习行为规范方面总体表现较好，但仍存在积极主动性不足问题。例如，在课内学习方面，只有45.1%的中职学生和47.7%的高职学生积极进行课前预习课后复习，只有48.9%的中职学生和55.8%的高职学生课上积极提问或主动回答问题；在课外学习方面，只有31.3%的中职学生和42.3%的高职学生积极地去图书馆或自习室学习，只有43.7%的中职学生和41%的高职学生积极地去实训场所练习。

3. 多数学生能反思并改进学习，深层认知相对不足。学习认知是学生学习过程中表现出来的信息加工方式，反映的是学生理解复杂概念或掌握较高难度技能所要付出的必要努力，良好的认知策略有利于学生提高学习效果和效率。调查结果显示，多数学生能有效运用元认知策略，60.1%的中职学生和66.2%的高职学生反映能够积极反思并改进自己的学习过程。但学生深层认知相对不足，只有部分学生能有效运用深层认知策略。例如，在学习时能够综合不同课程视角、包容不同观点、整合不同来源信息的中职学生分别占46.3%、51.1%、48.2%，高职学生则分别占53.2%、59.9%、57.6%。

4. 学生实践性课程学习时间不足，一些学生课外自学、加练时间不长。学生在课内外的学习时间投入可作为学生努力程度的参考。调查结果显示，学生实践性课程学习时间不足，在2019—2020学年第一学期，中、高职学生平均每周上课时间的中位数分别为20和21个小时，其中平均每周上实习实训课时间的中位数分别为7和6个小时，低于国家规定的实践性教学课时占总课时一半以上的要求。一些学生课外自学、加练时间不长，约60%的中、高职学生每周课外自学、加练时间均不超过10个小时。从未进行过任何课外自学、加练的中职学生分别占4%和7%，高职学生分别占1.8%和4.9%。

5. 不同学段、性别、层次、区域学生学习投入差异显著。调查结果显示，中、高职学生总体学习投入水平都不高，处在"及格线"上下。学生学习投入水平在不同学段间存在差异，中职学生总体学习投入水平明显低于高职学生，二者得分率依次为58.3%、61%。中职学生学习投入各维度水平均明显低于高职学生,两者得分率最高的为学习心理投入,其次为学习认知投入,最低的是学习行为(包括课内外学习行为)投入。学生学习投入水平在不同性别、层次、区域间存在差异。中职学生中,男生总体学习投入水平明显高于女生,二者得分率依次为59%、57.3%;国家级示范校学生总体学习投入水平明显高于省级示范校和普通校,省级示范校明显高于普通校,三者得分率依次为62.67%、59.33%、54.67%;东部学生总体学习投入水平明显高于中、西部,中部明显高于西部,三者得分率依次为60%、57.67%、57%。高职学生中,男生总体学习投入水平明显高于女生,二者得分率依次为62.33%、59.33%;"双高"校学生总体学习投入水平明显低于非"双高"校,二者得分率依次为60.33%、61.33%;东、中部学生总体学习投入水平明显高于西部,三者得分率依次为61.67%、61.67%、60%。

(二)学校教育环境:人际关系良好,部分课程教学方式、学习支持系统有待改进

学校教育环境包括人际关系、课程教学、学习支持等方面。调查发现,多数学生同伴关系、师生关系良好,课程内容较合理但部分教学方式待改进,学习、生活支持多元化,但部分措施需加大指导力度。

1. 多数学生同伴关系、师生关系良好。同伴关系、师生关系是学校教学环境中最基本的关系,直接关系学生的学习。调查结果显示,多数中职学生(70.6%)和高职学生(73.8%)与同学的关系良好。中职学生中,71.5%的女生与同学关系良好,高出男生1.7个百分点;高职学生中,男生相应的比例为74.4%,高出女生1.4个百分点。多数中职学生(61.9%)和高职学生(65.6%)与任课教师的关系良好。中职学生中,62.6%的女生与任课教师关系良好,高出男生1.3个百分点;高职学生中,男生相应的比例为66.7%,高出女生2.4个百分点。多数中职学生(66.4%)和高职学生(67.3%)与班主任或辅导员的关系良好。中职学生中,66.7%的女生与班主任或辅导员关系良好,高出男生0.5个百分点;高职学生中,男生相应的比例为68.9%,高出女生3.5个百分点。

2. 课程内容安排较合理,部分课程教学方式有待改进。课程是为学生发展提供的最直接的教育空间,合理的课程内容和教学方式能有效促进学生学习。调查结果显示,多数中、高职学生认为学校公共基础课程体现了基础性、职业性与综合性,76.3%的中职学生和75.8%的高职学生认为课程注重为专业学习打好基础,74.4%的中职学生和76.7%的高职学生认为课程注重以职业为导向,81.9%的中职学生和83.9%的高职学生认为课程注重通用能力的培养。大部分中、高职学生认为学校专业课程体现了实践性和应用性,82.2%的中职学生和86.6%的高职学生认为课程注重将理论和实践相结合学以致用,81.4%的中职学生和86%的高职学生认为课程注重运用专业技术操作能力解决实际问题并运用于新的情境。部分课程教学方式有待改进,30.9%的中职学生和29.8%的高职学生指出公共基础课程以老师讲授为主,21.7%的中职学生和26.5%的高职学生反映公共基础课程全是合班上

大课;15.7%的中职学生和15.1%的高职学生指出专业课程以教师讲授为主并很少动手操作,19.4%的中职学生和11.7%的高职学生反映专业课程全是合班上大课。

3. 学校能够为学生提供多元化的支持,在学业指导和生活指导上有待加大支持力度。学校在学习、生活方面的支持会对学生学习效果产生重要影响。调查结果显示,80%左右的中、高职学生评价学校注重提供多元化的学习和生活支持,部分学生评价学校在有些方面的支持力度还不足,31.2%的中职学生和25.9%的高职学生评价学校没有经常邀请或聘请专家、劳模、企业技术人员给学生指导,25.7%的中职学生和24.2%的高职学生评价学校没有很好地注重帮助学生应对人际关系。

(三)学生学习反馈:教学满意度较高,部分学生通用能力收获有待提高

学生学习反馈主要体现在学生学习收获、学生对教师教学的满意度等方面。调查发现,多数学生的教师教学满意度较高,在道德、知识、技能学习上收获较大,在通用能力发展上收获相对不足。

1. 多数学生的教师教学满意度较高。学生的教师教学满意度反映的是在接受教师教育教学服务过程中,对学习和生活等各方面的经历和结果的判断与看法,这一评价与学生学习的积极投入密切相关。调查结果显示,多数中职学生(55.7%)和高职学生(59.4%)的教师教学满意度较高。不同层次、区域院校中满意度较高的学生占比不同。中职国家级示范校中,对教师教学满意度较高的学生占63.6%,比省级示范校和普通校分别高出4.4和15.6个百分点;东部中职院校相应的学生比例为60.2%,比中、西部院校分别高出3.7和10.4个百分点。高职"双高"校中,对教师教学满意度较高的学生占比为60.3%,比非"双高"校高出1.5个百分点;东部高职院校相应的学生比例为58.9%,比中部院校低出3个百分点,比西部院校高出2.1个百分点。

2. 多数学生在道德、知识、技能学习上收获较大,在通用能力发展上收获相对不足。学生的学习收获水平反映了学生在学校教育环境中所付出的个体学习投入的效果。调查结果显示,多数学生在道德、知识、技能层面收获较大。中职学生认为在社会主义核心价值观、良好的职业道德方面获得较大提高或极大提高的比例分别为75.4%、79.7%,高职学生相应的比例分别为82.5%、84%。在拓展的知识领域、深厚的专业知识方面,中职学生认为获得较大提高或极大提高的比例分别为77.1%、75%,高职学生相应的比例分别为83.6%、80.1%。74.6%的中职学生和80%的高职学生认为在熟练的操作技能上获得较大提高或极大提高。学生在通用能力发展上收获相对不足,例如,在学习迁移能力、创新能力、组织领导能力、熟练运用信息技术、解决现实中的复杂问题、自主学习能力、书面表达能力等方面,只有约70%的中职学生和约75%的高职学生认为获得较大提高或极大提高。

(引自:《中国教育报》2020年09月16日第04版,有删改。)

第九单元

学会自控
把握进退之慧

知足无辱,知止不殆,可以长久。

——老子

此谓诚于中,形于外,故君子必慎其独也。

——《礼记·大学》

单元介绍

名词解释

素养风向标

【案例】

李某的励志故事

◎ 案例导读

生活在都市中的你,是否幻想过田园牧歌式的曲调,是否幻想过那淳朴自然、宁静和美的画面呢?有一个叫李某的美食博主,就过着这样的生活,我们一起来看看她的故事。

◎ 案例描述

李某的童年经历是不幸的,在她8岁的时候,亲生父亲就离世了,而且亲生母亲也在父亲离世前就离开了她,李某从小是跟随爷爷奶奶一起长大的。

刚开始的时候,李某不懂专业的拍摄和剪辑,她是自己先用手机拍摄,然后慢慢摸索、学习各类技能,最后才使得作品变得十分独特。虽然李某现在有了团队,但是她依然是自己主导内容、构思创意,而且她非常勤奋、自律,在视频中,她常身穿粗布麻衣,手脚利落地在干农活,并且能保持较快速度、较高质量的视频产出。此外,她还是一个善良的人,她不仅帮助贫苦山区的孩子,还为抗击疫情捐赠物资。

◎ 案例分析

个人生气勃勃的样子不是为了当下的生活而生活，而是为了更美好的未来而生活。李某一直都在用自己的经历诠释这一点。她虽然现在很成功了，但是依然在为梦想奋斗。一箪食一瓢饮，传达了中式生活之美，为中华文化与世界文明的对话提供了样本。

◎ 案例交流与讨论

1. 李某今天的成就主要原因是什么？

2. 你能从李某的故事中体会到自控的重要性吗？

素养加油站

▶▶ 一、识读自控

自控就是自我控制，是个人对自身心理与行为的主动掌握。它是人所特有的，以自我意识的发展为基础，以自身为对象的人的高级心理活动。希腊人将自我控制作为第四种美德，也就是他们所谓的节欲，它能控制我们的情绪表达及行为方式，节制自身的欲望和激情，去追求平静、合法、适度的快乐。它是抵制诱惑的力量。面对同一情境，个体可以有许多情绪表达形式，人们可以从多种可能形式中选取一个最适合的方式来抒发自己的情感。在缺乏自我控制的时候，不顾后果和犯罪的行为总是大量发生。有一句古老的谚语道出了自我控制对于人生的重要性："要么是我们控制自己的欲望，要么是欲望控制我们。"

自我控制能力也称自控能力或自控力，是自我意识的重要组成部分，它是个人对自身的心理和行为的主动掌握，是个体自觉地选择目标，在没有外界监督的情况下，适当地控制、调节自己的行为，抑制冲动，抵制诱惑，延迟满足，坚持不懈地保证目标实现的一种综合能力。简而言之，自控能力就是在日常生活和工作中，控制自己情绪和约束自己言行的能力。良好的自控能力是 21 世纪创新型人才的必备素质。有学者对部分 3 岁半至 4 岁半幼儿进行自我延迟满足追踪 30 年研究，结果表明，那些在幼儿期能够耐心等待的青年人都较为成功，而那些在幼儿期等不得、控制不住自己的人，长大后事业都少有起色。

▶▶ 二、自控：成功的关键

很多时候，我们明明知道勤奋学习有助于自己的学习，有助于自己将来的人生道路，但总是抵挡不了看电视、玩手机、玩游戏的诱惑；很多时候，我们明明知道勤俭节约是中华民族的传统美德，但总是无法抗拒大手大脚花钱购物的诱惑；很多时候，我们明明知道必须兢兢业业的工作，只有这样，才能在事业上有所发展，但总是无法克制自己想偷懒、想舒服的惰性；很多时候，我们明明知道一些人生哲理，但总是停留于口头，不能去践行。今天，在这个丰富多彩的世界里，人人

扫一扫，看微课

第九单元 学会自控 把握进退之慧

都有可能碰到各种各样的诱惑，稍有不慎就有可能掉进陷阱。诱惑是多彩的、迷人的，它具有不可抗拒的吸引力，使意志不坚或贪图小利者上钩，结果，自然是掉进身败名裂的陷阱之中，造成无法弥补的损失。与此相反，自控能力非常强的人往往能获得成功。

【拓展阅读】

对周瑜有效的"攻心战"，为何对司马懿失灵了？

看过《三国演义》的人不禁为诸葛亮的才智所叹服，他运筹帷幄，决胜千里，许多战役的取胜都与他的"锦囊妙计"分不开。他还特别善用"攻心战"。两军阵前，以三寸不烂之舌，将魏国军师王朗骂得气满胸恼，大叫一声落马而死。"三气周瑜"使这位年轻英武、具有文韬武略的东吴大都督"赔了夫人又折兵"，恼羞成怒，吐血短命。死前还仰天长叹："既生瑜，何生亮？"不过，诸葛亮的"攻心战"也有失灵的时候。五丈原之战司马懿宁做缩头乌龟，坚持不出，诸葛亮派使者给他送去女人穿的衣服，想激怒司马懿出战。然而，司马懿棋高一着，不仅不怒，还装出一副笑脸说："孔明视我为妇人耶！"并善待来使，详细打听孔明情况，并得出结论："孔明食少事烦，其能久乎？"果不出所料，不久孔明因劳累过度，命殒五丈原，司马懿在军事上立于不败之地。人们不禁要问为什么诸葛亮的"攻心战"对王朗、周瑜有效，而对司马懿却失灵了呢？

【小提示】诸葛亮的攻心战对于不同的人产生了不同的效果，差别在于个人的自控能力不同。王朗年迈，心理防线十分脆弱，听到几句不入耳的话，就难以自持。再加上人到老年，一旦暴怒，就很容易出现意外。周瑜虽风华正茂，但嫉贤妒能，气量狭小，本来就缺乏自我控制能力，加之在军事上屡屡败于诸葛亮，使他处于极大的心理压力下，忧虑、沮丧、抑郁不能自拔，结果年纪轻轻就命丧黄泉。与上面二人相比，司马懿自控能力就好得多。他老谋深算，在无端受辱的情况下，用理智驾驭情感，进而排除恶劣情绪，使诸葛亮的如意算盘打空，在军事上占了上风。

对于今天高职院校的学生来说，从学生到职业人必须要完成几大转变：从宏大的"人生理想"向现实的"职业理想"、从青苹果式的"学校人"到成熟的"职业人"、从单纯的处理问题方式向复杂的人际关系、从系统的理论学习向多方位的实际应用、从散漫的校园生活向紧张的工作模式、从浮躁的心态向理性的思考等。如果这时你还不能学会自我控制，那将是十分危险的。因此，要想很好地完成从学生到职业人的转化，必须学会自控，从我做起，从现在做起。

素养面面观

▶▶ **一、对被退学大学生的沉重思考**

【拓展阅读】

十几年的亏空——被退学大学生的沉重思考

见到李奇(化名)的时候,他已经在网吧里待了20多个小时了。2018年2月末,距离李奇正式被学校除名已经半年多了。被学校退学,似乎让他有了更充裕的时间在网吧打游戏:他赤着双脚蹲坐在椅子上,头发蓬乱、面色苍白,布满血丝的眼睛依旧盯着显示器,嘴里叼着香烟还不停地嘟囔着什么。在他身边放着几个无人收拾的面碗,碗里满是烟头和痰迹,令人作呕。

2015年9月,李奇是以接近一本线的成绩考入某市一所高校的,他的“金榜题名”是当时家乡朝阳郊区一个小村庄的一件大喜事。背负着亲人厚重希望的李奇,在大学生活期间却发生了令人难以置信的变化。

大一时,他还是那么优秀,以致同学们送了他一个雅号——“奖学金专业户”。而上了大二,不知怎么他就变成了“另类学生”。“上了大二我才明白过来,学习成绩、奖学金,这些都不重要。要有钱,还要会玩,别人才会觉得你酷。我原来并不怎么喜欢游戏,在室友的怂恿下,开始玩一款网络游戏,升级让我感受到了前所未有的快乐。以后,只要有时间就往网吧跑,一玩就是一个通宵,最后,就连有些只需要签名的选修课也‘没时间’去了。”就这样,李奇在大二时成了网吧的常客。而到学期末,一共五门课程,他挂了四门。之后,挂科依旧,很快收到了退学通知书。

李奇的家长是老实巴交的农民,他们做梦都没有想到,辛辛苦苦供养上了大学的儿子竟然被开除了。“我们就这么一个孩子,省吃俭用供他读书,就盼着他出人头地。真要让他退学,我们也不活了。”得知儿子被退学的消息后,李奇的父母受到了前所未有的打击。

退学以及由此带给年迈父母的打击,却没有影响李奇的游戏热情。他拒绝跟父母回家,依然滞留在学校里。玩游戏仍然是他的主业,常常包夜之后再包天,最多时在网吧昼夜连战40多个小时……

许多个“李奇”被学校清退。在高校中究竟有多少个“李奇”? 很多学校都称他们的退学人数是机密,无可奉告。但从记者掌握的各种情况可以推断出,“红牌”大学生已经成为我们必须关注的一个为数不少的群体。

2017年年底,某高校进行了一次宿舍清理工作。“部分已经退学的学生还住在学校宿舍,这严重影响着宿舍的秩序和安全。”一位负责人说,有近百人在这次大清理中被学校“请”了出去。

同在去年，另一所高校有300多名大学生成为试读生。此时的他们距离"红牌"可以说仅有一步之遥——如果再挂科，就会被"红牌"罚下。"我们的淘汰率在1%左右。"某高校的一位负责人这样告诉记者。按1%计算，全市现有大学生约为25万人，"红牌"大学生将有2 500人左右。这是一个多么让人揪心的数字啊。"红牌"大学生缺少哪些免疫基因呢？

　　听说过李奇故事的人都说，是网络害了李奇。如果按照这个推论，我们很容易找到这些大学生被亮"红牌"的元凶，无非是网络、爱情、小说。可仔细想想，问题并非如此简单，每个大学生都生活在类似的环境中，为什么网络、爱情、小说就独独成为这些学生学习的干扰器？

　　"大学课程难吗？"记者采访到的每个"红牌"大学生对这个问题的回答都是"不"。

　　"其实，只要有高中时1/3的用功程度，我们每个人都可以轻松过关。"退学学生赵威（化名）说。赵威，某高校土木工程专业2012级学生，2015年11月被学校劝退，和他一起被劝退的还有他的三个室友。"其实课程并不难，只是我们4个人经常在一起打牌、通宵上网，根本没有心思学习。"赵威坦言道。

　　"他们的自控能力太差了。"某高校教务处副处长告诉记者这样一件事：一位已经有了两次退学警告的大二学生，竟然在上午考试以后，中午又去网吧打游戏，以至于把下午的考试都忘了。

　　为什么经过十几年努力考取的大学，在他们看来还不如玩一次游戏？

　　"一个人不能管理自己，一定是在他的内心有着巨大的痛苦，或者强烈的快乐需求。"大连医科大学心理学博士孙月吉教授说，现在很多大学生心理压力大，又不懂得怎样去发泄和排解，自然会造成痛苦郁积。

　　"除了一些心理因素外，我觉得这些同学普遍有点'忘本'，缺乏对社会、对父母的责任感。如果把他们父母的照片天天挂在书桌旁，他们肯定就不会这么沉沦了。"大连交通大学学生严岩认为"不懂报恩"是这些大学生沉沦的原因之一。

震惊、懊悔、质疑——家长难以接受

　　"你们肯定弄错了，我的儿子怎么会被退学？"很多家长都难以接受孩子在大学被亮"红牌"这一事实。一位河南父亲接到学校下发的退学通知后，一直说着这样一句话。当他亲眼看到儿子在电脑前痴迷的样子，扭头就走了。

　　"孩子每次要增加生活费时，我都没问他要那么多钱干什么。现在想想真后悔。"一位福建的学生家长说。

　　"我的孩子从小到大都很听话、很优秀，怎么一上大学就变了呢？为什么直到不可挽回了，学校才告诉我们孩子在学校的情况？难道他们之前连打个电话的时间都没有吗？"很多家长质疑学校的教育方式。校方观点：亮"红牌"实属不得已，"红牌"大学生的产生几乎源于一个共同的理由——在规定的时间里没有修完规

定的最低学分,或者说,考试不及格的科目太多。在李奇所在学校的《学籍管理条例》中,记者看到这样的规定:学生每学期获得学分数不足规定应得学分1/3者,给予退学警告,连续三次或累计四次受到退学警告者应该退学。

至于造成"红牌"的原因,学校方面说得也很直接:"80%以上的'红牌'学生是因为痴迷网络、沉迷网吧,可校外的网吧都是自主经营,我们对此无能为力。"

"对'红牌'学生,学校有不可推卸的责任。"一位老教授认为学校的推托之词毫无道理。他说,现在很多学校不重视教学,一些教学经验丰富、职称高的老师都忙着搞科研、写论文,根本没心思给学生上课,承担教学任务主体的往往是刚毕业的助教或讲师,甚至有的教授让研究生代课。

消除"沉迷网吧"现象——学校并非无所作为

教育人的地方怎么会对人的教育这样无奈?是无奈还是缺乏足够重视?孙月吉教授认为,对受到"退学警告"或者"退学"处分的学生,学校应该有专门的心理辅导,帮他们树立信心。而事实上,这样做的高校很少。

这里我们不妨借鉴一下合肥工业大学的做法。据报道,合肥工业大学把消除学生"沉迷网吧"现象纳入各学院学生工作考评中,实行"一票否决",提出"凡学生沉迷网吧现象严重的单位和个人在学校学生工作评比和表彰中不应评为优秀,凡是有学生沉迷网吧的学生班级应取消其参加评选达标班级的资格"。简单的一条与评优有关的规定即从根本上调动起各院系参与管理的主动性。老师们开始密切关注网迷学生的动向,并且时常进入网吧暗访。只用了两个月时间,该校通宵上网的学生由250多人锐减至十余人。许多长期沉溺网络的学生在老师和同学的帮助下补上了功课,开始了健康的学习生活。

从这一并不先进也不难办的做法中,我们可以得到这样的启示:只要高等教育工作者能调整一下思路,发现学生的问题,及早进行教育,并和家长沟通,或许能避免许多个"李奇"的出现。

"红牌"背后是十几年的亏空

"其实'红牌'大学生带给我们的应该是对整个教育体系的反思,大学有责任,但不能把板子都打在大学身上。"一位不愿透露姓名的教育学教授这样对记者说。

某大学教务处副处长说:很多大学生被退学都因为缺乏自控能力。从小到大,家长都把孩子管得死死的,忽视了对孩子自控能力的教育和锻炼。而一上大学,家长猛然撒手,孩子哪能不摔跤?

"从小到大,考大学是他们唯一的奋斗目标。单一的目标使他们上大学后,立即丧失了动力,迷失了方向。"某大学博士生导师张教授说。

"一报定终身也催生了'红牌'学生。"某大学学生处副处长说,他们经过调查了解到,很多大学生的退学源于对专业没兴趣。从小学到中学,老师和家长把孩子的一切行动都对准了高考指挥棒,却忽视了对孩子职业理想的教育。到了高考填报志愿时,很多孩子并不知道自己要学什么,更不知道以后要干什么,志愿是家长或是学校代学生填报的。有些学生直到入学后半年才知道所学的专业以后是做什么的。

"其实职业生涯规划应该贯穿学生教育的始终,如果等到上大学再恶补,当然就来不及了。"张教授说。

"李奇"们振作起来重新设计自己的未来

"你要敢回家,我就打断你的腿。"这是父亲在得知王伟(化名)被勒令退学后留下的一句话,如今王伟还一直挤在同乡的寝室里度日。

像王伟一样,被劝退之后还在学校周围逗留的"红牌"大学生还有不少。他们一方面是迷恋学校周围的网吧或者其他已经熟悉的生活环境,另一方面则是因为他们还在等待家庭的呼唤或者学校的"再关怀"。

不管是学校、社会,还是学生自己,我们必须形成这样的共识:被学校退学,并不意味着学生的一生被判了"死刑",学校的大门应当再次向他们敞开。现实中还真有这样的事例:张某,某市某"二本"高校2012级学生,2014年被勒令退学后,在家长和老师的鼓励下,从头再来,如今已考上了一所"一本"大学。

"我羡慕他有这份恒心,我更羡慕他有这么明事理的家长和那么友善的老师。"王伟说,他现在在上语言培训班,计划学好日语,出国留学。这也是一种很好的设计。

"李奇"们,振作起来吧,毕竟我们还年轻。从头开始,一点不晚。

(引自:《大连日报》,有删改。)

【小提示】网络的飞速发展,给当前大学生带来了前所未有的视觉和感官冲击,文中几个大学生因缺乏自控能力,面对这种冲击时丧失了自我,他们的教训是非常沉痛的。

案例中介绍的是普通高校的大学生。高职院校的学生情况如何,目前没有具体的统计数字。但通过与高职院校的师生接触,我们了解到,由于高职院校的特殊性,高职学生的自控能力与"李奇"们相比更弱一些。可见,学会自控已经不是针对个别高职学生才有意义的话题,在某种程度上说,它具有一定的普遍性。

▶▶ 二、高职生的自控能力

高等职业教育是我国高等教育一个重要的教育类型,是职业技术教育的高等阶段,在促进经济、社会发展和劳动就业等方面有着重要的现实意义。与普通高等教育相比,高职教育具有自身的特殊性。作为敏感的社会群体——高职院校的大学生,在心理上、思想上均表现出鲜明的两面性。从积极的一面看,动手能力强、热情,但目前在教育界的共识是:相当一部分高职学生综合素质较差,主要表现在以下几个方面。

(1)自我要求不严,不良习气较重,缺少责任感。部分学生缺乏远大的理想抱负及克服困难的毅力,缺乏艰苦奋斗的创业精神,尤其随着独生子女学生中有的怕吃苦、表现懒散、缺乏劳动观念、追求享乐等现象日益明显。相反,学习观念、艰苦奋斗观念淡化,不受纪律约束现象严重。个别学生上课迟到、早退、吸烟、打架斗殴,直接影响到教学秩序和校园稳定。

(2)学习不刻苦,学习方法欠缺,不求上进。许多学生学习没有计划性,不考虑各学科之间的关系,基本上是被动上课,缺少预习、复习等简单而基本的过程。学习主动性和探索性不够,几乎不提问题,对不懂的学习内容也难以表达哪里不懂、为什么不懂。同时,一些高职生源的文化素质较低,部分学生学习积极性较差,有的学生到课堂听课,一是受学校纪律约束,二是应付考试,但真正参加考试时也是一脸茫然,没有接受专业知识的欲望,学习纪律松弛,自习或上课看小说、睡觉,混时间的大有人在。相反,在会老乡、上网吧等方面兴趣浓厚,情绪高涨。

(3)对高职教育的认可度低。高职学生大多是由于高考成绩不佳,不能被普通高校录取,退而求其次,上职业院校往往是非自愿的或是被家长决定的、被动式的无奈选择,这种高考失利的挫折感与选择学校过程中的被动与无奈使得他们对所就读的高职院校缺乏信任感与认可度,逆反心理严重。近几年入学的高职学生绝大部分都是独生子女,在家受到父母、老人们的宠爱,以自我为中心,全家围绕他(她)转。到学校后,进入新的环境,不适应周围的一切,经受不了挫折,不服从学校严格制度的管理,管理越严,逆反心理越严重。

(4)学生心理问题日渐明显。部分高职学生文化基础差,学习吃力,加之有的因生活和就业的压力、感情波折等原因,个别学生存在程度不同的心理疾患,影响到他们的身心健康和学习生活,学生中的心理健康状况不容乐观,有的学生有迷茫、苦闷、烦躁、焦虑等种种心理问题,多因学习压力、经济压力或就业压力等多方面的负担产生消极情绪,日渐显露出不同程度的心理障碍。面对压力,许多学生采用消极的应对方式,上课分心,下课揪心,平时上网,考试作弊。

(5)缺乏明确的人生奋斗目标及学习动力。高职学生在高中时,是以考大学为唯一的学习目标和学习动力,进入高职院校之后突然丧失了奋斗的方向和目标。有调查显示:40%的学生认为"入学后最迫切的愿望"是"希望大学有丰富多彩的文娱活动";55.5%的学生甚至没有明确的目标。另据调查,高职生学习勤奋程度与高中相比,自认为有所提高的占9%,大体相当的占29%,有所下降的占37%,大大下降的占25%;学习积极主动的占23%,一般能完成学业但学习比较被动的占45%,对学业采取应付态度的占24%,不能完成学业,学习放任的占8%,这说明学习动力不足的问题在相当一部分高职学生身上不同程度地存在着。

素养成长路

怎样弥补"十几年的亏空"呢?根据专家的经验,下面三种途径非常有效。

扫一扫,测一测

一、学会控制自己的情绪

（一）调动理智控制自己的情绪，使自己冷静下来

在遇到较强的情绪刺激时应强迫自己冷静下来，迅速分析一下事情的前因后果，再采取表达情绪或消除冲动的"缓兵之计"，尽量使自己不陷入冲动鲁莽、简单轻率的被动局面。比如，当你被别人刻意地讽刺、嘲笑时，如果你顿显暴怒、反唇相讥，则双方可能争执不下，怒火越烧越旺，自然于事无补。但如果此时你能提醒自己冷静一下，采取理智的对策，如用沉默为武器以示抗议，或只用寥寥数语正面表达自己受到伤害，指责对方无聊，对方反而会感到尴尬。

职业发展篇

（二）用暗示、转移注意法控制自己的情绪

使自己生气的事，一般都是触动了自己的尊严或切身利益，很难一下子冷静下来，所以当你察觉到自己的情绪非常激动，眼看控制不住时，可以及时采取暗示、转移注意力等方法自我放松，鼓励自己克制冲动。言语暗示如"不要做冲动的牺牲品""过一会儿再来应对这件事，没什么大不了的""冲动是魔鬼"等，或转而去做一些简单的事情，或去一个安静平和的环境，这些都很有效。人的情绪往往只需几秒钟、几分钟就可以平息下来。但如果不良情绪不能及时转移，就会更加强烈。比如，忧愁者越是往忧愁的方面想，就越感到自己有许多值得忧虑的理由；发怒者越是想着发怒的事情，就越感到怒气冲天。根据人们对现代生理学的研究，人在遇到不满、恼怒、伤心的事情时，会将不愉快的信息传入大脑，逐渐形成神经系统的暂时性联系，形成一个优势中心，而且越想越巩固，日益强化；如果马上转移，想高兴的事，向大脑传送愉快的信息，争取建立愉快的兴奋中心，就会有效地抵御、避免不良情绪。

（三）在冷静下来后，思考有没有更好的解决方法

在遇到冲突、矛盾和不顺心的事时，不能一味地逃避，还必须学会处理矛盾的方法，一般采用以下几个步骤。

（1）明确冲突的主要原因是什么？双方分歧的关键在哪里？

（2）解决问题的方式可能有哪些？

（3）哪些解决方式是冲突一方难以接受的？

（4）哪些解决方式是冲突双方都能够接受的？

（5）找出最佳的解决方式，并采取行动，逐渐积累解决问题经验。

例如，小林这几天情绪不好，原来是和父亲因是否踢足球发生了矛盾。父亲希望他放弃所钟爱的足球，专心学习；小林自己对足球有浓厚的兴趣，不愿放弃驰骋绿茵场。明确了产生分歧的原因之后，接下来就考虑解决问题的方式有哪些？方案有以下四种。

（1）放弃足球训练，专心于学习。

（2）放弃足球训练，也不专心学习。

（3）坚持足球训练，因此影响学习。

（4）合理地安排时间，既坚持足球训练，又能兼顾学习。

其中,第二、三套方案是父亲不愿接受的,而第一、二套方案则是小林不愿接受的,既然第四套方案可为双方接受,不妨一试。

(四) 平时可进行一些有针对性的训练,培养自己的耐性

可以结合自己的业余兴趣、爱好,选择几项需要静心、细心和耐心的事情做做,如练字、绘画、制作精细的手工艺品等,不仅陶冶性情,还可丰富业余生活。青年学生风华正茂、热情奔放、富有理想、朝气蓬勃。这是一个从幼稚走向成熟的时期,这是一个不轻易表露内心世界的时期,这是一个独立性与依赖性并存的时期,这也是一个思想单纯、少有保守观念、富有进取心的时期,同时也是应对方式情绪化,好走极端,易发生心理疾病的时期。学会管理和调控自己的情绪,是高职学生走向成熟、迈向成功人生的重要基础。

韩信的故事

《史记》被鲁迅先生誉为"史家之绝唱,无韵之离骚"。《史记》中有一篇《淮阴侯列传》,是太史公倾心书写的重要篇章之一。《淮阴侯列传》写了淮阴侯韩信的一生,其中写了这样一件事:

淮阴屠中少年,有侮信者曰:"若虽长大好带刀剑,中情怯耳。"众辱之曰:"信能死,刺我;不能死,出我袴下。"于是信熟视之,俛出袴下蒲伏。一市人皆笑信以为怯。

这段话翻译成白话文是:淮阴有一个年轻的屠夫侮辱韩信,对他说:"你虽然长得又高又大,喜欢带刀佩剑,其实你胆子小得很。"并当众羞辱他说:"如果你不怕死,就用你的佩剑来刺我,如果不敢,就从我的胯下钻过去。"韩信注视他良久,当着众多围观人的面,从那个屠夫的裤裆下爬了过去,然后趴在地上。所有围观的人都笑了起来,以为韩信真的是胆小怕事。这件事被后人称为"胯下之辱"。

"士可杀不可辱"。韩信为什么要忍受这样的奇耻大辱呢?苏轼《留侯论》中有这样一段话:"古之所谓豪杰之士,必有过人之节,人情有所不能忍者。匹夫见辱,拔剑而起,挺身而斗,此不足为勇也。天下有大勇者,卒然临之而不惊,无故加之而不怒,此其所挟持者甚大,而其志甚远也。"这段话可以作为韩信所以忍受"胯下之辱"的注释。

后来,韩信从军并成为刘邦军中的重要将领,韩信大破项羽之后被徙为楚王。《史记》写道:

信至国,召所从食漂母,赐千金。及下乡南昌亭长,赐百钱,曰:"公,小人也,为德不卒。"召辱己之少年令出胯下者以为楚中尉。告诸将相曰:"此壮士也。方辱我时,我宁不能杀之邪?杀之无名,故忍而就于此。"

这段话翻译成白话文是:韩信到了楚国,召见当年给他饭吃的漂母,赏赐了千金。等召见南昌亭长时,赏赐了百钱,说道:"你是一个小人,做好事有始无终。"又召见当年让他受胯下之辱的屠夫,授予中尉的官职。韩信对各位将相解释说:

"这是一个壮士。当年羞辱我时,难道是我不能刺杀他吗?那是因为我杀了他没有任何意义,所以隐忍下来,才有了今天。"

韩信忍胯下之辱而图盖世功业,成为千秋佳话。假如他当初争一时之气,一剑刺死羞辱他的屠夫,按法律处置,则无异于以盖世将才之命抵偿无知狂徒之身。假如他当初图一时之快,与凌辱他的屠夫斗殴拼搏,也无异于弃鸿鹄之志而与燕雀争一日短长。韩信深明此理,宁愿忍辱负重,也不愿毁弃自己的前程。这样的忍耐不是屈服,而是退让中另谋进取;不是逆来顺受、甘为人下,而是委曲求全以使自己的愿望得以实现。一旦时机到了,他就如同水底潜龙冲腾而起,施展才干,创建功业。

人活在世界上,应该有奋斗的目标,应该使生命活得有意义。如果心胸狭隘、目光短浅,逞匹夫之勇、图一时之快,情绪一冲动,就不计一切后果,那么你绝不会成就自己的事业——这是韩信的故事给我们的启迪。

▶▶ 二、学会控制自己的行为

控制自己的行为,简称自控行为,是指受到个体有意识、有目的地监控或调整的行为活动。个体的大多数行为受习惯反应模式的自动调节,一旦人们意识到其行为不能达到满意的结果,他们会想办法采取措施改变外部事件(如周围环境)或改变他们对于这些外部事件的行为反应形式。个体对于外部事件的有效控制是有条件和限度的,而个体对于自身行为反应的积极超前控制,即使在面临无法控制的外部情景下也是无限的。这种控制活动就是自我控制行为。自我控制行为改变了原有的行为后果,是一种有意识的意志行为。这一行为反应是指向个体自身的,而不是环境事件的。所以,人们也把这种情况称为"情绪化"。有的人只要情绪一来,就什么都顾不得了,什么难听的话都敢说,什么伤人的话都敢骂,甚至还做出后果严重的违法乱纪的行为,这就是人的情绪化。

(一)人的情绪化行为特征

(1)行为的无理智性。人的行为应该是有目的、有计划、有意识的外部活动。人区别于其他动物的特征之一,就在于人的行为的理智性。但是,人的情绪化行为的一个重要特征,就是不仅"跟着感觉走",而且"跟着情绪走"。行为缺乏独立思考,显得不够成熟,浮于表面,轻信他人,而且有时还依赖于他人。

(2)行为的冲动性。人的行为本应受意志的控制,受意识能动地调节支配。但是,人的情绪化行为反映了意志控制力的薄弱,显得冲动。一遇到不顺意或不称心的事,就像一个打足了气的球一样,立即爆发出来。带有情绪化行为的冲动,看起来力量很强,然而不能持续很长的时间,紧张性一释放,冲动性行为就结束了。这种冲动性行为往往带来某种破坏性后果。

(3)行为的情景性。它的显著特点是为生活环境中与自己切身利益相关的刺激所左右。满足自己需要的刺激一出现,就显得非常高兴;一旦发现满足不了,就会异常的愤怒。因此,这种行为就显得简单、原始,比较低级。如果他人故意地制造一个情景,那么,一些人就会按照他人预计的方式行动,就会上当受骗。

（4）行为的不稳定性、多变性。人的行为总有一定的倾向性,而且这种倾向性一旦形成会比较稳定。但是,人的情绪化行为却具有多变、不稳定的特点。喜怒哀乐,变化无常,给人一种捉摸不定的感觉。

（5）行为的攻击性。这类人忍受挫折的能力相当低,很容易将自己受到挫折产生的愤怒情绪表现出来,向他人进攻。这种攻击,不一定以身体的力量方式出现,也可以语言或表情的方式出现:如不明不白地讽刺挖苦他人,在脸色上给他人难堪和下不了台等。

正因为人的情绪化行为具有上述特点,就使这种行为具有不少消极影响。对于个人来说,情绪化行为会成为个人心理发展的障碍,使人变得缺乏理智、不成熟,甚至出现极端行为;对于群体来说,过多的情绪化行为会妨碍青年人之间的融洽与和睦;对于社会来说,当人的情绪化行为成为一种倾向时,就比较难于为社会所控制,甚至成为某个社会事件的起因,给社会造成重大的损失。

（二）情绪化行为的控制

（1）要承认自己情绪的弱点。在每个人的情绪世界里都有他(她)的优点弱点、长处短处,为此自己一定要认识自己情绪世界中的弱点和短处,不能回避,不能视而不见。比如,有的人喜欢激动,而且一激动就控制不住自己。怎么办? 就要承认自己有这个毛病,在承认的基础上再认真分析自己好激动的原因是什么,在什么情况下容易激动,然后再找一些方法去克服它。这样做的好处是可以随时随地提醒自己:"可不能放纵自己啊!"

（2）要控制自己的欲望。人的情绪化行为大都是因自己的欲望、需求得不到满足而产生的。当一个人的行为都只与"功"与"利"联系在一起而不能满足时,只与能不能满足自己需要的"物欲"联系在一起时,行为就变得简单、浅显,就会产生短视、剧烈的反应。在"索取和获得尽量多一点,付出和贡献尽量少一点"的不正常心态下,产生情绪化行为是不奇怪的。因此,要降低过高的期望,摆正"索取与贡献、获得与付出"的关系,只有加强了理性认识,才可能防止盲动的情绪化行为。

（3）要学会正确认识、对待社会上存在的各种矛盾。有很多情绪化行为是因不能认识、处理人与人之间的矛盾引起的,所以一定要学会认识问题的方法,不能走极端,不能片面化,不能以点代面,不能形而上学,不能主观主义,否则只能增加自己的消极悲观情绪,使自己越来越沉重;要学会全面观察问题,多看主流、多看阳光、多看积极的一面,从多个角度、多种观点进行多方面的观察,并能深入现实,发现自己原来发现不了的意义和价值,使自己乐观一点,增加克服困难的勇气,增加自己的希望和信心,即使遇到严重挫折也不会气馁,不会打退堂鼓。

（4）要学会正确释放、宣泄自己的消极情绪。一般来说,当人处于困境、逆境时容易产生不良情绪,而当这种不良情绪不能释放、长期压抑时,就容易产生情绪化行为。怎么办? 要承认现实,要认识到环境的不幸是难免的,关键是不要自己折磨自己。过度的压抑不会帮你摆脱痛苦,相反的,它会加速缩短你的生理寿命和社会寿命。因此,要把这种消极情绪适时地释放、宣泄出去,比如多找一找好朋友谈心,以自己最"拿手"的方式融入社会,多找一些有兴趣的事,多参与社会活动,多获得一些成就感,从中去寻找自己的精神安慰、精神寄托等。

【拓展阅读】

明代大学士徐溥储豆律己

明代大学士徐溥自幼天资聪颖,读书刻苦。少年时代的徐溥性格沉稳,举止老成,他在私塾读书时,从来都不苟言笑。一次老师发现他常从口袋中掏出一个小本子看,以为是小孩子的玩物,等走近才发现,原来是他自己手抄的一本儒家经典语录,由此对他十分赞赏。徐溥还效仿古人,时常检点自己的言行。他在书桌上放了两个瓶子,分别贮藏黑豆和黄豆。每当心中产生一个善念,或是说出一句善言、做了一件善事,便往瓶子中投一粒黄豆;相反,若是言行有什么过失,便投一粒黑豆。开始时,黑豆多,黄豆少,他就不断地反省并激励自己;渐渐黄豆和黑豆数量持平,他就再接再厉,更加严格地要求自己;久而久之,瓶中的黄豆越积越多,相较之下黑豆就显得微不足道了。直到后来为官,他还一直都保留着这一习惯。凭着这种持久的约束和激励,他不断地修炼自我、完善自己的品德,后来终于成为德高望重的一代名臣。

徐溥对自己的高标准约束显示了他强烈的自律意识,即使是在个人独处时,他也能自觉地严于律己,谨慎对待自己的一言一行。

【小提示】慎独是自律的最高境界,它能让一个人在独立工作、无人监督的时候仍然能够不被外物左右,丝毫不放松自我监督的力度,谨慎自觉地按照一贯的道德准则去规范自己的言行,一如既往地保持道德自觉。

【拓展阅读】

坏脾气与钉子孔

从前,有个脾气很坏的小男孩。一天,他的父亲给了他一大包钉子,要求他每发一次脾气就用铁锤在他家后院的栅栏上钉一颗钉子。第一天,小男孩共在栅栏上钉了37颗钉子。

过了几个星期,由于学会了控制愤怒情绪,小男孩每天在栅栏上钉的钉子少了……最后,小男孩变得不爱发脾气了。

他把自己的转变告诉了父亲。父亲建议说:"如果你能坚持一整天不发脾气,就从栅栏上拔下一颗钉子。"经过一段时间,小男孩终于把栅栏上所有的钉子都拔掉了。

父亲拉着他的手来到栅栏边,对小孩说:"儿子,你做得很好,但是,你看一看那些钉子在栅栏上留下那么多小孔,栅栏再也不会是原来的样子了。当你向别人发过脾气之后,你的言语就像这些钉孔一样,在人们的心中留下伤痕。你这样做就像用刀子刺向了某人的身体,然后再拔出来。无论你说多少次对不起,那伤疤都会永远存在。其实,口头上对人们造成的伤害与伤害人们的肉体没什么两样。"

【小提示】小男孩的故事告诉我们,控制好自己的行为,就能在自己的人生道路上少一些失言、少一些失手、少一些失足;控制好自己的行为,就能在自己的人生道路上多一分自信、多一分稳重。在这个世界上,没有人要把你变成什么样,只有自己可以把自己变成什么样。完善自己的人格修养,以自律为前提控制好自己的行为,成功就会向你招手。

▶▶ 三、做好从学生到职业人的转化

从学生到职业人的转化是一种社会角色的重要转变,也是人生的一次重要选择。在这一过程中,学会自我控制非常重要。根据专家的研究结果,实现从学生到职业人的转化大体上应注意如下几个方面。

(一)从宏大的"人生理想"向现实的"职业理想"转化

第一份工作对大学生们的影响是巨大的。从象牙塔里走出来的大学生满怀对人生理想的憧憬和对未来的渴望,准备指点江山、挥斥方遒。然而就业压力大、选择余地小,能够找到与专业对口的工作,已经是非常幸运了。残酷的现实让他们感到理想与现实的落差,一时难以接受。宏大的人生理想,在现实面前已经失去目标、失去动力,取而代之的是迷茫和无奈。初入职场的大学生们在受挫后难免情绪低落。因此,从"学校人"到"职业人"的转化的当务之急是控制好自己,把人生理想转化为职业目标,并制定出切实可行的实施方案,去实现自己的职业目标。

实现职业目标的途径有很多,关键是要综合自身因素去选择一条最适合自己的道路,这样就能更快地实现自己的职业目标,并最终实现自己的职业理想。从实现职业理想的角度看,大学生应该尽最大的可能调控好自己的心态,让自己所做的工作与职业目标产生一定的相关性。否则,你所做的工作将不会为职业理想提供支持。那样,职业理想就有可能沦为空想。

【拓展阅读】

机会之门总是向有准备的人敞开

某高职院校的毕业生小张,学的是生物专业,除了专业本身的就业难度大之外,他自己对这个专业也并不感兴趣。小张喜欢的是新闻类职业,所以在读书期间,他除了使自己的专业成绩达到合格外,更注意提高写作能力。只要有空,他就坐在图书馆里查资料、读新闻著作,较为系统地自学了新闻理论。同时,小张积极参加学校新闻社团,在学校以及周边有重大新闻发生的时候,他总能快速投入采访,写出了很多较好的新闻稿件,一时间成为校园里的明星人物。快毕业时,刚好一家媒体来学校招生,看了小张的作品,立即决定录用他。就这样,小张一举击败了一些新闻专业的毕业生,顺利进入了这家新闻单位。

【小提示】幸运之神随时可能叩响你的大门,关键在于你是否已经做好了准备。在学校学生刊物上、毕业应聘时击败新闻专业的学生进入新闻单位从事工作

的小张,如果不是前期根据自己的职业理想,制定了相应的职业生涯规划并努力实施,经受住了艰苦的磨炼,最终很难脱颖而出。在今天的社会,什么事情都有可能发生。不要浪费自己宝贵的时间去倾听别人抱怨的话语。审视你自己,如果机会出现,你能否把握?你是否已经做好了准备?如果没有,就不要抱怨没有机会。如果你觉得已经做好了准备,机会仍然没有出现,那么不要气馁,相信机会之门总会向有准备的人敞开。

（二）从青苹果"学校人"到成熟"职业人"的转化

大学生相对单纯,他们还是青苹果一样的"学校人",要想实现自己的职业理想,必须向"职业人"转化。实习就是实现这一转化的重要一环。实际上,同样的实习经历,可以呈现出不同的结局,关键是你怎样控制好自己,走好自己的路。

从"学校人"转变成"职业人"的第一步,应从企业文化、业务流程、公司制度、仪态仪表、待人接物、为人处世等多个方面了解,企业需要的是什么人,什么职位应该具备什么样的素质,如何能够更好地发挥自己的潜力。职业人最需要的就是敬业精神,职场新人以日常性的事务工作居多,专业性的工作一般要经过企业的再培训之后才能上岗。要保持沉稳的心态,因为这是做好任何一份工作的关键。俗话说,"良好的开端是成功的一半"。你首先要学会适应。学会适应艰苦、紧张而又有节奏的基层生活。你可能会不习惯一些制度、做法,这时,要学会自我控制,适应新的环境。好高骛远、自命不凡、放任自流只能毁掉你的前程。

【拓展阅读】

改变自己的依赖思想

丘明毕业后依靠亲戚关系进了一家科技公司从事开发工作,因为具备较强的专业能力和创新意识,他在业务工作上还是比较得心应手的。但是,具体到日常工作中与同事的交流以及业务往来,他就显得有些笨拙了。刚开始,因为部门经理与他父亲之间的私人关系,常在背后照顾他,他在职场上还是比较顺利的。私下里,他也非常感谢部门经理对自己的照顾和重用。但是,半年之后,这位部门经理被调到其他城市,他突然发现自己身后的支架空了,除了有关网络开发的事务外,公司里其他与自己相关的业务,他根本不熟悉,也没有摸出门道。虽然说周围的同事很多,但平时他不善于沟通,与大家的关系处得不是很好,于是受到别人的排挤,有苦难言。因此,他在无奈中决定离开这家待遇很不错的公司。

【小提示】有依赖倾向的人习惯于借助别人来实现自己的工作目标,但是,在现实社会中,每一个人都有自己的工作事务,而不可能经常挪用自己的时间无偿地帮助别人。因此,我们要尽量改变自己的依赖思想,纠正自己的"依赖"性格,学会解决工作中一些与自己业务相关联的事务。这样不但能够培养自己的独立人格,也有助于自己的长期发展。

（三）从单纯的处理问题方式向复杂的人际关系转化

大学生新到一个公司，崭新的生活方式、陌生的社会环境、复杂的人际关系，都让他们感到不习惯。没有耐心去思考一些细节上的问题，因此，难以适应，四处碰壁。

在做人方面，首先要揭掉自我标签，低调做人。现代大学生的特点是张扬个性，彰显自我风格，追求与众不同。这种风气与氛围培养了不少"特别"的大学生。但工作岗位不是上演个人秀的舞台，因此，刚刚走向职场的大学生们一定要注意控制好自我形象，做事一定要低调。少说多看，尽快熟悉人际关系、融入环境。锐气藏于胸，和气浮于脸，才气见于事，义气施于人。在处事上对上司先尊重后磨合、对同事多理解慎支持、对朋友善交际勤联络，复杂的人际关系是社会构成的一部分。亲和力太小，摩擦力太大，一不小心，天时、地利、人和都会离你而去。

融入环境的手段之一是要学习基本的礼仪知识。职场有职场的规则，单纯的讲礼貌是不够的。身处其中，一言一行、一举一动都要符合职场规范。礼仪是构成形象的一个更广泛的概念，包括语言、表情、行为、环境、习惯等，相信没有人愿意自己在社交场合上，因为失礼而成为众人关注的焦点，并因此给人们留下不良的印象。对大学生来说，礼仪是一门必修课。

【拓展阅读】

大学生的尴尬

一个刚大学毕业的学生，好不容易找到了一份工作。但是，由于经验不足，能力欠缺，在工作中出现了失误，受到上级的严厉批评，他很不开心，没心思工作。

有人问他："你为什么不开心？"

他说："经理骂我了。"

又问："你是不是工作没做好？"

答："即便工作没做好，他的态度也不应该如此恶劣，我长这么大，我爸、我妈都没对我大声喊过！"

问："那你希望怎么样？"

答："我希望我下次再犯错时，他的态度能好点儿！"

【小提示】这位大学生说的话意味着：(1) 我出错是难免的；(2) 我以后还会出错；(3) 我再出错时，要改的是经理，不是我，他应该提高管理艺术。

试问如果这位大学生有这样的想法，下次再做同样的工作、重复同样的错误，上级对他的态度会好一些，还是会更严厉一些呢？

作为一个职业人，正确的说法应该是："我今天工作出错了，上级严厉地批评我，我很不开心。但我下次一定把事情做好，让他说不着。"

（四）从系统的理论学习向多方位的实际应用转化

大学生在学校里学习的多是系统的理论，一科接一科，科科有现成的教科书，有教师讲解和辅导。到了工作岗位，实际动手能力靠培养、练习，而且，实际应用是多角度、全方位的。没有人告诉你哪个该学，怎么学，知识积累全靠自己探索。从而导致花了功夫却没有实现目标,甚至偏离了目标,或者不知从哪里入手,该学些什么。

在应届毕业生进入公司的时候,企业都会对职场新人进行新员工入职培训,要多学多看,多虚心请教,才能积累工作经验。大学生缺乏实践经验,要以谦逊的态度去向别人请教。这并不是什么难事,放下架子,虚心请教,你会发现别人身上值得你学习的地方有很多,你自己身上也有别人值得学习的优点。虚心求教,进步很快,又能建立良好的人际关系,自己就能很快融入集体中。

【拓展阅读】

一分耕耘,一分收获

某职业技术学院 2014 年毕业的小周同学,在校期间勤奋好学,思想活跃,尤其重视培养实践能力,毕业的前半年因其专业成绩、操作技能、外语成绩均很优秀,被学校推荐到新加坡一个跨国公司从事模具制造工作。小周在工作中,踏实肯干,吃苦耐劳,与上司和同事的关系处理得十分融洽,工作得心应手,技术提高很快,两个多月后即能独立制造较复杂的模具,他还利用业余时间自学英语、管理和专业方面的知识,水平提高很快,薪金不但高于同去的其他同学,还高于新加坡籍员工。3 年工作期满后,公司再三挽留他继续留职,许诺大幅度提薪并帮助办理"绿卡",但小周还是回到国内发展。他到深圳一家大型模具企业应聘业务主管,在面试中,人事部门经理看中了他的水平、能力和经历,但他的学历远不符合公司要求,经理直接带他去见董事长,董事长与小周谈了 20 多分钟,当即任命他为项目工程师、业务主管,具体负责模具生产经营和生产安排,第二天即到公司上班,待遇非常优厚。2017 年6 月,进公司不到一年的小周又被提升海外业务主管,主要负责美洲国家,并经常来往于美国、智利等国洽谈业务,年薪 20 余万元,公司免费提供住房一套。小周成为公司十分倚重和看好的高级管理人才。

【小提示】小周的例子告诉我们,无论是在哪里,有一分耕耘,就会有一分收获。

(五)从散漫的校园生活向紧张的工作模式转化

每当新生力量进入单位,都会带来新的气息,同时也会带来一些新的问题。对于大多数刚刚走上工作岗位的高职毕业生来说,除了工作能力之外,还要有实干精神、懂得人际沟通。不但要完成好属于自己的每一项工作,还要做自己不愿做的工作。能否做好那些自己不愿意做的工作恰恰是一个人是否成熟的标志,也是一个人能否取得人生成功的主要因素。所以,职场新人必须学会严格要求自己,做好自己必须做的工作,摆正心态,努力做一名合格的职场人。

从"学校人"到"职业人"的转化要求你不能抱怨环境,不能抱怨父母、不能抱怨领导、不能抱怨同事、不能抱怨客户,也不能抱怨自己,你必须对自己的职业生涯、情感生涯和健康生涯负起责任。从而为自己、为家庭、为企业、为社会创造物质财富和精神财富。

(六)从浮躁的心态向逐步理性化转化

转型需要时间,与企业的磨合需要时间,积累经验也需要时间,具备竞争力同样需要时间。青年学生需要融入职场的时间,需要过渡过程。哪怕时间很短,这个过渡过程也不可或缺。企业会给实习生时间和机会,但自己不能以此为借口,要积极努力,从浮躁的心态中走出来,尽快进入符合企业要求的状态,这是理性化的成熟表现。正如苏格拉底所说:"让那些试图改变世界的人,先改变自己。"

企业看重应届大学生,主要就是看到了隐藏在这些年轻人身上的"发展基因"。实习是一个大学生走向社会的阶梯,如果实习好了,机遇也就会随时光顾你,或者受到实习单位的青睐,或者把实习经营成跳板。

不管什么用人单位,他们都需要一个谦虚谨慎、好学上进的员工;勤奋刻苦,把远大志向落到实处、树立责任感、执着追求事业的态度。对待实习兢兢业业,最后就能留在实习单位。在现实生活中,有些学生自以为不会留在实习单位,或者这山望着那山高,敷衍了事地对待实习工作,领导安排的工作不能完成,还总想搞点猫腻,偷偷出去应聘,结果,新的公司没聘上,实习的公司也丢掉了。

【拓展阅读】

全面培养自己的职业能力

小张是在某高职学院读计算机专业的学生。大三那一年,在父亲的一个朋友的介绍下,小张进入某大城市的一所著名科研机构实习。刚去的时候,他除了帮忙做做办公室的卫生,打开水,只能干坐着。领导看他有点清闲,就扔给他一个东西说:"3个月内完成就行,到时给你一个实习鉴定。"

后面的3天时间里,他干脆住在单位,完成了它。

第四天上午,当他告诉领导任务已经完成时,领导吓了一跳,立即对他刮目相看。领导又给了他几个任务,并且规定很短的时间要完成,他都提前完成了。

实习结束,领导没多说什么,但不久便指示人事部门负责人亲自去小张的学校点名要他。人事部门负责人很奇怪:"来我们这里求职的名牌大学本科生、硕士生十几个,还有博士生,你都不要,却非要一个高职学生不可,不是开玩笑吧?"

"不开玩笑,他有专长,有能力并且踏实。"

小张进入单位后工作很努力。后来,这个科研机构的主管部门临时借调他去帮忙。结果是:这个部门以前的报表都是最后一个交,并且经常返工,但这一次,小张不仅第一个送上报表,而且一次性顺利通过。

于是上面点名要他,而下面不愿意放人,但硬是被调走了。现在他已经成为一个部门的负责人了,并且下属多是本科生、硕士生。

在就业竞争激烈的形势下,小张何以如此轻松地找到体面而又重要的工作?我们可以总结的经验是:把自己所学的知识对应于社会职业的一个领域,并在这方面强化,找一切机会转化为实践能力。

【小提示】职业能力是一个人的综合能力,学习成绩仅仅是其中的一个方面,随机应变的能力、人际交往与自我表达同样重要,在校的高职学生切不可将学习成绩当作大学期间唯一的评价标准，而是应该在学习理论知识的同时，注重理论知识的实际运用，注重参与社会实践，将理论知识应用于社会实践，全面培养自己的职业能力。

（七）从家长、老师的呵护向自我保护转化

许多大学生在加入就业大军时，往往对就业的相关期限、实习权益一知半解。原来依赖家长，现在需要自立，需要自己判断、自己选择。如果选择去一个根本不了解的公司，这是一种冒险，不要轻易决定第一份工作。一般来说，新人第一次对职场的体验是刻骨铭心的，它会使新人对职场产生一种固定印象，形成固定心理状态，从而影响到今后的职业心态和职业规划。因此，走好职场的第一步，能够使大学生更好地为企业及社会服务，更好地发挥自己的潜力。若是为了在毕业前找到一份工作，或者迫于其他同学签约带来的压力而草率接受一份自己并不满意的工作，都是不可行的。

对于一家自己向往的公司，作为实习生当然应该全力以赴地做好自己的工作，争取最终能被录用。但是我们也要警惕，一些用人单位由于制度不完善，可能会侵犯了实习生的权益。在毕业以前，我们作为在校生，无法享受劳动法的保护，但一旦我们毕业了，我们就要懂得保护自己，以防一些不法的公司将自己作为廉价劳动力使用。要学会在社会上独立生存，学会保护自己。面对人生的种种挫折，学会应对，学会维权。

扫一扫，测一测

职业发展篇

160

【拓展阅读】

牢固树立"五种意识"

构建有效的毕业生就业权益保护体系，切实维护多方主体利益，关系到和谐就业关系的建立，关系到学校和社会的稳定，是当前毕业生就业市场有序建设的当务之急。

毕业生就业权益的保护是一个系统工程，我们在强调从法律和制度层面营造一个良好的环境和氛围的同时，也必须加强对于毕业生就业权益自我保护的指导和教育，这种指导和教育必须贯穿于学生的整个大学生活，必须很好地体现在学校的职业生涯规划教育中。毕业生要能真正有效地做到就业权益的自我保护，必须牢固树立以下"五种意识"。

一、法律意识

毕业生小王在新生入学教育的就业指导课上，得知现在的就业市场上陷阱重重。因此学计算机专业的她除了在大一时认真学好法律基础课外，还利用业余时间比较系统地看了《民法典》《劳动法》《合同法》等法律法规，对于劳动就业的规定有了一个大致的了解。毕业签约时，单位提出"试用期8个月，试用期满后签订劳动合同"的要求时，小王依据自己掌握的法律知识，以劳动法规定试用期最长不得超过6个月，试用期必须包含在劳动合同期限内为由与单位据理力争，最终使单位按照劳动法的规定签订就业协议，较好地保护了自己的合法权益。

从"学校人"到"职业人"的转化,需要了解与就业相关的法律法规、政策制度,了解劳动用工的相关规定,并且在学习这些法律、政策、规定的过程中,逐步培养一种法律意识。

法律意识要求毕业生在求职过程中,运用法律的思维来思考碰到的一些问题,了解相关的法律规定,了解哪些情况是违法的,哪些情况又是政策允许的。只有有了这种意识,才能认识到双方行为的性质以及法律后果,才有了自我保护的能力。

二、契约意识

毕业生小张由于契约意识淡漠,在就业时碰到了麻烦。小张事先在某公司毕业实习,实习结束后双方达成了就业录用意向。由于相互之间情况比较了解,彼此比较信任,因此双方仅就就业录用的相关事项进行了口头约定,小张认为自己工作的事就这么定了。没想到的是,等他毕业后正式到公司报到时,公司以岗位录用人员已满为由拒绝予以录用。由于双方之间没有签订书面的就业协议,孰是孰非,已无法定论,小张只能自吞苦果。

从某种意义上说,社会主义市场经济就是法治经济,这就要求我们要有契约意识,要求我们尊重平等、信守契约。就业协议在明确单位和毕业生权利义务等方面扮演着重要角色,因此契约意识的作用在毕业生就业过程中显得更加突出。

契约意识在就业过程中主要体现在两个方面:一是要求毕业生充分重视和深刻理解就业协议的重要性,要有通过就业协议来保护自己合法权益的意识;二是就业协议一旦签订即具有法律效力,必须具有严格遵守、履行就业协议内容的意识。

因此,谨慎签约、积极履约有利于毕业生通过协议书内容的约定保护自己的合法权益。协议一旦订立,双方都必须遵守,任何一方不得无故毁约、违约等,否则将受到经济和法律的制裁。

三、维权意识

小吴毕业后到一家公司报到上班。工作一段时间后,发现公司存在无故克扣员工工资和无故不缴纳社会保险费的现象。员工们对公司的这一做法感到义愤填膺,但是考虑到自己的工作岗位和发展机会,没有人敢于站出来对此质疑。小吴知道公司的做法是违反《劳动法》的,强烈的维权意识使他认为一定要采取措施保护自己和同事的合法权益。于是他以匿名的方式向当地劳动监察部门举报了公司的恶劣行径。劳动监察部门接到举报后,马上在查证属实的基础上对公司进行了处罚,同时责令公司返还克扣的员工工资,并按规定补缴社会保险费。小吴以自己的行动维护了自己和同事的正当权益。

毕业生在法律意识和契约意识的指引下,认识到自己的合法就业权益受到了侵害,是积极运用法律手段或者其他方法来进行援助以维护自己的合法权益呢,还是息事宁人,当做什么事都没发生过?

不同的处理方法就体现了维权意识的不同。具有强烈的维权意识,在碰到问题时能够拿起法律武器积极主张权利,是毕业生走出权益自我保护的实质性一步。毕业生只有养成了积极主张权利的维权意识,不畏法、不畏仲裁诉讼,才能够平等地与用人单位对话，据理力争，切实保障自己的合法权益。当然维权意识要求毕业生知道可以采用下列途径维护自己的就业权利：学校出面调解，向劳动监察部门申诉、举报，向劳动仲裁机构申请仲裁，向人民法院提起诉讼等。

四、证据意识

毕业生小杨通过网络找到了一家颇有影响力的民营企业。在正式就职之前，他来到该企业指定的培训中心交纳了相关的培训及服装费用。该企业承诺，如果职员在培训后因为企业的原因没有被录用，将退还培训中所有的费用。结果，由于企业人事调整，小杨没有进入该企业工作。当他向该企业要求退还培训等费用时，因拿不出交费的证据而被拒绝。

法律是用证据说话的，毕业生在就业过程中应"多留一个心眼"，牢固树立证据意识。证据意识的培养主要体现在三个方面：一是收集证据的意识，要求毕业生在就业时要有意识地请对方出示或者提供相关资料，来佐证一定的事实，如要求公司出示营业执照、要对方出示表明身份的证件等；二是保存证据的意识，要求毕业生注意保存现有的证据，以便将来在仲裁或诉讼时支持自己的观点，如要注意保存单位在招聘时的海报，与单位往来的传真、邮件等；三是运用证据的意识，毕业生要有用证据证明案件事实的意识，知道什么样的事实需要什么样的证据证明，知道一定事实的举证责任是在对方还是己方等。

毕业生在就业过程中经常会碰到单位要求交押金的情况。签订劳动合同时要求劳动者提供押金的做法是法律明确禁止的，但是签订就业协议时单位是否可以收取押金法律没有明确规定。

一般认为可以参照劳动合同的做法，签订就业协议收取押金不合理。但是现在就业市场中，由于某些潜规则的存在，确实在很多场合存在着毕业生不交押金就无法签订协议、得到工作的尴尬。在这种情况下，如果毕业生确实很想去这个单位工作的话，我们认为可以先交押金，但是一定要叫单位出具表明"押金"字样的收据并且注意保存，以便日后作为证据使用。

五、诚信意识

有专家指出，目前毕业生就业市场是买方市场，一些用人单位在处于主动地位的情况下，无视求职者的利益，甚至用欺骗的手段使毕业生就业陷入困境。同时，使整个人才市场处在一种彼此不信任的非正常状态，用人单位缺乏诚信，进而造成大学生在求职时诚信缺失。如一些企业参加招聘会"醉翁之意不在酒"，有的是为做广告，有的是借机招聘廉价劳动力。

对毕业生诚信意识的培养主要包括两个方面：一方面，毕业生自己在求职过程中必须如实向用人单位介绍自己的情况。如果毕业生故意隐瞒自身情况、欺骗单位，可能导致就业协议无效，并要承担缔约过失责任；另一方面，更为重要的一点是要能够意识到用人单位是不是诚信，比如意识到单位介绍的情况是不是真实、其招聘的真实目的是什么，等等。

第二方面，对毕业生要求得更高，因为要判断用人单位是否诚信，必然要求毕业

职业发展篇

生有比较丰富的阅历和经验,并通过不同的方法和途径全面了解用人单位的情况。然而一些毕业生在这方面做得还不够,主要是因为严峻的就业形势,使得毕业生不敢向用人单位问太多的问题、提更多的要求,许多初涉职场的毕业生认为单位说的都是对的,单位要求的就应该去做,不知不觉中自己的权益已经遭受侵犯。因此必须强化毕业生的诚信意识,特别是锻炼其中的第二种能力,以保护自己的合法权益。

【小提示】在从"学校人"向"职业人"转化的过程中,我们必须注意这"五种意识"的培养,进而真正做到面对人生种种选择的时候,学会应对,学会维权,学会自控。只有这样,你才能成为一个合格的职业人。

从学生到职业人的转化是一个复杂的过程。如果我们能从上述几个方面吸取一点经验或者教训,学会自我控制,那么你在从学生到职业人的转化过程中就可能少走弯路,更早到达理想的彼岸。

素养初体验

▶▶ 【拓展活动一】 自控能力讨论

形式:班会或小组讨论。

成果展示:最终形成书面的文本材料或者PPT材料并适时加以展示。

一、主题:联系身边实际谈一谈高职学生存在哪些自控能力方面的问题。

二、根据在《职业基本素养》中所学知识,总结一下,自己在情绪和行为控制方面存在哪些问题? 应该怎样改进?

三、主题:根据在《职业基本素养》中所学知识,分析下列案例。

小柯在大学毕业后的短短两年里,竟换了六家单位。每到一个单位,他总是和领导的关系搞得很僵。为了表示自己敢对领导不屑一顾,他常常故意违反单位有关规定,带哥们儿到单位来打长途、复印、上网等。领导批评他,他就顶撞,以至于每次试用期满,不是他主动"炒"了单位,就是单位的领导"炒"了他。

据小柯的同学反映,小柯上学时总觉得老师对自己比较冷淡,他把这归咎于自己的外貌和性格问题。久而久之,在小柯的脑子里就牢牢地树立了一个概念:"老师都看不上我,我也看不上老师。"他一方面有意无意地疏远冷淡老师,甚至把别人对老师正常的尊重态度视为"溜须拍马";另一方面又常常把老师的好言规劝作消极的理解,把老师对他的正常要求当作是"成心挑刺儿"。走上工作岗位后,小柯这种情绪失控的毛病不但未改,而且愈演愈烈。

尽管小柯每次被辞退的一些具体理由各不相同,但所在单位的领导对他的评价却是一致的:目中无人,不守纪律,态度傲慢。而小柯呢? 每次都是抱怨领导无德无能,任人唯亲。小柯为何总是屡屡被单位辞退? 难道是他"时运不济",碰到的全是"蹩脚领导"? 还是这些领导都戴了"有色眼镜",对小柯的评价有失公允? 请你帮小柯同学找到问题的症结所在。

【拓展活动二】 自查、自省和自我成长

形式：以日记、表格为载体自查、自省自身的自控能力，以床头名言、每天监督、评价表格督促自我成长。

一、主题：联系自身实际，以列举具体事例的方式评价自己当前的自我控制力。

二、针对自己的问题，有针对性地列出提高自我控制力的具体方案。

三、提高自己对自我控制能力重要性的认识度，每天坚持自查、省、自我提高，在持之以恒中提高自我控制能力。

【知识吧台】

一、提高自我控制能力的小技巧

自我控制包括两方面内容：一方面是自我克制，也就是说，克制自己不去做能带来即时满足但对自己长远发展不利的行为；另一方面是自我发动，也就是发动自己去做对自己长远发展有利但眼前又极不愿意去做或缺乏勇气去做的行为。主要方法如下。

1. 剥夺条件法。每一种行为都有其赖以产生的条件，假如能剥夺这些条件的话，这些行为也就不可能产生了。例如，一女学生上学喜欢买零食吃，怎么控制自己呢？她想如果上学不带钱，这样在校那段时间就可以控制住不吃零食。

2. 去除诱因法。人们之所以会产生某种行为及情绪，往往与周围环境中的诱因息息相关。正是由于这些诱因的存在，才诱发了某种行为或情绪。如果能把这些诱因去除了，那么这些行为或情绪也就不容易产生了。如某学生由于运动时脚受了伤，只能在宿舍里看书、做作业，但宿舍中同学你来我往会分散太多注意力，于是他拄着拐杖坚持去教室学习，摆脱了各种干扰和诱惑。

3. 积聚意志法。在某些时候做某些事情确实需要很大的意志力，如在大部分同学都尽情玩耍的周末，要让自己去教室、阅览室看书就需要极大的意志力。这时你可先做些不需很大意志力的事，虽然事小但对你来说这是一种意志的胜利，是一种进步，从中能使你体会到一种成就感，由此会增强你去完成下一个需要更大意志力目标的动力。当意志力积聚到一定的程度，就能推动你到阅览室去看书了。例如一个戒烟者，只要做到"今天不吸烟"，以后天天如此，就能戒烟。不要小看这一天，只要做到了，就表明他有效地控制了自己，由此就会发生重大的转机，向成功迈出了坚实的一步。

4. 挫前提示法。把可能碰到的最坏的结果先想象一番，然后写下来，同时不忘在最后写一番鼓励自己的话语。这是头脑清醒时，理智自我对受挫后情感自我的提醒和安慰。这样，有助于对抗挫折和鼓舞自己的斗志。

二、调节和控制情绪十法则

1. 学会转移。当火气上涌时,有意识地转移话题或做点别的事情来分散注意力,便可使情绪得到缓解。在余怒未消时,可以用看电影、听音乐、下棋、散步等有意义的轻松活动,使紧张情绪松弛下来。

2. 学会宣泄。人在生活中难免会产生各种不良情绪,如果不采取适当的方法加以宣泄和调节,对身心都将产生消极影响。因此,如果一个人有不愉快的事情及委屈,不要压在心里,而要向知心朋友和亲人说出来或大哭一场。这种发泄可以释放积于内心的郁积,对于人的身心发展是有利的。当然,发泄的对象、地点、场合和方法要适当,避免伤害他人。

3. 学会自我安慰。当一个人追求某项事情而得不到时,为了减少内心的失望,常为失败找一个冠冕堂皇的理由,用以安慰自己,就像狐狸吃不到葡萄就说葡萄是酸的童话一样,因此,称作"酸葡萄心理"。

4. 语言节制法。在情绪激动时,自己默诵或轻声警告"冷静些""不能发火""注意自己的身份和影响"等词句,抑制自己的情绪;也可以针对自己的弱点,预先写上"制怒""镇定"等条幅置于案头,或挂在墙上。

5. 自我暗示法。估计到某些场合下可能会产生某种紧张情绪,就先为自己寻找几条不应产生这种情绪的有力理由。

6. 愉快记忆法。回忆过去经历中碰到的高兴事,或获得成功时的愉快体验,特别应该回忆那些与眼前不愉快体验相关的过去的愉快体验。

7. 环境转换法。处在剧烈情绪状态时,暂离开激起情绪的环境和有关人物。

8. 幽默化解法。培养幽默感,用寓意深长的语言、表情或动作,用讽刺的手法,机智、巧妙地表达自己的情绪。

9. 推理比较法。解剖困难的各个方面,把自己的经验和别人的经验相比较,在比较中寻觅成功的秘密,坚定成功的信心,排除畏难情绪。

10. 压抑升华法。在因个人不受重用、身处逆境、被人瞧不起而感到苦闷时,可把精力投入某一项你感兴趣的事情中,通过成功来改变自己的处境和改善自己的心境。

三、十一条准则的参考

第1条准则:适应生活

生活是不公平的,要去适应它。

命运掌握在自己手中。

第2条准则:成功是你的人格资本

这世界并不会在意你的自尊。这世界指望你在自我感觉良好之前先要有所成就。

成功是人生的最高境界,成功可以改变你的人格和尊严,自负是愚蠢的。

第3条准则:别希望不劳而获

高中刚毕业的你不会一年挣上百万元。你不会成为一个公司的副总裁,并拥有一部装有电话的汽车,直到你将此职位和汽车电话都挣到手。

成功不会自动降临,成功来自积极的努力,要分解目标,循序渐进,坚持到底。

第4条准则:习惯律己

如果你认为你的老师严厉,等你有了老板再这样想。老板可是没有任期限制的。好习惯源于自我培养。

第5条准则:不要忽视小事

烙牛肉饼并不有损你的尊严。你的祖父母对烙牛肉饼可能有不同的定义:他们称它为机遇。

平凡成就大事业。

第6条准则:从错误中吸取教训

如果你陷入困境,那不是你父母的过错,所以不要尖声抱怨,要从中吸取教训。

第7条准则:事事需自己动手

在你出生之前,你的父母并非像他们现在这样乏味。他们变成今天这个样子是因为这些年来他们一直在为你付账单,给你洗衣服,听你大谈你是如何的酷。

不要总靠别人活着,要凭借自己的力量前进。

第8条准则:你往往只有一次机会

你的学校也许已经不再分优等生和劣等生,但生活却仍在做出类似区分。在某些学校已经废除不及格分,只要你想找到正确答案,学校就会给你无数的机会。这和现实生活中的任何事情没有一点相似之处。

机遇是一种巨大的财富,机遇往往就那么一次,也许你"没有机会",但可以创造。

第9条准则:时间,在你手中

生活不分学期,你并没有暑假可以休息,也没有几位雇主乐于帮你发现自我。自己找时间做吧,决不要把今天的事情拖到明天。

第10条准则:做该做的事

电视并不是真实的生活。在现实生活中,人们实际上得离开咖啡屋去干自己的工作。

第11条准则:善待身边的所有人

善待乏味的人。有可能到头来你会为一个乏味的人工作。

善待他人就是善待自己,要用赞扬代替批评并主动适应对方。

开创则更定百度。尽涤旧习而气象维新；守成则安静无为，故纵胜废萎而百事隳坏。

——康有为

既然像螃蟹这样的东西，人们都很爱吃，那么蜘蛛也一定有人吃过，只不过后来知道不好吃才不吃了，但是第一个吃螃蟹的人一定是个勇士。

——鲁迅

单元介绍　　名词解释

素养风向标

【案例】

邓中翰的"中国芯"

◎ 案例导读

中国古人有四大发明，但自近代以来，中国人创新精神的缺乏却引起国人的担忧。中国人有无创新的能力？中国人应怎样去创新呢？

◎ 案例描述

1992 年，24 岁的邓中翰从中国科学技术大学毕业后，直接进入美国加州大学伯克利分校就读。入学之初一个偶然的机会，他接触到 1883 年美国著名物理学家罗兰做的一次被称为美国科学"独立宣言"的著名演讲。其中这样提到中国，"中国人知道火药的应用已经若干世纪……因为只满足于火药能爆炸的事实，而没有寻根问底，中国人已经远远落后于世界的进步。我们现在只是将这个所有民族中最古老、人口最多的民族当成野蛮人。"

罗兰的话深深刺激了邓中翰，他深深领悟到"科学是没有国界的，但科学家是有国籍的"这句话的含义。邓中翰在伯克利拼命学习，5 年时间取得电子工程学博士、经济管理学硕士、物理学硕士三个学位，是该校建校130年来第一位横跨理、工、商三学科的毕业生。

"那时每天只睡三四个小时，同时攻读三个学位，不是因为谁命令你往前赶，而是确实感觉有太多知识要学、太多知识要用。"邓中翰说。

1999年，邓中翰在硅谷创业成功的情况下，受邀回国发展集成电路产业。他在当时的信息产业部等部委支持下，在北京中关村创建了中星微电子有限公司，启动"星光中国芯工程"。2001年，"星光一号"研发成功。这是中国首枚具有自主知识产权、百万门级超大规模的数字多媒体芯片，也是第一块打入国际市场的"中国芯"，结束了中国无"芯"的历史。

同年夏天，邓中翰走进索尼公司会客室，接待他的是索尼的一位主管。邓中翰此去日本的目的是推介"星光一号"，把"星光一号"应用到索尼的产品中。但是日本主人得知他来自中国之后，只留下5分钟时间给他，客气而冷淡地让他随便参观。这件事给他很大的触动，邓中翰告诉同行者："我还会回来！"

2005年，"星光五号"不但打入索尼，而且被大多数国际品牌采用。目前，"星光中国芯工程"拥有2 500多项专利，占领计算机图像输入芯片市场60%以上份额。邓中翰也被业界称为"中国芯之父"。

2009年，41岁的邓中翰成为最年轻的中国工程院院士。2011年，邓中翰当选中国科协副主席。他还有一个更为耀眼的光环——"中国芯之父"。此时距离他回国创业只有14年。14年，他完成了从中国无"芯"到占领全球计算机图像输入芯片六成国际市场的跨越。

（摘编自：中国新闻网）

◎ 案例分析

新时代中国人迫切需要创新，关键的问题是怎么创新，邓中翰院士的学习和创业经历给了我们一种思路：勤奋的学习+优异的成绩+执着的创新精神＝成功。

◎ 案例交流与讨论

1. 创新给邓中翰的职业发展带来了什么？又给国家和民族的发展带来了什么？

2. 你能从中体会创新的魅力吗？

素养加油站

▶▶ 一、识读创新

创新是以新思维、新发明和新描述为特征的一种概念化过程。创新起源于拉丁语，它原意有三层含义：更新、创造新的东西、改变。《现代汉语词典》的解释是"抛开旧的，创造新的"和"创造性，新意"。与"创新"一词近义和相关的词主要有"创造"和"创造性"。"创造"是指"想出新方法、建立新理论、做出新的成绩或东西"；"创造性"是指"努力创新的思想和表现"或"属于创新的性质"。显而易见，从词义的角度看，"创新"与"创造"是相互包容的两个概念，也正因如此，人们在使用中并不加以严格区别。

创新作为一种理论，形成于20世纪。1912年，哈佛大学教授熊彼特第一次把创新这个概念引入经济领域。他认为创新就是建立一种生产函数，实现生产要素从未有过的组合。同时，他还从企业的角度提出了创新的五个方面：产品创新，是指要生产出一种消费者还不熟悉的产品，或提供一种产品新的质量；工艺创新，是在有关的制造部门中未曾采用过的方法。这种新的方法并不需要建立在新的科学发现基础之上，而可以用新的商业方式来处理某种产品，通过研究和运用新的生产技术、操作程序、方式方法和规则体系等。市场创新，是指市场的开辟；要素创新，是在生产中引进新的生产要素；制度创新，是企业的管理制度，管理体制和管理结构方面的创新。

随着创新理论的发展，创新概念在向更为广泛的范围应用扩展，不仅包括科学研究和技术创新，也包括体制与机制、经营管理和文化创新，同时还覆盖了自然科学、工程技术、人文社会科学及经济和社会活动中的创新活动。

综合国内外学者对创新的研究成果，我们认为，创新是指人们为了发展的需要，运用已知的信息不断突破常规，发现或产生某种新颖、独特的有社会价值或个人价值的新事物、新思想的活动。

创新的本质是突破，即突破旧的思维定式，旧的常规戒律。它追求的是"新异""独特""最佳""强势"，并必须有益于人类的幸福、社会的进步。

创新活动的核心是"新"，它或者是产品的结构、性能和外部特征的变革，或者是造型设计、内容表现形式和手段的创造，或者是内容的丰富和完善。

创新在实践活动上表现为开拓性，即创新实践不是重复过去的实践活动，它不断发现和拓宽人类新的活动领域。创新实践最突出的特点是打破旧的传统、旧的习惯、旧的观念和旧的做法。创新在行为和方式上必然和常规不同，它易于遭到习惯势力和旧观念的极力阻挠。

创新是人的创造性劳动及其价值的实现。创新与人的发展密切相关。在职业社会中，虽然一个人的时来运转或许有些偶然，但偶然的机遇肯定不属于那些不动脑筋的人。成功的机遇，往往垂青那些具有创新精神的人才。

▶▶ 二、创新：铸就事业之魂

常常有人这样思考：为什么同样遭遇金融危机，有的国家斗志昂扬，始终朝前，有的国家却遭受重创，步履蹒跚，甚至一蹶不振？为什么同样面临市场经济的挑战，有的企业能够兴旺发达，越办越红火，而有的企业却亏损严重，面临倒闭？为什么同样走出校门，有的同学找到了较好的工作，并且逐步驰骋职场，有巨大的发展空间，而有的同学却步步受挫，越来越缺乏自信心？答案很多，但其中最突出的只有一个，那就是是否具有创新能力。

当前，我们正身处深刻变革的社会，无论是科技变革、还是制度创新，每天都带给我们飞速的改变和巨大的冲击，每天我们都将面临各种崭新的事物，每天我们都将遭遇崭新的问题和崭新的矛盾。如果说在过去的时代里，没有创新，我们仅靠经验还可以活得很好，那么，在今天飞速发展的社会里，没有创新，我们就不会生活，不会进步，或者生活得越来越不能紧跟时代的脚步,就会逐步被社会所淘汰。这一切源于我们身处一个崭新的时代,面对的是全新的规则和全新的体制。无论是一个人、一个企业,还是一个国家,在这种全新的框架中要生存,要发展,就必须要学会创新。

创新是中华民族自强不息的灵魂。中华优秀传统文化,绵延五千年而历久弥新,在创造性转化、创新性发展中不断焕发出新的活力。中华人民共和国成立70多年来,在党的正确领导下,中国已实现了科技创新大发展,尤其是党的十八大以来,在以习近平同志为核心的党中央坚强领导下,创新已成为引领发展的第一动力,被摆在国家发展全局的核心位置。

不仅如此,创新还是智慧人生的生命力所在,是职业人形成自身核心竞争力的重要支撑。

职业发展篇

【拓展阅读】

隐秘的非洲之王——传音的故事

2014年巴西世界杯期间,在某体育电视台非洲频道的转播画面中,白底蓝字的"Tecno"标识出现在屏幕左下角。这个标识即使现在放在国内,依旧没多少人认识,但在万里之外的非洲大陆,这个来自中国的品牌却几乎无人不晓。Tecno是一个手机品牌,由来自深圳科技园的中国手机公司传音控股所创立。传音在国内市场踪迹难觅,但却占据整个非洲超过45%的市场份额,被称为"非洲之王"。

2017年,传音手机出货量高达1.2亿台,不过其中占主要数量的是功能机,销量达9 000万台,智能机销量超过3 500万台,蝉联非洲大陆手机销量榜第一,远远超过三星、苹果等品牌。很少有人知道传音是如何成长起来的,仿佛他是一夜之间崛起,国内最早关于传音的报道即是它已称霸非洲市场多年,可见其在国内的隐秘和低调。

深圳华强北是中国的手机产业集散地,拥有全世界最大的手机生产能力。成千上万的山寨机厂商曾在这里发展壮大。传音亦发迹于此,早年的传音是给一些印度和东南亚的手机品牌做贴牌加工(俗称代加工,简称ODM)。

一、传音为什么选择了非洲

传音控股进军非洲最早始于2007年。当时距离其前身——传音科技在香港成立不足两年。充当集成商是当时传音的主要角色。彼时,来自深圳华强北的各路手机厂商不单在国内拼抢地盘,在印度、东南亚等海外市场也厮杀凶猛。传音的创始人、董事长竺兆江决定不在国内或东南亚扎堆。2007年11月,传音首度试水非洲市场,推出第一款Tecno牌子的双卡双待手机。

英国媒体《经济学人》曾报道过Tecno等中国手机风靡尼日利亚,称配有两个SIM卡槽的手机方便用户使用两个不同的网络,"对一个信号不好的国家来说很实用"。

2008年6月,传音在非洲第一人口大国,也是当时非洲头号产油国尼日利亚建立第一个分支机构;7月,公司决定全面进入非洲市场。

浙江奉化出生的竺兆江,曾在老牌国产手机企业波导担任过国内及海外销售负责人。与竺兆江共事过的人士称他为"传奇"。1996年竺兆江进入波导,从销售传呼机的小业务员做起，三年后晋升为波导华北区首席代表，2003 年前后成为波导销售公司的常务副总经理。后来，竺兆江主动提出开拓国际业务，走遍 90 多个国家和地区，由此建立对非洲市场的深刻认识。

竺兆江当年看中的正是当年国内市场竞争激烈，要做品牌难度较大，非洲市场底子虽薄，但发展潜力巨大。现在，传音的市场主要在撒哈拉沙漠以南的非洲地区，公司在尼日利亚、肯尼亚、坦桑尼亚、加纳、刚果等 20 多个国家设有分支机构。

非洲大陆人口众多，贫富差距悬殊。在非洲大陆可以遍览三个世界，分别是以南非为代表的"欧洲"世界，撒哈拉沙漠以北的与中东地区联结紧密的区域，以及普遍贫困落后的撒哈拉沙漠以南非洲。但非洲手机市场却增势凶猛。据国际调研机构调研显示，非洲早在 2012 年就成为全球第二大移动通信市场，仅次于亚太地区。传音团队第一次踏上非洲开发渠道，祭出的是"农村包围城市"战略，从贫穷落后的地方做起，而这些地方，当时同样横亘在非洲大陆的强大对手三星和诺基亚都没怎么当回事。初到非洲，传音只做双卡机，主攻中低端市场。传音的想法很简单，不同运营商之间通话更贵，一部双卡手机等于两部单卡手机，这对消费者来说更划算。同时，传音把手机质量做好，价格实惠，自然而然有越来越多的人使用了。

传音的另一个撒手铜是营销。传音在非洲主要采取"国包-省包-地包"的传统销售模式，在非洲人口第一大国尼日利亚，传音的"国包商"可能有十多家。当地主流媒体，例如肯尼亚发行量最大的《民族日报》，经常可见到 Tecno 刊登的整版广告。传音营销人员挂在嘴边的一句话："要么做第一，要么做唯一，要么第一个做"，其决心可见一斑。

二、进击的传音

面对三星、诺基亚等强大的先行者，传音采取的是"全球化+本土化"策略。即将国内经营经验复制到非洲，实施价格战略，再有针对性地提供更多功能。无论智能机还是功能机，这些专为非洲居民生产的中国手机的共同特点是：开机时音乐似乎永远不结束，来电时铃声大到恨不得让全世界听到，因为非洲人民热爱音乐。

传音能够牢牢占领非洲市场，一个不得不提的亲密伙伴是联发科。从功能机到智能型手机时代，传音一直都采用联发科的解决方案，在传音抢滩非洲市场的过程中，也得益于联发科传音才能以符合自己策略的价位销售手机。

更有趣的是，当年传音确认聚焦非洲的战略后，想针对当地市场的黑皮肤消费者，开发手机美颜拍照模式，就找到联发科帮忙，双方合作将非洲传回来的 6 000 张照片仔细进行脸部轮廓、曝光补偿、成像效果的分析。通过眼睛、牙齿来定位面部，在此基础上加强曝光，帮助用户拍出更加满意的照片。最终，这款让非洲用户清楚地显现在镜头面前的"美黑"手机，深受当地人喜欢。依托本土化的战略，传音把自己的渠道渗透到了非洲大大小小的村落。但在初步的成功后，传音也像所有品牌一样遇到假冒伪劣问题——各种渠道、环节都可能出问题，甚至是渠道商自己也可能掺假。传音曾和肯尼亚通信协会联手发起行动，打击当地市场的假手机。

多年来，传音成功抵御住了一波又一波的小浪潮，其中既有来自华强北的山寨厂商，也有品牌厂商的竞争。前几年有些国内手机厂商到非洲开产品发布会，上来就宣布"要把 Tecno 干掉"，但传音一直屹立不倒，地位牢固。不仅如此，传音似乎还想要做非洲市场中的腾讯，其开发了一款移动即时通信 App——"Palmchat"，总用户数曾高达 1 亿多人，实时在线用户超过 100 万人。

三、传音的危机

总体来看，传音的故事并不算太神奇，传音的技术并不领先，商业模式也谈不上独特，但贵在始终走在创新的路上。传音从创立之日起就明确"不能赊账"的原则，并坚持"先收款再发货"。传音在非洲的营销方式也非常传统，就是广告投放加发展传统经销商模式。相比其他山寨厂商，它的高明之处在于做得比较早，工作比较细致，而且帮它做贴牌的都是优秀企业，集齐了天时、地利、人和。

但如今随着国内的手机市场饱和，几乎所有的国产厂商都在聚焦海外。越来越多人关注到非洲市场有利可图，而传音要想保持这样的优势，压力已越来越大。一个固有的商业共识，消费者的选择是多样的，任何一个手机品牌在某个地区的市场份额都难以逾越45%的天花板。这种规律也将体现在传音手机身上，尽管它的手机销量仍有增长，但在非洲市场的份额其实已经面临天花板了，要做的就是用户群的切换。

现实亦是如此，随着 2013 年智能手机爆发，更多的中国品牌手机厂商进入非洲市场，大幅提高了中国品牌厂商的市场占有率。2015 年，华为、OPPO 分别以入门级智能手机以及超薄拍照手机强势加入非洲"战局"。

此时，在非洲的中国品牌手机厂商数量超过 10 家。为抢夺非洲市场份额，各家品牌各出奇谋。

例如华为是以提供比竞争对手价格更低的低端手机，并在全球发售日前提前向非洲用户发售，争取巩固当地品牌建设。或许是有感于危机的降临，传音开始谋求在 A 股借壳上市。虽然传音在非洲市场的出货量巨大，但毕竟大部分只是 50 美元上下的低端机，利润并不丰厚。而手机产业中，尤其是低端制造业领域，由于企业现金流庞大，且市场竞争惨烈，未来技术变革频繁，会导致企业急需资本力助，因此上市无疑是最佳方式。

你也能像传音的故事一样扩展自己的业务，创造新的业绩吗？不要轻易说不能，教育家陶行知先生曾说过"人人是创造之人，天天是创造之时，处处是创造之地"。创新并不神秘，也不是高不可攀，只要我们能改变过去的模式，推出一种令人耳目一新的东西这就是创新。创新不一定要发明新东西，一个绝妙的想法、一个新颖的主意，都是在创新。当然，我们要清楚地认识它，准确地把握它，熟练地运用它，却也不那么容易。下面的内容，也许能帮助你更好地认识、把握、运用创新，在职场工作实践中创造出最佳业绩。

"问渠哪得清如许，为有源头活水来。"在竞争日益激烈的今天，所有的个人只有具备不断创新的素质，才能增强自身的核心竞争力，才能在激烈的竞争中永远立于不败之地。因此，我们可以说：

对于一个国家而言，学会创新，就会在飞速发展的世界中，立于不败之地。

扫一扫，测一测

对于一个民族而言,学会创新,就会拥有发展的机遇,拥有整个时代。

对于一个企业而言,学会创新,就会拥有竞争的主动权,拥有整个市场。

对于一个职业人而言,学会创新,就会拥有生活的乐趣,拥有整个世界。

素养面面观

"没有做不到,只有想不到"是最早在 IT 行业流行的一句话。现在,这句话已经成为社会各行各业创新的代名词。作为青年学生,要想学会创新,拥有核心竞争力,首先应该从培养自己的创新意识和科学思维开始。

扫一扫,看微课

▶▶ 一、创新意识

意识是思维的前提,创新意识是创新性思维的前提,是个体自觉、自发创新活动的前提。创新意识或是为了满足新的社会需求,或是用新的方式更好地满足原来的社会需求,创新意识是求新意识。没有创新意识,就不会有自觉、自发创新活动的动机,就不会有自觉、自发创新活动的意向,就没有人们自觉、自发的创新活动。创新意识对于个体创新性的充分实现起着非常重要的作用,它影响和制约着个体创新能力和创新潜力的充分发挥和施展。

也许有人会问:是不是任何人都有创新的意识?是不是任何人都靠创新的意识创业致富?创新意识这种能力是与生俱来的还是后天培养磨炼出来的?可以这样说,除了愚者之外,一般人的创新意识大都潜伏在脑海的深处,不容易被发觉,因此,很多人浑浑噩噩地活了一辈子,不仅不知道如何去运用自己的思想创新,甚至还不知道自己有这种才能。

作为一个职业人,要想有所成就,就必须具有创新意识。如果因循守旧,墨守成规,老是跟在别人后面,没有创新意识,当然也就不会有创新。陶行知先生曾说,能发明之则常新,不能发明之则常旧。有发明之力者虽旧必新,无发明之力者虽新必旧。也就是说,要不断创新才会有新的气象,不去创新,活力就要丧失,就要落后。

> **【拓展阅读】**
>
> ### 一个青年的故事
>
> 有两个青年人一同开山,一个把较大的石块儿砸成较小的石头运到路边,卖给建房子的人;一个直接把石块运到城市,卖给城市里的花鸟商人,因为这儿的石头都是奇形怪状的,他认为卖重量不如卖造型。3 年后,他成为村上第一个盖起瓦房的人。
>
> 后来,不许开山,号召在山上种果树,这儿成了出名的梨园。北京、上海等地的客商都到此贩运梨子,出口给韩国和日本,正当人们为梨子丰收、腰包渐鼓而高兴时,那个卖石块给城里花鸟商人的青年人把家里的梨树全部砍掉,种上了柳树。他发现,大家都忙着种梨树,梨子非常多,而装梨子的筐子越来越不够用。几年后,他卖柳条、编柳筐赚的钱比果农多 10 倍。

不久，因梨子多，村子要办梨子加工厂，就在大家纷纷集资办厂的时候，一条铁路修到这里，也正好从那个青年的柳树地经过。还是那个青年人，在铁路边柳树地里砌了一道3米高、100多米长的墙。这座墙面向铁路，背靠翠柳，两旁是一望无际的万亩梨园。火车经过这儿时，人们在欣赏盛开的梨花时，会突然看到墙上印刷的巨幅广告。据说这是500里山川中唯一的广告。原来，那个青年把所砌的墙卖给厂商做广告。他靠广告的收入第一个走出了山村，在城里买了房子，做起了服装生意。

　　一著名跨国公司的人事主管来华考察。当他听到这个故事后，被那个青年罕见的商业头脑所震惊，当即决定寻找这个人。

　　他历尽艰辛在县城里找到这个青年时，发现他正在与对门的店主吵架。因为他店里的西装标价800元时，对门店里的同样的西装标价750元，他标价750元时，对门就标价700元。一个月下来，他只卖了8套西装，而对门卖了800套西装。

　　他看到这种情形，非常失望，以为被故事的主人欺骗了。而当他弄清真相后，立即决定以年薪100万元的报酬聘请他。原来，对门的那个店也是这个青年开的。

　　【小提示】这个青年的成功，主要是他具有不断创新的精神，做到了人无我有、人有我优、人优我新。

　　这个青年以创新打开了自己精彩的职业人生，给我们树立了一个学习的榜样。在竞争日益激烈的今天，我们应如何调动起潜藏在脑海深处的创新意识？

　　(1) 培养竞争意识。创新意识要在竞争中培养。竞争是活力的源泉，具有创新意识是人具有活力的根本体现。人要培养自己的创新意识，就不能离开竞争的环境。著名数学家华罗庚要求他的学生要不断创新，要在激烈的竞争中敢啃数学中的"硬骨头"，从而使自己立于不败之地。华罗庚本人就是一个创新的典范，他在数学领域里做了许多开拓性的工作，他的许多学生在他的影响下也做出了创新性贡献，最终在激烈的角逐中脱颖而出。

　　(2) 培养问题意识。爱因斯坦指出，提出一个问题往往比解决一个问题更重要。将童蒙时期的好奇心向求知时期的好奇心转化，这是坚持、发展问题意识的重要环节。好奇使人产生疑问，疑问使人产生思考。要对自己接触到的现象保持旺盛的问题意识，要敢于在新奇的现象面前提出疑问，不要怕问题简单，不要怕被人耻笑。鼓励人们提问，大胆质疑，是自身意识创新的重要途径。提出问题是取得知识的先导，只有提出问题，才能解决问题，从而提高自己的认识。

　　(3) 做到大胆设想。在创新领域，想比做更重要，想是第一步，做是第二步，只有想到了，才有可能去做。然而，想却是不容易的，不是任何事情都可以被想到，也不是任何人都能够想到的。要鼓励大胆设想、提出多种解决问题的方案及最佳办法，从多角度培养自身的思维能力，激励创新。这种能力要在实践中培养，不能"坐而论道"。那么怎样才能想到呢？

　　首先，要敢于大胆设想。东北有一个叫郝淑娟的农家女，她给一度停产的沈阳电冰箱厂提了一条建议：现在不少农民想买电冰箱，可城里卖的冰箱冷藏室太大，在农村不实用。夏天吃菜可随时去田里摘，用不着冷藏。与城里人相比，农村用户更喜欢大冷冻室，且价格再便宜点儿的冰箱。她的建议救活了这个停产近半年的企业。话说回来,如果沈阳电冰箱厂早一点生产出适应农民需要的冰箱,那么这个厂就不会濒临破产了。

其次,要善于大胆设想。敢想不是乱想,违反自然规律或科学规律的事情,敢想也是白想,比如你想发明"长生不老药",发明"永动机",那只能是痴心妄想。所以会想,就是要实事求是,遵循客观规律,胡思乱想的东西是肯定做不到的。

▶▶ 二、科学思维

意识是思维的前提,创新意识是创新性思维的前提,有了创新意识而没有科学思维,仅靠常规思维的人是不可能形成创新性思想的。因为要想提出创新思想,必须确立新的现代思维方式。现代思维方式则是人们在传统思维方式基础上经过扬弃,在主客体相互作用中形成的主体观念和把握客体的特定方式,是思维的多种要素、形式和方法通过组合和优化而建立的相对稳定和定型的思维结构及习惯性的思维程序。现代思维方式是在现代社会中应运而生的,也是最能在现代社会中发挥出创新性功能的思维模式。离开科学的现代思维模式,不可能有创新出现。

顾名思义,科学思维就是用科学的方法进行思维,它是科学方法在个体思维过程中的具体表现。反之,我们也可以把科学本身看成是一种思维方式,科学探究过程就是用科学的思维方式获取知识的过程。因此,科学探究和科学思维在本质上是相通的,前者更侧重于获得科学知识的过程,而后者则侧重于学习者内在的思维过程。简单地说,科学思维就是一种实证的思维方式,一种建立在事实和逻辑基础上的理性思考。具体包括以下内涵:

(1)相信客观知识的存在,并愿意通过自己的探究活动去认识客观世界。

(2)对于未知的事物会做出猜想,并知道主观的猜想是需要客观事实来证明的。

(3)相信事实,只有在全面地考察事实之后才会做出结论。

(4)通过对事实进行合乎逻辑的推理而得出结论,并知道任何结论都是暂时性的,它需要更多的事实来证明,结论也可能被新的事实所推翻。

科学思维的两个基本要素,即尊重事实和遵循逻辑,科学思维的培养,有三个关键性的实践要点。第一步是对问题的猜想;第二步是对事实的验证;第三步是理性的思考。科学思维是关于人和大自然关系的积极思考,是对大自然、对人类、对宇宙的爱。它和技术思维不同。爱因斯坦说,近代科学的发展是以两个伟大成就为基础的:一是以欧几里得几何学为代表的希腊哲学家发明的形式逻辑体系;二是文艺复兴时期论证的通过系统的实验有可能找出因果关系的重要结论。可以说,逻辑原则和实验原则是近代科学思维的两个主要特征。一种思维是否具备科学性,关键在于它是否具备这两个特点。

具体来说,我们应从如下思维方式中培养科学思维。

(一)分析综合法

分析法是广泛应用的一种思维方法,它往往与综合法结合使用。所谓分析就是在思维中把研究对象的整体分解为几个部分、几个方面而分别加以考察,从而认识研究对象各部分、各方面本质的思维方法。从表现形式上看,分析法在思维过程中,把整体分解为部分,即把全局分解为局部,把统一性分解为单一性。但从本质上看,分割仅是一种手段,根本目的在于认识事物的各个方面,以把握它们的内在联系及其在整体中所处的地位和作用,从偶然中发现必然,从现象中把握本质。分析的实质是由感性认识上升到理性认识,理清事物的来龙去脉。这种由整体到局部,即从复合到单一的思维方法就是分析法。分析法的思维过程是执果索因的逆推过程,目标明确,便于下手,自然也就解决了以上困难,同时也有利于启发思维,拓展思路。

综合法是在分析的基础上把研究对象的各个部分、各个方面联结成为一个整体加以认识的思维方法。从表现形式上看,综合是把部分组合为整体,把局部组合为全局,把阶段联结成过程。这种组合并不是机械地拼凑,简单地相加,而是按照事物各部分之间固有的、内在的、必然的联系,将其综合为一个统一的整体。综合法把与研究对象相联系的若干个别现象或个别过程连贯起来考虑,从而对整个事物或全部过程有一个完整和本质的认识。综合法与分析法的思维顺序恰好相反,它是由因导果,由已知到未知的推理过程,故也称"发展已知法"。

【拓展阅读】

法拉第与电磁感应定律

1820 年,丹麦的奥斯特就已发现通电导线能使旁边的磁针偏转,说明通电导线周围能产生磁场(电可以产生磁)。同年法国的安培也发现两根通电导线之间有相互作用,电流同方向时相斥,异方向时相吸。法拉第知道这个消息后立即想到:"既然电可以产生磁,那么反过来,磁也应该可以产生电。"正是在这种分析综合思维的指引下,法拉第经过 11 年的努力,终于用实验证实了这一假说,并且发现了感生电动势大小与磁通量变化率成正比的电磁感应定律。不仅这一创造性发现的萌芽,是来自分析综合思维,而且这一创造性成果的转化也要仰仗分析综合思维。法拉第尽管始终坚信"磁也能产生电"的信念,但是他做了几百次实验始终未能成功,因为他还是沿着传统观念去做实验,认为电流总是沿平直导线流动,所以实验中总是将各种变化的磁场作用到平直导线上(分析思维),然后去观察该导线上是否有电流产生,结果总是失败。直到后来他才想到电流可以沿任意方向流动,作为电流载体的导线也可以是任意形状,于是他把导线弯成圆形(综合思维),并做成螺线管形式,然后把永久磁铁插进去再拔出来(以改变磁通量),结果成功了(分析综合思维)。这正是电磁感应定律的实验基础。

【小提示】 综合是在分析的基础上进行的,没有分析也就没有综合,只是综合能从整体上把握事物的本质,能更深刻、更正确、更全面地认识事物的发展变化规律。分析和综合是抽象思维的两个方面,两者既对立,又统一,贯穿于整个认识过程的始终。分析是为了综合,而综合必须根据分析。也就是说,从整体到部分之后还必须由部分再回到整体,这样才能对自然现象或过程有一个完整的认识。

（二）归纳演绎法

所谓归纳,就是从众多特殊事物的性质和关系中概括出一大群事物共有的特性或规律的逻辑推理方法。归纳是从客观事实认识一般科学原理的重要手段,也是把低层次理论上升到高层次理论的有效方法。

【拓展阅读】

万有引力定律的发现

传说牛顿在苹果树下,苹果掉到自己头上,他想到这是地球对苹果的引力作用,进而又想到月球可能也受到地球的引力作用。而这引力的大小与苹果受到的地球引力大小有何关系呢? 他受布里亚德(法国人)的启发,认为可能是与距离平方成反比关系。于是,他进行估算:苹果到地心的距离是月球到地心的距离 1/60,因而,地面上重力加速度应是月球向心加速度的 3 600 倍。他根据月球与地球的距离及月球运行周期进行了估算,结果"差不多密合"。从思维方法来看,牛顿用的是归纳法,得出了万有引力定律,此定律后被一系列实验所证实:地球形状的测定、哈雷彗星的回归、海王星的发现……最终成为科学界公认的定律。

再如,人们知道:金是能导电的,银是能导电的,铜是能导电的,铅是能导电的,金、银、铜、铁、铅都是金属,所以金属都是能导电的——这就是归纳推理。

【小提示】人们只有通过对一个个具体的、个别的事物或现象认识后,才可能概括出相类似事物或现象共存的规律。也就是说,个别一定与一般相联系而存在。一般只能在个别中存在,只能通过个别而存在。如果个别之中不存在一般,就不会有归纳法了。

和归纳法相反,演绎法则是从一般到个别的推理方法。作为出发点的一般性判断称为"大前提",作为演绎中介的判断称为"小前提"。把由"大前提"和"小前提"推算出来的"结果"称为演绎的结论。演绎推理的主要形式就是由"大前提""小前提""结论"组成的"三段论"。其公理内容是:

一类事物的内容全部是什么或不是什么,那么这类事物中的部分也是什么或不是什么。

凡金属都具有导电性——大前提:铁是金属——小前提,所以铁具有导电性——结论。

如上所述,从一般的规律、定理、规则中,得出特殊的结论,这叫作演绎推理。

归纳推理是从个别到一般,而演绎推理则恰恰相反,是从一般到个别。因此,两者关系可表示如下。

演绎所依据的一般性原理是由特殊现象中归纳出来的,而归纳又必须以一般性原理为指导,才能找出特殊现象的本质;所以归纳离不开演绎,演绎也离不开归纳。虽然归纳和演绎是两种不同的思维方法,但它们之间互相渗透、互相依赖、相互联系、相互补充。

当我们解决实际问题时,根据概念和规律分析题目所描述的现象,使用的是演绎法;若根据题目描述的现象推导出某些一般性结论,使用的是归纳法。而归纳法和演绎法的交叉应用,则是我们解决问题时最常见的思维方法。

（三）类比法

所谓类比，是根据两个或两类对象的相同、相似方面来推断它们在其他方面也可能相同或相似的一种推理方法。类比推理不同于归纳、演绎，它是从特殊到特殊的推理方法。其模式如下。

已知对象有属性 A、B、C 及属性 K；待研究对象有属性 A、B、C；且 K 与 A、B、C 有关。则可类比推理：待研究对象也可能有属性 K。

【拓展阅读】

类比推理的故事

1820 年，丹麦物理学家奥斯特发现了电流的磁效应。同年，法国物理学家安培又用实验证明了两个通电螺线管之间的吸引和排斥作用，就像永久磁铁一样，这个现象给安培以启示。他通过通电螺线管与待研究对象条形磁铁的相似性，进行了类比推理。后来，安培便提出了著名的分子电流假说，认为磁体的每一个分子中都存在一种环形电流即分子电流，使它形成一个小磁体。这种小磁体取向一致时，整个物体就对外显示磁性。安培分子电流假说，初步揭示了磁现象的电本质。安培正是利用类比推理法得到这一重大研究成果的。

类比法还可引发技术上的创造发明。中国古代工匠鲁班上山伐木，被路边的茅草划破手，而从茅草边缘上的细齿中得到启发，发明了锯；欧洲文艺复兴时期的著名画家达·芬奇曾根据对鸟类的研究，豪迈地喊出："人应该有翅膀。假如我们这一代人不能达到愿望，我们的后代是会达到的。"后来，美国的莱特兄弟终于制造出世界上第一架飞机，实现了达·芬奇的梦想。人们从对昆虫的研究中，经过类比联想，制造成振动陀螺仪，用于高速飞行的火箭和飞机；人们类比蜜蜂的眼睛，制造成偏光天文罗盘，用于航海；人们模仿蛙眼制造成电子蛙眼，用于监视系统；人们对水母进行类比联想，制造成自动漂流的浮标站，用于天气观测。通过类比联想进行发明创造的事例，真是不胜枚举。

【小提示】掌握了类比思维法，也可加深对职业知识的理解，提高分析问题和解决问题的能力。

（四）形象思维法

所谓形象思维是在完成主体任务的思维过程中主动地感知形象，并自觉地在头脑中加工感性形象认识，能动地反映被研究对象的形象特征，把握被研究事物的本质，从而能动地指导实践的一种思维方式。简言之，形象思维就是"离不开形象和情感的思维"。之所以叫它"形象思维"，是因为它不像逻辑思维那样运用概念、判断、推理来进行思维。无论作家、艺术家和普通中学生，为了构造艺术形象，写好文章，都必须采用这种思维方法。

形象思维主要有以下三个特点。

第一，形象思维的过程始终离不开形象。作家、影视编剧、戏剧家创作的大量作品均取材于真实生活，离不开实际生活中的人和事。因此，作者要写出好的作品来，必须深入生活、深入实际,善于观察众多人物的性格、品质,才能写出个性迥异的人物形象;画家只有深入到大自然中写生,才能画出好的山水画。

第二,形象思维离不开想象和虚构。作家创作,虽然取材于实际生活,但并没有停留在真人真事上,而是把一些真人真事作为素材,经过作者头脑的想象和虚构,加工和整理,即"杂取种种人,合成一个人"的新的艺术形象,使之更具有代表性、启发性和感染力。如鲁迅笔下的祥林嫂,就是三个女性的原型形象组合起来的。对感知的形象进行想象和虚构的过程,实质上是自觉在头脑中加工感性形象认识,从而把握被研究对象本质的思维过程。

第三,形象思维始终伴随着强烈的感情活动。创作总是有感而发,触景生情。对感知的事物形象总伴随着热爱、赞美、同情、厌恶、愤怒等不同的感情,作者只有把这些感情倾注于创作的艺术形象中,才能打动读者。

【拓展阅读】

魏格纳与"大陆漂移说"

"大陆漂移说"的提出是在20世纪初。德国的魏格纳在观看世界地图过程中都发现南美洲大陆的外部轮廓和非洲大陆是如此相似,遂产生一种奇妙的想象,在若干亿年以前,这两块大陆原本是一个整体,后来由于地质结构的变化才逐渐分裂开。

但是在20世纪初期曾进行过这类观察和想象的并非只有德国的魏格纳一个人,当时美国的泰勒和贝克也曾有过同样的观察和想象,并且也萌发过大陆可能漂移的想法,但是最终未能像魏格纳那样形成完整的学说。其原因就在于,这种新观点提出后,曾遭到传统"固定论"者(认为海陆相对位置固定的学者)的强烈反对,最终仍停留在原来的想象水平上。只有魏格纳(他原来是气象学家)利用气象学的知识对古气候和古冰川的现象进行逻辑分析后,所得结论使其仍坚持原来的想象。在这种想象的指引下,魏格纳进行了大量的地质考察和古生物化石的研究,最后以古气候、古冰川以及大洋两侧的地质构造和岩石成分相吻合等多种论据为支持,提出了在近代地质学上有较大影响的"大陆漂移说"(这一学说到20世纪50年代进一步被英国物理学家的地磁测量结果所证实),在1915年发表了著名的《大陆和海洋的起源》一书,最终成为"大陆漂移说"的奠基人。

【小提示】敢于怀疑,敢于坚持固然是难能可贵的,但是如果没有天才的形象思维,魏格纳也不可能成就自己的"大陆漂移说"。

形象思维是反映和认识世界的重要思维形式,是培养人、教育人的有力工具,在科学研究中,科学家除了使用抽象思维以外,也经常使用形象思维。在市场经济高度发达的今天,形象思维更成为企业在激烈而又复杂的市场竞争中取胜不可缺少的重要条件。高层管理者离开了形象信息,离开了形象思维,他所得到的信息就可能只是间接的、过时的甚至不确切的,因此也就难以做出正确的决策。作为职业人,形象思维的重要性可谓不言而喻。

（五）辩证思维法

辩证思维法是在思维过程中按照唯物辩证法进行思维的方法。辩证思维方法的基本特征有三个：联系的特征、发展的特征、对立统一的特征。

所谓联系的特征是指在思维中的现象之间，事物内部诸要素之间的相互影响、相互作用、相互制约。唯物辩证法告诉我们，现象的因果联系是客观的、普遍的。在所考察的特定现象的特定关系中，原因和结果是紧密联系、相互统一的，就是说任何结果都是由一定的原因决定的，而任何原因都决定着一定的结果。切不可倒因为果，或倒果为因。例如，力是物体产生加速度的原因，并不是物体做加速运动的结果会产生力。又如，合外力的功是物体动能改变的原因，合外力的冲量是物体动量改变的原因，导体两端的电压是产生电流的原因等，这些都不能因果倒置。

所谓发展的特征是指唯物辩证法对事物认识的飞跃有个量的积累过程，不可能一次完成，有时可能产生曲折。同时量变发展到一定程度会发生质变。

所谓对立统一的特征是指唯物辩证法认为一切事物内部都存在着矛盾，就是说任何事物都是一分为二的。大到宇宙天体，小到基本粒子；无论是简单的机械运动，还是高级的生命运动，都毫不例外。

唯物辩证法认为事物变化的根本原因在于事物的内部即内因，外因只是条件，外因要通过内因而起作用。如电压是使导体产生电流的原因，而不能使绝缘体产生电流。

军人学会辩证法能多打胜仗，经商者学会辩证法能在商业竞争中立于不败之地；同样，学生学习掌握了辩证法，就能进一步提高其学习能力，使自己的学习成绩明显上升。

【拓展阅读】

"曹冲称象"的启示

"曹冲称象"是进行辩证思维培养的极好范例。有一天曹操得到一头大象，曹操想称一下这个庞然大物到底有多重，问他手下大臣有什么办法（在大约 1 800 年前的三国时代，这还是很大的难题）。一位大臣说，可以砍倒一棵大树来制作一杆大秤，曹操摇摇头，即使能造出可以承受大象重量的大秤，谁能把它提起来呢？另一位大臣说，把大象宰了，切成一块块，就很容易称出来了。曹操更不同意了，他希望看到的是活着的大象。这时候年方 7 岁的曹冲想出了一个好主意：把大象牵到船上，记下船边的吃水线，再把象牵下船，换成石块装上去，等石块装船后达到同一吃水线时再把石块卸下来，分别称出石块的重量再加起来，就得到了大象的重量。

【小提示】曹冲在 7 岁时是否真有这样的智慧，难以考证（或许是故事作者的智慧也未可知），但这并不重要。重要的是这个故事中所包含的辩证逻辑思维：能从错误意见中吸纳合理的因素。第一位大臣出的主意看似不切实际，因为没有人能提起如此重的大秤，但是它却包含着一个合理的因素，需要有能承受住大象重量的大秤才能解决问题；第二位大臣的主意更是荒谬，怎么能把活生生的一头大象杀了呢！但是在这个看似荒谬的意见中却包含着一个非常可贵的思想，化整为零。

曹冲正是吸纳了两位大臣错误意见中的合理因素，设法找出了一个能承受大象重量又不用人手去提的大秤，根据日常的生活经验，船正好能满足这种要求；然后他又想到利用石块代替大象，可以实现"化整为零"。就这样，曹冲利用辩证思维解决了一个一般人所无法解决的难题。

（六）创造思维法

所谓创造思维，是指发明或发现一种新方式用以处理问题的思维方法。之所以把它叫作"创造思维"，是因为它要求重新组织观念，以便产生某种新的东西，即某种以前不存在或没有被发现的东西。创造思维区别于常规思维的最本质的差异在于常规思维通常都是逻辑思维，而创造思维则除逻辑思维外，还包含了各种形式的非逻辑思维。它的主要特点如下。

独特性：与众不同，前所未有；多向性：善于从不同角度去思考问题，从多方面去分析研究，抓住事物的本质，寻找问题的答案；非逻辑性：创造性答案往往是非逻辑思维的产物；全面性：能从事物的联系和关系中来思考问题，而不是孤立地思考问题，由此及彼地全面看问题才能获得创造成果；综合性：创造是多种思维方式的综合，综合中有创新；发展性：善于总结前人的经验教训，分析其原因，并在此基础上创新和发展。正如牛顿所说："站在巨人的肩膀上看问题。"

创造思维的基础是必须有坚实的知识功底。俗话说："无知便不能。"如果没有知识，头脑是空的，那么"创造思维"又从何谈起呢？科学家的发明、灵感的产生都不是偶然的，而是与平时丰富的知识积累分不开。因此我们在求学路上应勤奋读书，踏踏实实地把基础打好，才能培养出"创造思维"。我国唐朝著名诗人杜甫的名言"读书破万卷，下笔如有神"，就是最好的诠释。

创造思维的动力是强烈的好奇心。好奇心可以激发人们去发现周围一切事物的差异，促使人们去思考、去怀疑。所有的科学家、发明家都具有强烈的好奇心。爱因斯坦、爱迪生、瓦特、杨振宁、李政道、丁肇中等正是有强烈的好奇心，使他们在理论和实践中不断探索，使创造性思维能力达到了极高的境地。爱因斯坦说："思维的发展，在某种意义上说就是对惊奇的不断摆脱。"获得诺贝尔物理学奖的丁肇中博士在一次实验中发现粒子喷注现象，从而产生了好奇心，使他找到了胶子存在的证据。创造性思维必须是先有"踏破铁鞋无觅处"的先决条件，然后才有"得来全不费功夫"的创造性思维成果。正如爱迪生所说："天才，就是 1% 的灵感加上 99% 的汗水。"

【拓展阅读】

逆向思维的妙用

丰臣秀吉统治日本的时代，为把大阪修得坚不可摧，命人从濑户内海用船搬运巨石装船运送。但是，巨石太重，很多船被压沉。有什么好办法呢？众人苦思无计。此时有人提出，既然船装不了石，那就用石载船。大家先是无比惊讶，继之依计而行，把巨石捆在船底，果然顺利地运达目的地。

扫一扫，测一测

【小提示】这则传说生动地说明逆向思维的妙用。应用逆向思维离不开唱反调，也不要怕遭人嘲笑责难。事实上，一切所谓正向的思维都会有陷于困难而无奈的时候，这表明它可能是犯了方向错误，反其道而行之往往就会奏效。运用创新思维，需要自我否定，更需要诚实和毅力、勇气。一切事物都有两面性，从相反的角度去思考，有时会得到意想不到的效果。

素养成长路

高职生是一个特殊的群体，相较于普通本科院校的大学生而言，高职生有自身的不足，但更有自身独特的优势，高职生应根据自己的特点，在日常学习和生活中培养自己的创新意识，提高自己的创新能力。

▶▶ 一、培养创新的信心和意志

信心是一种强烈的情感，是对自己的充分信任和肯定。有句耳熟能详的话是这样说的："成功的企业家都具有感染他人的强烈自信。"有了这种强烈的情感，就能够克服重重困难，朝着自己所选的目标坚定地走下去，也才能够深深感染其他人，给周围的人以勇气和决心，从而创造团结和谐、朝气蓬勃的企业氛围。只有信心百倍，我们才能跃出竞争的水面，找到属于自己的事业天地，为成功奠定基础。

回顾创新活动的历史，任何一项有成就的创新活动，无一不是克服了重重困难才取得的。所以，充分的自信和坚忍不拔的意志，是事业取得成功的一个重要条件。俗话说："这个世界是由自信心创造出来的。"可见，树立坚定的自信心对一个人成功的重要性。生活在机遇和挑战并存的今天，要有所作为，有所建树，坚定的自信心和顽强的意志力更是不可或缺的重要因素。

（一）克服自卑，坚定信心，不断进取

居里夫人曾说过："生活对于任何一个男女都非易事，我们必须要有坚忍不拔的精神；最要紧的，还是我们自己要有信心。我们必须相信，我们对一件事情具有天赋的才能，并且，无论付出任何代价，都要把这件事情完成。当事情结束的时候，你要能够问心无愧地说：我已经尽我所能了。"一个人只要有自信，而且能够不懈努力，那么他就能成为他希望成为的人。

要树立自信心，最重要的是挣脱自卑的桎梏。自卑是许多人都会产生的一种心理状态。它的成因很复杂，有的是由于生理和智力的缺陷；有的是家庭教养不当或缺少家庭温暖（如父母离异）；有的是由于过去的挫折和失败遗留下来的心灵创伤；也有的是由于脾气古怪，经常受人嘲笑；还有的是原来自我期待过高，遭到失败后却一蹶不振、自暴自弃……但大部分是由于"害怕失败"和"缺乏信心"所致。

自卑是创新的大敌！因为创新需在精神不受压抑的状态下才能产生，而自卑感却给人带来沉闷、紧张、焦虑和不安等一系列否定情绪，容易使思维处于一种抑制状态，产生一种"我什么都干不好"的心态。

小张的经验

小张是一家啤酒厂的青年工人,学历不高。在现在强调学历的社会里,他的自卑感就可想而知了,他总认为自己不是搞发明创新的材料。

后来,他发现一些和他一同进厂、与他差不多的同事在参加"小发明创新活动"后,提出了不少创新发明的设想,受到了厂领导的器重和奖励,这使小张受到了触动:别人行,为什么我不行? 于是,他也开始参加小发明创新活动。几次试验下来,他对创新的神秘感渐渐消失了,自信心也随之增强。

人,一旦有了自信心,头脑就会觉得灵活起来。一天,他在参观一家机械厂时,忽然有所触动:假如把机械自动装置应用于啤酒生产线,那么生产的效率就会成倍提高。回厂后经过艰苦试验,果然成功了。于是啤酒自动生产线诞生了,填补了该生产行业的一项空白,获得了全国"五小"创新发明一等奖。

以此为发端,他后来在老师傅的辅导下,利用工余时间进行创新发明活动,获得了一系列成果。

图10-1

【小提示】成功,使得这位原先有强烈自卑感的青年变得信心十足,创新能力倍增。要有创新意识,首先得克服自卑感(图 10-1)。

看来,自卑感是束缚人们发挥创新力的桎梏。自卑者,"口将言而嗫嚅,足将行而趑趄",聪明才智就像冰封了一样,难以开发利用。它是一种消极的自我暗示,在不知不觉的氛围中影响着你。比较明显的例子就是学习上遭受挫折的人,总认为自己先天素质差,连功课都学不好,还谈得上什么创新。他们首先关心的是:"我具有创新能力吗?""我能从哪些方面进行创新?"这种自卑心理使人一开始就失去了锐气,一遇到困难就自我否定,从而泯灭了才气,使潜力得不到应有的发挥。许多科学家都深有感触地认为自卑感是吞噬聪明才智的恶魔。

为此,心理学家曾进行过一项前后持续了半个世纪的调查研究,结果表明:早年智力超常并不能保证成年后一定卓有建树;一个人的能力大小与儿童期的智力高低关系不大;伟人并不都是那些从小十分聪明的人,而是那些长年累月锲而不舍、精益求精的人。美国专利局的一位负责人,曾根据他手中掌握的专利资料说过这样一段话:每一个男人、女人和孩子都是一个潜在的发明家,他们中的 90% 的人都曾想过要发明某种东西,可惜的是,大部分人的热情只能维持一个星期左右。我们中的许多人之所以不能让智慧之花结出创新之果,不是因为我们的能力不够,是自我熄灭了创新之火的缘故。

青年学生要相信自己,因为自信心是照亮创新之途的火炬。青年学生应把"不可能"一词,从你的词典中彻底抹去,要坚信自信的巨大能量,定能融化封锁创新才能的坚冰,一旦找到创新的突破口,创新的潜力就会喷薄而出。

（二）坚定意志,克服困难,勇于创新

有的人老是埋怨命运不好,机会不公,其实即使是厄运,它也有两重性。一方面,它可以折磨人,使人处在一种难受的屈辱的境地;另一方面,它又可以锻炼人,能够磨炼人的意志。

著名作家雨果曾把厄运比作"试验杯",他说,可喜可怕的考验,通过它,意志薄弱的人能变得卑鄙无耻,坚强的人能够转为卓越非凡。每当命运需要一个坏蛋或者一个英雄的时候,它便把一个人丢在这试验杯里。因此,我们对命运应该有一个正确的理解,人的一生不可能没有坎坷,创新活动也不可能一帆风顺。只要我们意志坚强,就一定能够克服困难,朝着一个目标坚定不移地走下去,直至取得最后胜利。

"有志者事竟成",这句箴言对于创新来说也是十分贴切的。意志是创新成功的先决条件,对创新有着重要的激励与指向作用。凡是成就突出的科学家、艺术家都有着远大志向。爱迪生说:我的人生哲学就是工作,我要解开大自然的奥秘,并以此为人类造福。

远大的志向固然重要,但空有志向而无踏实肯干的行动,也将一事无成。所谓一曝十寒,所谓无志之人常立志,都是缺乏坚定意志的表现。创新要成功,必须把意志和行动结合起来,脚踏实地。古今中外,凡成功人士无一不是如此。孙思邈青年时代立志从医,他刻苦钻研,克服种种困难,最后成为一代宗师,他著的《千金要方》为我国医学作出了重大贡献。京张铁路是中国人自己修建的第一条铁路,詹天佑以惊人的毅力和卓越的才华,战胜罕见的困难,终于提前两年全线通车,使洋人"建筑南口关以北铁路的中国工程师还没出生"的狂言不攻自破,大长了中国人的志气。

意志作为创新的条件之一,在于意志的自觉性。它是指一个人对行动目的与意义有着正确认识,并能自觉支配自己的行为,以期达到预期目标。农民科学家吴吉昌在身陷逆境的困难条件下,始终清醒地认识到棉花改进品种是可行的,痴心不改,壮志依旧,终于取得成功。创新者的意志自觉性,有助于树立明确的创新目标,把注意力集中在创新目标上,充分发挥自己的创新性思维与想象,从而提高创新效能。

意志作为创新的条件之二,便是意志的果断性。意志的果断性是指一个人善于明辨是非,当机立断做出决定,并且执行决定。果断性不是盲动,不是蛮干,而是以正确认识和勇敢行动为特征的。在创新的各阶段,要很好地把握各个关键时刻,杜绝轻举妄动。同时,也千万不要犹豫不决,所谓"当断不断,必受其乱",就是讲的这个道理。

【拓展阅读】

自信+自尊+自强=成就自我

16岁时,他仍是懵懵懂懂地在学校混日子,打架斗殴、抽烟逃学,一个十足的坏学生。那年,他喜欢上一个女同学,给她写了一封情书,她鄙视地看了他一眼,竟然把情书贴到了学校的宣传栏里。第二年,他就转学了,在后来的那两年时间里,他像变了一个人似的,拼命地学习,后来考上了湖南某高校。

22 岁时,他大学毕业,顺顺利利地进了某机关工作,每天一杯茶一张报地混日子。有一次,他到乡下访亲,看见亲友竟然把一头狼像狗一样地养在家里看家护院。他惊问其故,亲友告之,这狼自幼就与狗一同驯养,久而久之,连长相都有些像狗,更别提狼性了。没多久,他就在别人的惋惜声中辞职,去了深圳。

到深圳后,他专找有名的外资公司求职,而且他总能想方设法直接地向外方经理送自荐信,搞得那些外方经理一个个莫名其妙:"我们现在没有招聘需要啊!"他微笑地告诉对方:"总有一天你会招聘的,到那时我就是第一个应聘的人。"还别说,他真的被其中一家公司录用了。那一年,他 24 岁。

27 岁时,他因为业绩突出,被调到公司地处丹佛的美国总部。上班的第一天,他按国人的习惯请新同事共进午餐,然而,就在他准备买单的时候,同事们却一个个坚持自己买自己的单。他当时觉得很尴尬,但同时也明白了些什么,于是更加努力地工作了。

这是一个人的真实经历,他叫王冰(化名),现在是位于美国丹佛市的全球第四大计算机公司的技术总监,很受公司器重。王冰在回母校演讲时,讲起了他人生中的这几个小片段。我们都有些莫名其妙,不知道这与他的成功有什么联系。

他笑了一笑,告诉我们:"16 岁的经历让我明白,一个人要想让他人接受,并且被他人尊重,首先得自己尊重自己;24 岁我知道,要想求职成功,首先要自信;而 27 岁在美国上班的第一天,我知道了美国人为什么实行 AA 制:每个人都不能指望别人会为自己的人生买单。要想获得成功,你就得自己努力,根本不能指望别人,这就是自强。"

【小提示】其实,我们每个人的人生何尝不是由这么一些片段构成的呢? 自信+自尊+自强=成就自我,这就是成功的公式。

意志作为创新成功的先决心理条件,还表现为意志的顽强性,即人在执行决定过程中,坚持不懈,不达目的誓不罢休。意志顽强性是进行创新最重要的意志品质,恒心和毅力是其密不可分的两个构成因素。马克思写《资本论》用了 40 年,摩尔根写《古代社会》耗时也是 40 年,李时珍作《本草纲目》则达 27 年。居里夫妇为了从数吨铀矿渣中提炼出纯镭,数年如一日地艰辛工作着,全然不顾条件之艰苦、恶劣。他们的行为都可以给我们很大的启示。

▶▶ 二、培养创新能力

对于创新能力的培养是创新素质培养的核心。研究创新素质的目的在于开发人的创新能力。为了更好地开发创新能力,就必须对创新能力及其形成机制有所了解。由于创新一词概念的复杂性,目前还难以给创新能力下一个准确的定义。简单地说,可以把创新能力理解为在创新活动中人所体现出来的总体活动能力。具体地说,创新能力就是人在提出新思想、研制新产品、开拓新市场、制定新战略、开发新技术、推出新产品等创新活动中所体现出来的创新素质水平,或者说,创新能力是创新素质水平的具体体现。培养创新能力有以下几种途径。

（一）加强知识储备

创新并非凭空设想，要有科学的根据和坚实的知识基础。科学创新的基础在于知识储备。知之甚少就无法创新，唯有知识渊博，才能为创新能力提供一个比较宽厚的基础。知识薄弱，前人的创新尚且不知，未来的创新更是雾里看花。创新是对前人经验的创新性继承，是对于未来发展的链条式推动。创新不是孤单单的一棵独木，它是苍茫大地中的一片森林、一川流水、一脉山峦。唯有根基雄厚，连绵不绝，新陈代谢，循环往复，才能显示出旺盛的精神和宏伟的气魄。创新能力所需要的正是这种精神和气魄，富于这种精神和气魄的强大机体就是知识储备。知识储备是培养创新能力的知识基础。

观 书 有 感

在南宋大理学家朱熹的五夫镇紫阳故居前有一荷塘，相传那首著名的《观书有感》就是他在池边苦读时，触动灵感，信手写就的：

半亩方塘一鉴开，天光云影共徘徊。

问渠哪得清如许，为有源头活水来。

这是一首借景喻理的名诗。全诗以方塘作比，形象地表达了一种微妙难言的读书感受。池塘并不是一泓死水，而是常有活水注入，因此像明镜一样，清澈见底，映照着天光云影。这种情景，同一个人在读书中弄懂问题、获得新知而大有收益、提高认识时的情形颇为相似。这首诗所表现的读书有悟、有得时的那种灵气流动、思路明畅、精神清新活泼而自得自在的境界，正是作者作为一位大学问家的切身的读书感受。诗中所表达的这种感受虽然仅以读书为参照，却寓意深刻，内涵丰富，可以做广泛的理解。特别是"问渠哪得清如许，为有源头活水来"两句，借水之清澈，是因为有源头活水不断注入，暗喻人要心灵澄明，就得认真读书，时时补充新知。因此人们常常用来比喻不断学习新知识，才能达到新境界。

我们也可以从这首诗中得到启发，只有不断学习，不断创新，方能才思不断，细水长流。这两句诗已凝缩为常用成语"源头活水"，用以比喻事物发展的源泉和动力。

（二）培养创新思维

创新思维就是一种突破常规定型模式和超越传统理论框架、把思路指向新的领域和新的客体的思维方式。它不迷信原有的传统观念和经典信条，对既定事物进行批判性的思考，体现的是一种叛逆精神。这种思维在一般人看来是不合情理甚至是荒谬的，但正是因为采取了这种思维，创造者才得以摆脱传统观念和习惯势力的桎梏，向着崭新的成果跃进，创造出新的观念和理论，导致革命的出现，实现新旧理论的更替。

可以说，科学史上的每一次飞跃都是创新思维的结果。或推翻原有的荒谬学说和过时理论，或突破原有理论限制把科学引向新的领域。

马克思喜欢以"怀疑一切"作为自己的座右铭，人类所创造的一切，他都用批判的眼光加以审视，人类思想所建树的一切，他都做过重新探讨。

创新思维非常奇特而又绝妙,往往能出奇制胜,最终达到创新的目的。培养创新思维是培养创新能力的知识基础。

【拓展阅读】

思维是行为先导——以科学思维引领科技创新

2021年全国两会,"创新驱动"是一个热词。科学技术是军事发展中最活跃、最具革命性的因素,每一次重大科技进步和创新都会引起战争形态和作战方式的深刻变革。面对信息化、智能化潮流,只有以科学的思维方式进行战略谋划、综合推进,加速推进军事科技创新,抢占军事科技制高点,才能赢得制胜先机与优势。

以前瞻思维超前谋划。"聪者听于无声,明者见于未形。"前瞻思维就是要做到当还没有出现大量的明显的前兆的时候,当桅杆顶刚刚露出的时候,就能看出这是要发展成大量的普遍的东西,并能掌握住它。实践表明,科技创新竞争历来就是时间和速度的赛跑,谁见事早、动作快,谁就能掌控高点和主动权。要增强技术敏感度,提高技术理解力,密切跟踪、科学研判世界科技创新发展的趋势,牢牢把握科技进步大方向,对看准的方面超前规划布局,加大投入力度,加速赶超步伐。要善于从大量的渐进式演变中把握革命性变化,善于从新生事物上把握与发掘颠覆性影响,做到见之于未萌、识之于未发,积极谋取技术竞争优势。

以创新思维敢为人先。当前新一轮科技革命和产业革命方兴未艾,世界新军事革命加速发展。如果在技术创新上没有大的作为,投再多钱也只能是在低水平打转转。实践表明,真正的核心关键技术是花钱买不来的,靠进口装备是靠不住的,走引进仿制的路子是走不远的,科技创新必须敢于走别人没有走过的路,创造引领世界潮流的科技成果。要有强烈的创新意识,凡事要有打破砂锅问到底的劲头,敢于质疑现有理论,勇于开拓新的方向,攻坚克难,追求卓越。

以求异思维打破定势。凡战者,以正合,以奇胜。求异思维实际上就是打破经验、程式思维定式进而实现出奇制胜的思想方法。实践表明,由于发达国家常常以封锁压制其他国家跟进发展,客观上决定了在科技创新上,后发国家赶超发达国家,必须充分运用求异思维、出奇制胜。

以长板思维发扬优长。俗语讲:一招鲜,吃遍天。长板思维,实质是要发扬优长,在优势领域巩固和加强领先地位。在某些领域掌握了关键前沿核心技术,往往能起到辐射带动效应,占据战略主动。实践表明,后发国家赶超发达国家,全面突围式科技创新,抢占科技制高点,难度往往很大,着力攻克一批关键核心技术、打造"长板"是一条重要途径。要巩固和加强优势领域,加强科研条件和手段建设,持续打造"长板",始终保证优势更优、强项更强。要加强优势领域尤其是战略性、前沿性、颠覆性技术的孵化孕育,加快培育新的科技发展增长点,始终引领发展。要积极谋求在原始性专业基础理论上取得突破,打造新的增长极,为抢占新的科技发展制高点提供充沛动力。

以联合思维集智攻关。当今时代，多学科专业交叉群集、多领域技术融合集成的特征日益凸显，靠单打独斗很难有大的作为。实践表明，科技创新竞争实质上是国家创新体系的综合比拼，即使是发达国家之间，也重视力量整合、资源统合，共同发力。集中力量办大事是我们成就事业的重要法宝。

【小提示】科技创新，必须集聚各方面优势力量，加强统筹协调，大力开展协同创新，抓重大、抓尖端、抓基本，形成抢占科技制高点的强大合力。要坚持有所为有所不为，把"卡脖子"清单变成科研任务清单进行布局，在一些关键的核心技术、关键原材料等方面取得突破，实施一批具有前瞻性、战略性的国家重大科技项目。

（三）克服心理障碍

人生如流水，君不闻"子在川上曰，逝者如斯夫"。人类前进的步伐一刻也不会停止。在时间和实践面前，任何犹豫彷徨、缺乏主见和背负沉重的包袱，都会有落伍的危险。思维定式，有它积极的意义和作用，但是思维定式的极端会导致思想僵化。因此，应努力克服这些影响创新思维的心理障碍。这是培养创新能力的心理基础。

【拓展阅读】

西红柿原产于南美洲的热带雨林中，16世纪，西班牙人将西红柿从南美洲带到了欧洲，当时的欧洲流行的一种说法认为颜色鲜艳的植物大多是有毒的，由于西红柿的果实呈鲜红色，所以欧洲的人们普遍认为这种植物不能食用，只能作为一种观赏植物。

到十八世纪，西红柿有毒的观点被越传越广，甚至西红柿还被视作恶魔的化身，并得到了一个可怕的名字：狼桃。

但在当时的欧洲，人们几乎没有验证过西红柿的果实是否真的有毒，只是根据一直流传的传说认为这是一种剧毒的植物，曾有一些到过西红柿原产地的探险家声称亲眼见过当地的原住民将西红柿作为食物食用，但是因为没有证据而不被人们所相信。

鲁迅先生曾说过："第一个吃螃蟹的人是勇士。"对于西红柿而言同样如此，在十八世纪到十九世纪之间，有法国人和美国人先后品尝了西红柿，发现西红柿不仅没有毒，味道还很好，于是西红柿逐渐被制作成了各种美食，如今已经成了世界上最常见的一种蔬菜。

（四）善于提出问题

爱因斯坦在回答他为什么能够做出创新时说：我没有什么特别的才能，不过喜欢寻根问底地追究问题罢了。由于知识的继承性，人们的大脑里会形成一个比较固定的概念世界，而当某一经验与这个概念发生冲突时，惊奇开始发生，问题开始出现，此时，如果这种"惊奇"以及由此产生的问题反作用于思维世界，那么便会产生摆脱"惊奇"、消除疑问的渴望，这就是创新的渴望。惊奇摆脱了，思维世界向前迈进了一步，于是创新的花朵开放了。另外，思考问题还应注意适当偏向，即思路稍加扭转，换一个角度看问题，问题很可能就会迎刃而解。这是培养创新能力的基础方法。

【拓展阅读】

戴震治学

戴震是清朝著名的训诂学家,从小读书就爱动脑筋,在学习时,严格要求自己,不仅要领会书的要旨,并且还进行独立思考。

一次在课堂上,老师给大家讲授《大学》中的章句,当先生讲到孔夫子的言行时,先生照本宣科地念,戴震便问:"先生,我们怎么知道这是孔子的话呢?而且又怎么知道是由他的学生记录下来的?"

先生回答说:"这是大理学家朱熹说的呀。"

"朱熹是什么时代的人呢?"戴震又问。

"南宋人。"

"孔子又是什么时代的人呢?"戴震又问。

"春秋时期人。"

"春秋时期和南宋相隔多少年?"戴震又继续问。

先生掐指一算说:"大约有两千年吧。"

"既然相隔得那么远,那朱熹又根据什么做出那样的判断呢?"戴震又问。

老师被他问得张口结舌,但却连声赞叹道:"戴震真是一个了不起的孩子啊!"

【小提示】戴震在一生的治学过程中,就爱这样刨根问底,最终成为中国思想史上具有重大影响的一代宗师,使中国的训诂学达到了登峰造极的境界。戴震的治学精神对今天的人们也是颇有教益的。

对每个人来说,要想有所创新,就必须学习和掌握前人的知识和经验。然而,在创新的过程中,如果一味相信现有的都是正确的,就只能是在原地踏步。善于提出问题就是要能在习以为常的事物中发现不寻常的东西,在"大家都这么认为"的问题上提出自己独到的看法。

▶▶ 三、发挥自己的创新优势

一个人要想成功,就必须了解自己的优势,分析并总结自己的优势,科学合理地整合自己的优势,利用优势激发自己的最大潜能,让自己的优势转化为成功的能量!

优势,是指个人在某个方面具有的突出知识和才能,一般包括:与工作有关的专业优势;一般优势,如语言表达、人际关系、组织管理等;业余爱好方面的优势,如某种体育运动项目及摄影、绘画、书法、歌舞等。美国哈佛大学心理学家加德纳认为:一个人的智能是以组合的方式构成的,每个人都是具有多种能力的组合体,人的智能是多元的,除了言语—语言智能、逻辑—数理智能两种基本智能以外,还有视觉—空间智能、音乐—节奏智能、身体—运动智能、自我认识智能等。因此,一个人的优势能直接影响职业活动的效率,从事能够发挥优势的职业,是职场上与他人竞争的优势,也是获得职业成功的驱动力和能够创新的必要条件,是走向成功的必由之路。

实践证明,很多成就卓著的成功人士,首先得益于他们充分了解自己的优势,然后

扫一扫,看微课

再根据自己的优势来进行定位或重新定位。例如,爱因斯坦的思考方式偏向直觉,所以他没有选择数学,而是选择了更需要直觉的理论物理作为事业的主攻方向,这样定位的结果便造就了世界级的物理学大师;而杨振宁的实验能力相对较差,因此,他根据导师建议把注意力从实验物理学转到了理论物理学的研究重点上,由此,便有了杨振宁对宇宙不守恒的研究并获得了诺贝尔物理学奖。

那么,怎样寻找自己的创新优势呢?一般而言,每个人的优势主要从以下四方面加以认识。

(一)自己曾经学习了什么

在学校读书期间,自己从专业的学习中获取了哪些收益;社会实践活动提升了哪方面知识和能力。在就读期间应注意学习的方法,善于学习,同时还要勤于归纳、总结,把单纯的知识真正内化为自己的智慧,为自己多准备一些可持续发展的资源。自己所学的知识、技能就是自己的优势,这种优势很可能就是你创新的起点和基础。

(二)自己曾经做过什么

在上学期间,自己曾担任过的学生职务、社会实践活动取得的成就及工作经验的积累等都对未来从事的工作有借鉴意义,如为了使自己的经历更加丰富和突出,在实践时应尽量选择与职业目标一致的工作项目,坚持不懈地努力,这样才会使自己的经历更具有实在的说服力,更能对日后的工作起到积极的作用。

(三)自己最成功的是什么

在自己做过的诸多事情中,哪些事情是最成功的,是通过何种方式取得成功的?通过对成功细节的分析,可以更多发现自己的优势。以此作为个人深层次挖掘的动力之源和魅力闪光点,增加自己的择业和从业信心。

(四)正确地评价自己

正确地评价自己是一道难题。古希腊哲学家苏格拉底曾提出一个著名的命题"认识你自己",他认为,人之所以能够认识自己,在于其理性;认识自己的目的在于认识最高真理,达到灵魂上的至善。"认识你自己"还被刻在古希腊阿波罗神殿的石柱上,与之相对的石柱上刻着另一句箴言"毋过",这两句名言作为象征最高智慧的"阿波罗神谕",告诫着我们应该有自知之明,不要做超出自己能力之外的事。在我国,老子说过"知人者智,自知者明",作为大军事家的孙子则有"知己知彼,百战不殆"的名言传世。可以说,从古到今,人们对于自我的认识始终处于无尽的探索之中。

可以从如下四个方面正确地评价自己。

1. 通过与别人的横向比较认识自己

有比较才有鉴别,通过个人自然条件、社会条件、处世方法等方面与周围的人进行比较,找准自己的位置。这种比较虽然常带有主观色彩,但却是认识自己的常用方法。不过,在比较时,要寻找环境和心理条件相近的人,这样才较符合自己的实际水平和自己在群体中的位置,这样的比较才有意义。

2. 通过纵向的生活经历了解自己

成功和挫折最能反映个人性格或能力上的特点,通过自己成功或失败的经验教训来发现个人的特点,在自我反思和自我检查中重新认识自我,认识自己的长处和短处,把握自己的人生方向是非常有意义和非常有效的。如果你不能肯定自己是否具有某方面的性格、才能和优势，不妨寻找机会表现一番，从中得到验证。

3. 从别人的评价中认识自己

人人都会通过别人对自己的评价来认识自己，而且在乎别人怎样看自己，怎样评价自己。当然他人评价比自己的主观认识具有更大的客观性，如果自我评价与周围人的评价有较大的相似性，则表明你的自我认识能力较好、较成熟，如果客观评价与你自己的评价相差过大，则表明你在自我认知上有偏差，需要调整。然而，对待别人的评价，也要有认知上的完整性，不可因自己的心理需要而只注意某一方面的评价，应全面听取，综合分析，恰如其分地对自己做出评价和调节。

4. 利用 MBTI(Myers & Briggs Type Indicator，迈尔斯和布里格斯的类型指引)认识自己

MBTI 是一种性格测试工具，以瑞士著名心理学家卡尔·荣格的心理类型理论为基础，后经布里奇斯与其女儿研究并发展了前者的理论，把卡尔·荣格的理论深入浅出地变成了一个工具。MBTI 目前已成为世界上应用最广泛的识别人与人差异的测评工具之一。MBTI 主要用于了解受测者的个人特点、潜在特质、待人处事风格、职业适应性以及发展前景等，从而提供合理的工作及人际决策建议。当然，这也会为找出自己的创新优势提供科学依据。

【拓展阅读】

最大限度地发挥自身优势

王月芳(化名)今年 26 岁，她的最大兴趣在于园艺。园艺以及庭院设计在她的生活中占据了很重要的地位，但她仍没有自信能把她的兴趣变成一份可从事的职业。

王月芳出生于一个知识分子家庭，她上了大学，并取得了文学学士学位。随后，她做了一系列的工作，主要是流浪者之家、青年旅社的工作人员。由于想换一份更有创造性的工作，她辞职，加入了一家剧场，并在夜校继续学习艺术、制陶、绢网印刷及写作。

随着时间飞逝，王月芳日渐感到收入稳定对她的重要性，于是她希望能够重返社会行业工作。然而，她在这方面的重新求职并不成功，这使她有了尝试全新职业的念头。

王月芳的动力来源，显示了她的主要兴趣在于创造性的工作，而非服务类职业。她曾经是一名成功的社会工作者，只因她能在遇到危机时保持镇静。然而，当需要做决断时，她就表现得不那么突出。

显然，王月芳对于使用工具和材料，制造出可触摸实体的工作非常在行。此外，她还有一种艺术表现欲。将这些线索综合起来看，她所适合的是自我受雇的职业，而现实情况都将她推向将兴趣职业化。具体来说，要不从事制陶，要不就做园艺工作。

摆在王月芳面前有许多值得考虑的选择，包括农业与园艺学课程。两年后，她成立了自己的公司，主营园艺活动、花园设计及修建，同时还在成人学习班教授有关课程。

【小提示】每个人最好的成长方向就在其自身的优势上。成功创新之道在于最大限度地发挥自身优势，扬长避短。这样，你就会收到事半功倍的效果。

扫一扫，测一测

所以,在生活中,要寻找最合适自己去做的事,也就是自己最感兴趣的事、最有优势的事、自身素质能够满足要求的事、客观条件许可的事。这几种因素缺一不可,再加上恒心和毅力,就等于成功。做自己有优势的事,即使一时成功不了,坚持下去也必有收获,即使得不到巨大的成功,也不至于一无所获。

素养初体验

▶▶ 【拓展活动一】 寻找你的创新优势

活动目标:结合自身专业,分析自己的创新优势,明白自己的不足,有针对性地培养自己的创新能力,为日后求职和职业发展做准备。

活动内容:

1. 结合自身实际,根据从本书中所学知识,总结自己的创新优势。

2. 联系个人所学专业或所从事的职业,谈一谈怎样培养个人的创新素质。

3. 联系自己的学习、工作实际,谈一谈你对某个问题的解决办法或某项工作的创新设想。

实施方法:班会或小组讨论。

活动场所:实训室或者教室。

成果展示方式:最终形成书面的文本材料或者PPT材料并适时加以展示。

▶▶ 【拓展活动二】 大学生校园活动创意设计大赛

活动目标:激发创新思维,提高活动策划能力,培养创新能力,积极争当校园主人。

活动内容:参赛者以个人或小组(限三人以下)为单位,提出一个既具有丰富实际意义,又有高度趣味性,并具有一定组织可行性的活动策划书。策划内容可从以下参赛项目中任选一项:(1)加强校园安全类;(2)丰富校园文化类;(3)宣传校园文明礼仪类;(4)校内文体类;(5)学院专科类;(6)其他项目。策划书着重介绍活动组织的操作流程,并阐述活动的意义。策划书内设计的方案可采取校内宣传、名人讲座、相关知识展览、知识竞赛等多种多样的方式。

活动流程:(1)前期宣传和报名;(2)策划书上报;(3)初赛、复赛;(4)公布比赛结果,颁发证书及奖品。

【知识吧台】

创新小知识

一、现代心理学家认为,以下15条方法有助于创新意识的培养

1. 多了解一些名家发明创造的过程;从中学到如何灵活地运用知识以进行创新。

2. 破除对名人的神秘感和对权威的敬畏,克服自卑感。

3. 不要强制人们只接受一个模式,这不利于发散性思维。

4. 要能容忍不同观念的存在，容忍新旧观念之间的差异。相互之间有比较，才会有鉴别、有取舍、有发展。

5. 应具有广泛的兴趣、爱好，这是创新的基础。

6. 增强对周围事物的敏感，训练挑毛病、找缺陷的能力。

7. 消除埋怨情绪，鼓励提出积极进取的批判性和建设性的意见。

8. 鼓励为追求科学真理不避险阻，不怕挫折的冒险求索精神。

9. 奖励各种新颖、独特的创造性行为和成果。

10. 经常做分析、演绎、综合、归纳、放大、缩小、联结、分类、颠倒、重组和反比等练习，把知识融会贯通。

11. 培养对创造性成果和创造性思维的识别能力。

12. 培养以事实为根据的客观性思维方法。

13. 培养开朗态度，敢于表明见解，乐于接受真理，勇于摒弃错误。

14. 不要讥笑看起来似乎荒谬怪诞的观点。这种观点往往是创造性思考的导火线。

15. 鼓励大胆尝试，勇于实践，不怕失败，认真总结经验。

二、创新型人才的评价标准

1. 创新型人才往往在创新活动中具有超常的绩效

创新是一个相对性概念，创新型人才同样具有相对性。所谓超常绩效，是指不仅相对于一般专业人员具有超常的创新绩效，而且相对于有一定创新成果的人同样具有超常的绩效。实践是检验真理的标准，创新实践绩效是检验创新型人才的第一参量。实践是理论的试金石，也是创新能力的试金石。

2. 创新型人才往往将创新作为实现个人价值主要途径的价值观和人生观

创新活动既然是一种有计划、有目的、有理性的活动，是思维建制与实践的过程，那就意味着创新主体的心理动机和处世态度在一定意义上决定了其行动，而态度和动机往往是受到价值观和人生观支配的。根据马斯洛的需求层次理论，实现个人价值是其中一个非常重要的需求层面。因此，将创新作为实现个人价值主要途径的价值观和人生观的人就相当于有了创新思维的内驱力。

3. 创新型人才往往针对同一个事物能够从不同于他人的角度去观察

创新的必要条件是变异对象，创新人才与一般专业人才的区别是具有较强的创新意识，只有从新的角度观察事物，才能发现新的问题，找到新的解决问题的思路。

4. 创新型人才往往针对同一事物能够在看似无问题时提出问题

创新型人才能够看出一般专业人才看不出的问题才能解决问题，获得创新成果。因为发现问题在一定意义上是创新活动过程的开端。

5. 创新型人才往往针对同一问题能够在常人未想之时提出设想

在创新实践中很多问题往往不是别人想不到而是尚未想到解决方法。判断创新成果的三性标准之一是新颖性，快人半拍、先人一步正是创新成功的要诀所在。

6. 创新型人才往往具有对新事物的好奇和对环境变化的敏感性

对事物的好奇能引起主体对事物的观察,对环境变化的敏感能引起主体对现存事物适应性的思考。没有对事物的观察和思考就不会有创新问题和创新行动,更不会有创新成果的产生。

7. 创新型人才一般都善于求异思维,具有丰富的想象力

求异思维是变异思考的条件,变异思考是创新的必要条件,而丰富的想象力则是求异思维思路的来源。

8. 创新型人才一般都比较善于联想和类比

著名英国近代经验哲学家培根有句名言:类比联想支配发明。联想使人能够在不相干的事物之间寻找联系,类比使人能够从广阔的空间之中获得创新思路和对方法的借鉴。

9. 创新型人才一般都非常尊重科学规律,但绝不墨守成规

创新不是无源之水,也不是无本之木,一方面创新总是有基础或前提条件,另一方面创新必须遵循相应的科学规律,离开或违背科学规律的创新是注定要失败的。但是科学规律同样有其成立的条件,变化了的条件正是科学理论创新的时机。墨守成规不仅会使人丧失创新动机,还会使人的创新思路枯竭。

10. 创新型人才一般都富于挑战精神和坚强的毅力

创新本身就意味着向某种固有现象挑战,探索意味着风险和困难,挑战精神是人们创新勇气的源泉,坚强的毅力是通向创新成功彼岸的心理品质条件。

在这10个参量中,第一个参量的权重最高,是创新型人才成立的充分条件,在评价创新型人才中具有一票否决的效力。2~5项是创新型人才评价的必要条件,虽然具备了这4项特质的人不一定就是创新活动的成功者,但缺少了这些特质就很难获得创新成功。后5个参量表现的是创新型人才所具有的创新能力高低的量度,他们虽然不是创新型人才成立的重要条件,但却是必要保证。这10个参量之间的关系是一种相容性、相互支持的关系,因此只有从这10个方面进行系统评价才能得到相对科学、合理的结论。

三、认识自己的理想

对生活最有持续作用的动力来自自己对未来的追求和远大的理想。这样,我们就有目标、有动力、有毅力去克服生活中的各种障碍。那么,怎样认识自己的理想呢?

1. 分析一下自己最擅长的事情是什么。
2. 找出自己最感兴趣的事情是什么。
3. 分析一下自己想成为一个什么样的人。
4. 问问自己最不想成为什么样的人。
5. 回想一下自己最得意的事情是什么。
6. 分析一下阻碍自己进步的最大障碍是什么。
7. 分析一下自己的最大优势是什么。
8. 分析一下自己可以在哪些方面有改善的必要和可能性。

对以上问题进行详细回答之后，你大致可以找到自己的优势、劣势及可能的理想，对自己有了进一步的认识，这样你就可以在学习中更加有目标，动力更加充足，毅力更加坚强。

四、目前国内外学者提出了许多有关思维训练的方法和技巧，从下面选择几种简便易行的方法推荐给大家

1. 看看坏的艺术作品。如果你不知道好的艺术作品究竟好在哪儿，这些坏的艺术作品常常会给你提供一些线索。有人仿金圣叹之语气写读坏书之乐趣："连日来所读之书，多有平庸之作，仔细翻过，所得无几。想人可写书，我也可写书；我若写书，切忌平庸如此。人生在世，应有高远之志，人可为者，我亦能为，唯期所为必有建树。于是信心百倍，神情跃如。不亦快哉！"看来，坏的艺术作品，也能使我们的思路更开阔。

2. 读些参考书。每天在睡觉前看看科普读物，是增加你的一般知识的有效方法。请记住，几乎所有真正有创新力的人，都曾经努力扩大他们的一般知识和专业知识。

3. 常光顾工艺品商店。从日新月异的文具、五金百货等造型上，你也许会突然获得灵感或得到某些启示，那些商品的巧妙布局，常常会展现出许多你从未想过的作品题材。

4. 培养你的想象力。找一篇你从未读过的短篇小说，读完第一段，然后试着自己接下去把小说写完。写完后，再返回来读原小说的其余部分。你会发现你的文学想象力比你预料的要大得多。

5. 重新安排你的日常生活。把那些原来不相连的事物安排在一起——晚会上不常在一起的人们、午餐中不放在一起吃的食物、房间里的物品，以及每天发生的事情。通过这些变动，你往往会发现一些新的、有趣的组合。

6. 抬头看看你每天经过的那些建筑物。对于那些我们认为非常熟识的建筑物，却很少有人能描述一下它们的第二层是什么样子。你可以沿着你通常去商店、学校或办公室的路线走一次，再反向走一次，沿途仔细观察整个建筑物，仔细体味内心的不同感受。

7. 玩一玩连字游戏。让你的朋友先说一个字，你马上补一个字。接着你的朋友也补一个字，然后又轮到你补。把这些字都写下来。等双方都补了十个字（或词）后，互相猜猜是什么线索使对方联想到他说出的那些字。

8. 创造一门自己的课程。如果有一部莎士比亚的作品要上演，你可以去买一张门票。在去看演出以前，应仔细读一遍带注解的莎士比亚的剧本。同样，在去听一个音乐会以前，先把其他乐团演奏的这些曲子的录音听一遍。当你亲临音乐会时，把这个乐团的演奏与其他乐团的演奏加以比较，不是比较演奏技巧，而是想一想这位指挥或独唱家想通过音乐"说"出什么。不管是听歌剧还是听音乐录音，都应事先读一下歌剧剧本或音乐说明，因为在演出过程中，如果你的精力集中在弄懂演出的内容上，那你是无法进行思考的。相反，你应当把全部注意力集中在体会音乐上。

9. 多躺着思考。静静地躺着是非常养神的,在这大脑平静的时刻,你的潜意识的创新性思维将会异常活跃。你可以漫不经心地看着某些使人安详的景物:白色的云彩,龙飞凤舞的书法,一道道帆布上的油彩,风格鲜明的东方地毯,绿色的植物,或金色的阳光。

10. 和不同年龄层次的人交往。认识一些比你大得多或小得多的人,并和他们不断地保持友谊。孩子和老人的那些宝贵的洞察力往往被我们忽略,而这种洞察力往往可以激起更大的创新力。

11. 从一个新的角度观察、考虑。用望远镜或者放大镜重新观察和发现你周围的环境或事物,从一个高建筑物上观察你生活或工作的地方将特别有益。我们是谁?我们正在做什么?对于这些问题,我们通常只有过于破碎和内向的认识。换一个角度看待它们,会使我们有更新和更广的认识。把诸如扩大、缩小、取代、重组、颠倒、合并等动词列一张表,设法把每一个动词都依次运用到你要解决的问题上,试试看是否行得通。

12. 另一种方法是把定语列成表格。比如拿螺丝刀来说,它可以有以下一些定语:圆的、钢杆的、木柄的、楔形刀头的以及用手旋转操作的。要设计一把更好的螺丝刀,你分别集中考虑这些定语,问问自己是否可以把圆形的螺丝刀杆做成六角形的,以便可以用扳手旋转,增加转矩?如果去掉木柄,把钢杆做成适合电钻的样子行不行?是不是可以为规格不同的螺丝刀做几种可以互相替换的钢杆?列定语表最基本的前提是,对每一个部分提问:"为什么这东西一定要这么做?"这样提问,有助于打破无意识的固定观念。

13. 随时准备好。你最好随身带一个笔记本、一支钢笔或铅笔,如果有条件的话,最好带一台微型盒式录音机。新的念头一出现,便把它写在纸上或录在磁带上。康奈尔大学的天文学家、作家卡尔·塞根每次一听到心灵的"敲门声"便记录下来。他不论走到哪里,都随身带着一台录音机,"有时敲击声彬彬有礼,也有时敲击声急促而持久,"塞根说:"总的来说,我发现自己被卷入激情,处于一种兴奋状态时,我会坐在飞机上,听整整一章的敲门声。"

14. 准备一个地方,专门收集存放与每个不同的科目有关的思想记录。思想库可以是文件夹、空鞋盒,或是写字台抽屉,抑或是现代的存储手段。当你有了好的念头,便把它写下来放好。然后当你准备就绪,开始认真考虑的时候,你就有许多过去的设想作为基础。

15. 让时间为你服务。启示往往是在半夜里不知不觉地溜进你的大脑的。如果你正在设法解决一个问题,你把解决问题的障碍写下来,然后把它们丢在一边去睡觉,不要再想它们,让你的潜意识起作用。当你一觉醒来时,往往已经有了新的设想或解决方法。在灵感降临时,不要找不到笔,或者找不到白纸,或者缺少颜料,或者你忙得脱不开身。随时随地组织安排好自己的工作,不论灵感何时降临,你都能够从容应对!

这些方法都贴近我们的生活,做起来并不难,要记住的是:贵在持之以恒!

这是众多世界 500 强企业流行的测试题,可以此作为员工 EQ 测试的模板。帮助员工了解自己的 EQ 状况。共 33 题,测试时间 25 分钟,最大 EQ 为 174 分。如果你已经准备就绪,请开始计时。

第 1~9 题:请从下面的问题中,选择一个和自己最切合的答案,但要尽可能少选中性答案。

1. 我有能力克服各种困难:_____
    A. 是的   B. 不一定   C. 不是的

2. 如果我能到一个新的环境,我要把生活安排得:_____
    A. 和从前相仿   B. 比以前更好   C. 和从前不一样

3. 一生中,我觉得自己能达到我所预想的目标:_____
    A. 是的   B. 不一定   C. 不是的

4. 不知为什么,有些人总是回避或冷淡我:_____
    A. 不是的   B. 不一定   C. 是的

5. 在大街上,我常常避开我不愿打招呼的人:_____
    A. 从未如此   B. 偶尔如此   C. 有时如此

6. 当我集中精力工作时,假使有人在旁边高谈阔论:_____
    A. 我仍能专心工作 B. 介于 A、C 之间   C. 我不能专心且感到愤怒

7. 我不论到什么地方,都能清楚地辨别方向:_____
    A. 是的   B. 不一定   C. 不是的

8. 我热爱所学的专业和所从事的工作:_____
    A. 是的   B. 不一定   C. 不是的

9. 气候的变化不会影响我的情绪:_____
    A. 是的   B. 介于 A、C 之间   C. 不是的

第 10~16 题:请如实选答下列问题,将答案填入右边横线处。

10. 我从不因流言蜚语而生气:_____

A. 是的 B. 介于 A、C 之间 C. 不是的

11. 我善于控制自己的面部表情：_____
    A. 是的 B. 不太确定 C. 不是的

12. 在就寝时，我常常：_____
    A. 极易入睡 B. 介于 A、C 之间 C. 不易入睡

13. 有人侵扰我时，我：_____
    A. 不露声色 B. 介于 A、C 之间 C. 大声抗议，以泄己愤

14. 在和人争辩或工作出现失误后，我常常感到震颤，精疲力竭，而不能继续安心工作：_____
    A. 不是的 B. 介于 A、C 之间 C. 是的

15. 我常常被一些无谓的小事困扰：_____
    A. 不是的 B. 介于 A、C 之间 C. 是的

16. 我宁愿住在僻静的郊区，也不愿住在嘈杂的市区：_____
    A. 不是的 B. 不太确定 C. 是的

第 17~25 题：在下面问题中，每一题请选择一个和自己最切合的答案，同样尽可能少选中性答案。

17. 我被朋友、同事起过绰号、挖苦过：_____
    A. 从来没有 B. 偶尔有过 C. 这是常有的事

18. 有一种食物使我吃后呕吐：_____
    A. 没有 B. 记不清 C. 有

19. 除去看见的世界外，我的心中没有另外的世界：_____
    A. 没有 B. 记不清 C. 有

20. 我会想到若干年后可能发生什么使自己极为不安的事：_____
    A. 从来没有想过 B. 偶尔想到过 C. 经常想到

21. 我常常觉得自己的家庭对自己不好，但是我又确切地知道他们的确对我好：_____
    A. 否 B. 说不清楚 C. 是

22. 每天我一回家就立刻把门关上：_____
    A. 否 B. 不清楚 C. 是

23. 我坐在小房间里把门关上，但我仍觉得心里不安：_____
    A. 否 B. 偶尔是 C. 是

24. 当一件事需要我做决定时，我常觉得很难：_____
    A. 否 B. 偶尔是 C. 是

25. 我常常用抛硬币、翻纸、抽签之类的游戏来预测凶吉：_____
    A. 否 B. 偶尔是 C. 是

第 26~29 题：下面各题，请按实际情况如实回答，仅须回答"是"或"否"即可，在

你选择的答案下打"√"。

26. 为了工作我早出晚归,早晨起床我常常感到疲惫不堪:

是_____ 否_____

27. 在某种心境下,我会因为困惑陷入空想,将工作搁置下来:

是_____ 否_____

28. 我的神经脆弱,稍有刺激就会使我战栗:

是_____否_____

29. 睡梦中,我常常被噩梦惊醒:

是_____否_____

第 30~33 题:本组测试共 4 题,每题有 5 种答案,请选择与自己最切合的答案,在你选择的答案下打"√"。

30. 工作中我愿意挑战艰巨的任务。

① 从不　　② 几乎不　　③ 一半时间　　④ 大多数时间　　⑤ 总是

31. 我常发现别人好的意愿。

① 从不　　② 几乎不　　③ 一半时间　　④ 大多数时间　　⑤ 总是

32. 能听取不同的意见,包括对自己的批评。

① 从不　　② 几乎不　　③ 一半时间　　④ 大多数时间　　⑤ 总是

33. 我时常勉励自己,对未来充满希望。

① 从不　　② 几乎不　　③ 一半时间　　④ 大多数时间　　⑤ 总是

参考答案及计分评估:

计分时请按照记分标准,先算出各部分得分,最后将各部分得分相加,得到的那一分值即为你的最终得分。

第 1~9 题,每回答一个 A 得 6 分,回答一个 B 得 3 分,回答一个 C 得 0 分。计_____分。

第 10~16 题,每回答一个 A 得 5 分,回答一个 B 得 2 分,回答一个 C 得 0 分。计_____分。

第 17~25 题,每回答一个 A 得 5 分,回答一个 B 得 2 分,回答一个 C 得 0 分。计_____分。

第 26~29 题,每回答一个"是"得 0 分,回答一个"否"得 5 分。计_____分。

第 30~33 题,从左至右分数分别为 1 分、2 分、3 分、4 分、5 分。计_____分。

总计为_____分。

点评:

近年来,EQ ——情绪智商,逐渐受到了重视,很多世界 500 强企业还将 EQ 测试作为员工招聘、培训、任命的重要参考标准。

看我们身边,有些人绝顶聪明,IQ 很高,却一事无成,甚至有人可以说是某一方面的能手,却仍被拒于企业大门之外;相反地,许多 IQ 平庸者,却反而常有令人羡慕的良机、杰出不凡的表现。

为什么呢？最大的原因，就在于 EQ 的不同！一个人若没有情绪智慧，不懂得提高情绪自制力、自我驱使力，也没有同情心和热忱的毅力，就可能是个"EQ 低能儿"。

通过以上测试，你就能对自己的 EQ 有所了解。但切记这不是一个求职询问表，用不着有意识地尽量展示你的优点和掩饰你的缺点。如果你真心想对自己有一个判断，那你就不应施加任何粉饰。否则，你应重测一次。

测试后如果你的得分在 90 分以下，说明你的 EQ 较低，你常常不能控制自己，你极易被自己的情绪所影响。很多时候，你容易被激怒、动火、发脾气，这是非常危险的信号——你的事业可能会毁于你的急躁，对于此，最好的解决办法是能够给不好的东西一个乐观的解释，保持头脑冷静，使自己心情开朗，正如富兰克林所说："任何人生气都是有理的，但很少有令人信服的理由。"

如果你的得分在 90~129 分，说明你的 EQ 一般，对于一件事，你不同时候的表现可能不一，这与你的意识有关，你比前者更具有 EQ 意识，但这种意识不是常常都有，因此需要你多加注意、时时提醒。

如果你的得分在 130~149 分，说明你的 EQ 较高，你是一个快乐的人，不易恐惧担忧，对于工作你热情投入、敢于负责，你为人更是正义正直、同情关怀，这是你的优点，应该努力保持。

如果你的 EQ 在 150 分以上，那你就是个 EQ 高手，你的情绪智慧不但是你事业的助力，更是你事业有成的一个重要前提条件。

参考文献

［1］习近平总书记在全国劳动模范和先进工作者表彰大会上的讲话［N］.新华社,2020.

［2］习近平总书记在北京大学师生座谈会上的讲话［N］.人民日报,2018.

［3］中共中央.关于深化人才发展体制机制改革的意见［N］.人民日报,2016.

［4］国务院.国务院关于进一步做好新形势下就业创业工作的意见［EB/OL］.（2015.05.01）［2022.11.01］.http://www.gov.cn/xinwen/2015-05/01/content_2856034.html.

［5］教育部.教育部关于深化职业教育教学改革全面提高人才培养质量的若干意见［EB/OL］.（2015.07.29）［2022.11.01］.http://www.moe.gov.cn/srcsite/A07/moe_953/201508/t20150817_200583.html.

［6］教育部.教育部关于职业院校专业人才培养方案制订与实施工作的指导意见［EB/OL］.（2019.06.11）［2022.11.01］.http://www.moe.gov.cn/srcsite/A07/moe_953/201906/t20190618_386287.html.

［7］国务院.国务院办公厅关于印发职业技能提升行动方案（2019—2021年）的通知［EB/OL］.（2019.05.24）［2022.11.01］.http://www.gov.cn/zhengce/content/2019-05/24/content_5394415.htm.

［8］人力资源和社会保障部教材办公室.职业道德［M］.北京:中国劳动社会保障出版社,2018.

［9］刘兰明.高等职业教育院校研究新论［M］.北京:高等教育出版社,2009.

［10］刘兰明.职业教育模式研究［M］.北京:科学出版社,2016.

［11］刘兰明.高等职业技术.教育办学特色研究［M］.武汉:华中科技大学出版社,2004.

［12］吴浩.新时代的敬业精神［M］.北京:中华工商联合出版社,2018.

［13］赫斯特·欧森,玛格丽特·哈根.工作需要仪式感［M］.李心怡,译.北京:人民邮电出版社,2020.

［14］焦海利.职场新人快速崛起指南［M］.长春:吉林出版集团股份有限公司,2018.

［15］姚先桥.职场情商9堂课［M］.北京:中国财富出版社,2013.

［16］苏文平.大学生职业生涯规划与就业创业指导［M］.北京:中国人民大学出版社,2018.

［17］顾士胜,蔺波,孙博文.大国工人的故事 让你感动到落泪［M］.北京:人民日报出版社,2020.

［18］张宏伟.弘扬工匠精神 推动高质量发展［N］.光明日报,2021.

后记

　　本书是"工学结合、校企合作"课程改革成果系列教材之一,是国家级教学成果奖一等奖的重要成果。

　　本教材在修订完善和素养工程实施的过程中,得到了许多与我们密切合作的各界朋友的指导和帮助,在此表示衷心的感谢!同时也要感谢教育部职业院校教育类专业教学指导委员会的支持帮助,感谢给予我们关注理解、志同道合的许多高职院校的领导和朋友们!

　　职业基本素养就是打造学生安身立命之本。随着职业教育教学改革的深入,职业素养将成为学生发展的重要目标和课程支撑,本书将秉持精益求精的匠心精神和坚持不懈的执着精神,继续完善,改进,为职业教育课程增添更加亮丽的颜色。

　　由于编写水平及时间所限,本书编写难免存在疏漏之处,恳请各位批评指正。

联系人:北京工业职业技术学院　　张金磊
联系邮箱:281140998@qq.com
联系地址:北京市石景山区石门路 368 号
邮编:100042

职业基本素养课程团队
2022 年 8 月

读者意见反馈

为收集对教材的意见建议,进一步完善教材编写并做好服务工作,读者可将对本教材的意见建议通过如下渠道反馈至我社。

咨询电话　400-810-0598

反馈邮箱　gjdzfwb@ pub.hep.cn

通信地址　北京市朝阳区惠新东街 4 号富盛大厦 1 座
　　　　　高等教育出版社总编辑办公室

邮政编码　100029

资源服务提示

授课教师如需获得本书配套教学资源,请登录"高等教育出版社产品信息检索系统"(http://xuanshu.hep.com.cn/)搜索本书并下载资源,首次使用本系统的用户,请先注册并进行教师资格认证;也可发送电邮至资源服务支持邮箱:songchen@ hep.com.cn,申请获得相关资源。

联系我们

本书编辑邮箱:liwn@ hep.com.cn